Forrest M. Mims Ⅲ

电子工程师成长笔记

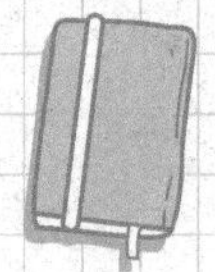

手绘揭秘基本功能电路

[美]弗雷斯特·M.米姆斯三世(Forrest M. Mims Ⅲ)著

侯立刚 译

机械工业出版社
CHINA MACHINE PRESS

本书以工程师手绘笔记的形式描绘了一个生动、有趣的电子技术世界，书中介绍了超过 20 个可以建立的 555 定时器电路，包括音效发生器、LED 闪光灯、音效电路和触摸开关。书中还介绍了 50 多个运算放大器（OP AMP）电路，其中许多电路具有简单的公式，可帮助读者修改自己设计的特殊电路。同时也介绍了多种光电子电路和项目，包括许多 LED 电路以及多种光波通信系统。最后还给出制作现实生活中很多测量工具的电路，从而帮助读者探索我们的世界。

本书适合电子技术入门人员、青少年、职业院校师生，以及电子技术爱好者阅读。

欢迎来到Forrest的学霸笔记世界

本书的作者 Forrest M. Mims III 先生是一位高产的作家、教师，迄今为止写了 69 本书，在《Nature》《Science》等知名杂志上累计发表了 1000 多篇文章，内容涉及科学、激光、计算机、电子等多个领域。他设计制作的设备被 NASA（美国国家航空航天局）用于太空中对大气污染的监测，并因相关研究获得杰出劳力士奖（Rolex Award）。令我震惊的不仅仅是 Forrest 先生的“产量”，而是他的书的特色：有意思，容易懂！书中真正深入浅出地用简单的笔记、手绘图的形式将诸多电路、传感器说得明明白白，引人入胜。

如果你还记得考试前努力借来的学霸同学的笔记，那么比那位学霸记录得更清楚、更明白、更全面的电子课笔记就在这里了。关键是还有图！手绘的图！很难弄明白 Forrest 先生怎么学得这么透彻，但看超级学霸的笔记会比看普通的教材容易得多，也有意思得多。

本书为你把 555 定时器电路、运算放大器电路、光电电路，以及一些常用的科学小实验项目所用的电路记（画）下来了。通过学习，以后你就不会再对这些名词感到莫名的恐惧了，因为懂了！ 祝学习愉快！

作为一名教师，非常荣幸能有机会将本书翻译给同样幸运的读者。在感谢Forrest先生杰出工作的同时，也必须感谢机械工业出版社慧眼拾珍，为我们大家引荐了本书。

本书翻译得以完成，还要感谢叶丹旸、王海强、郭嘉、江南、吕昂等的协助和共同努力。在翻译的过程中，也得到了同事和家人的大力支持，在此一并感谢！

由于本书内容丰富，涉及大量相似和相近的元器件、电路，尽管译者一直认真仔细求证，但难免还会存在错误疏漏，恳请广大读者批评指正。

译者联系方式：houligang@bjut.edu.cn.

侯立刚

2019年1月

content

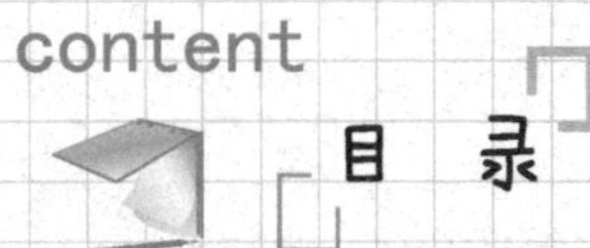

目　录

欢迎来到 Forrest 的学霸笔记世界

1

555 定时器集成电路

1.1 概述

555 定时器是适用范围最广、用途最多的集成电路之一。它包含 23 个晶体管、2 个二极管和 16 个电阻。556 是两个 555 的合成版本。555 和 556 都有低功耗版本。555 具有两种操作模式：单稳态模式下，555 功能为“单拍”，可用于定时器、缺失脉冲检测、无跳转开关、触摸开关等；非稳定模式下，555 可以作为振荡器使用，可用于 LED（或灯珠）闪光灯、脉冲发生器、逻辑时钟、音源、安全警报等。

1.2 电路组装技巧

在面包板上建立你的测试电路，然后再做不可变动的印制板的测试。在单稳态电路中，控制端误触发可能会导致故障发生，故需要将引脚 5 用 0.1 μF电容器接地。如果电源引线过长，可在 8 脚和 1 脚之间接入一个 0.1 μF或 1 μF的电容，如果电路出现某些故障也可尝试上述操作. 一定要测量确定定时用的电阻和电容的值. 在后面的基本 555 电路中将解释上述元件的作用. 本电路中可以将两个 555 替换为 556. 如果需要使用低功耗版 555 则需要对原版电路进行一定的修改.

1.3 555 芯片说明书

555/556 引脚图

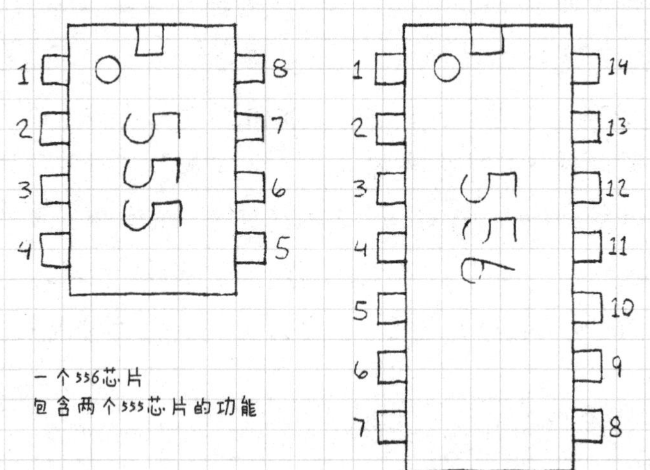
1
2
3
4
8
7
6
5
555
1
2
3
4
5
6
7
14
13
12
11
10
9
8
556
一个556芯片
包含两个555芯片的功能

功能	555	556（1）	556（2）
地（GND）	1	7	7
触发（TRIG）	2	4	8
输出（OUT）	3	5	9
复位（RST）	4	4	10
控制电压（CTRL）	5	3	11
阈值（THR）	6	2	12
放电（DIS）	7	1	13
电源（V_{CC}）	8	14	14

555芯片说明[①]	
供电电压（V_{cc}）	4.5～15V
供电电流（V_{cc} = +5V）	3～6mA
供电电流（V_{cc} = +15V）	10～15mA
输出电流（最大值）	200mA
功耗	600mW
工作温度	0～70℃

① 显示的值适用于NE555芯片。

1.4 电路应用

1.4.1 基本单稳态电路

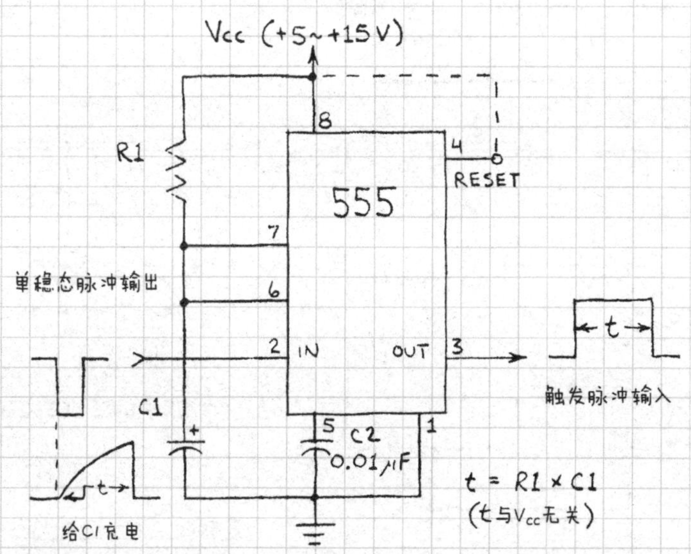

Vcc (+5～+15V)
R1
8
4
RESET
555
7
6
单稳态脉冲输出
2 IN
OUT 3
t
触发脉冲输入
C1
5
C2
0.01μF
1
t
给C1充电
t = R1 × C1
(t与Vcc无关)

2脚上的低电平触发脉冲会关断芯片内部的晶体管，否则C1将被接地短路。当C1通过R1充电时，输出变为高电平。当 C1 的电压为 V_{CC} 的 2/3 时，555 会使 C1 两端接地。这时的输出变为低电平。

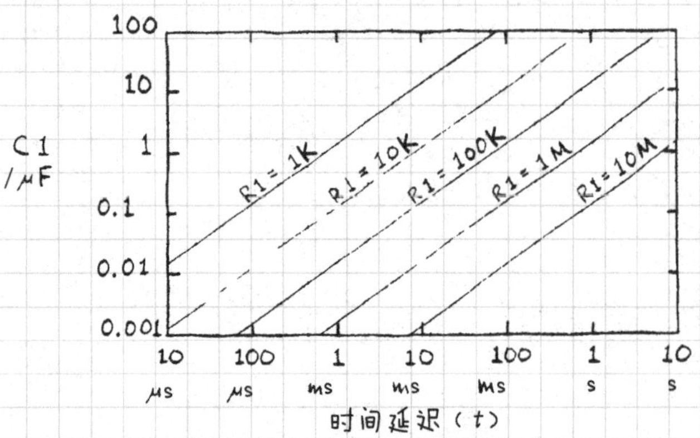
C1 /μF
100
10
1
0.1
0.01
0.001
R1 = 1K
R1 = 10K
R1 = 100K
R1 = 1M
R1 = 10M
10 μs
100 μs
1 ms
10 ms
100 ms
1 s
10 s
时间延迟（t）

1.4.2 基本无稳态电路

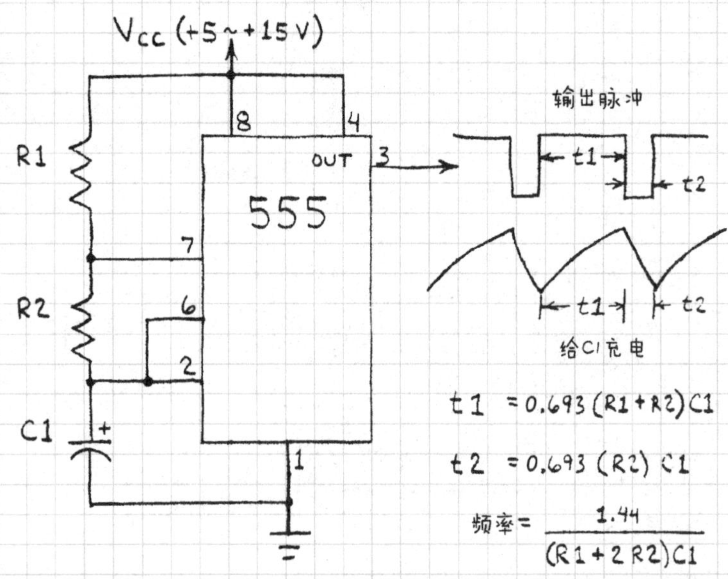
Vcc (+5 ~ +15 V)
R1
R2
C1
+
8
4
OUT
3
555
7
6
2
1
输出脉冲
t1
t2
给C1充电
t1 =0.693 (R1+R2) C1
t2 =0.693 (R2) C1
频率 = 1.44 / (R1+2R2)C1

该电路中 2 脚和 6 脚是相连的，因此每个时序周期电路都会对自己进行触发，可作为一个振荡器使用。C1 通过R1和R2充电，通过R2放电。C1的电压变化范围为$1/3V_{cc}$ ~$2/3V_{cc}$。振荡频率与V_{cc}无关。

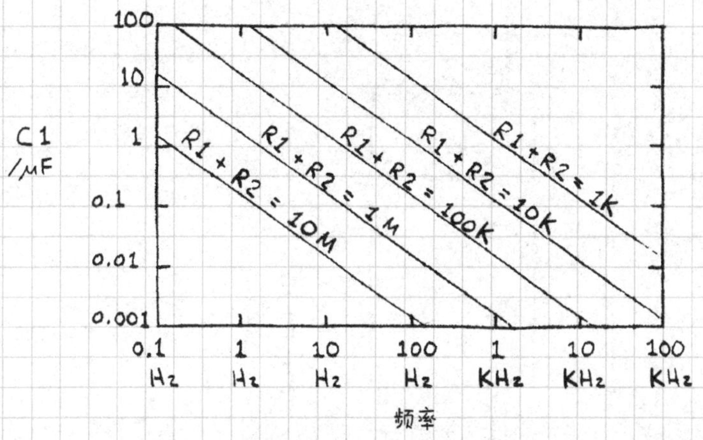
C1
/μF
100
10
1
0.1
0.01
0.001
R1+R2=1K
R1+R2=10K
R1+R2=100K
R1+R2=1M
R1+R2=10M
0.1 Hz
1 Hz
10 Hz
100 Hz
1 KHz
10 KHz
100 KHz
频率

1.4.3 无跳转开关

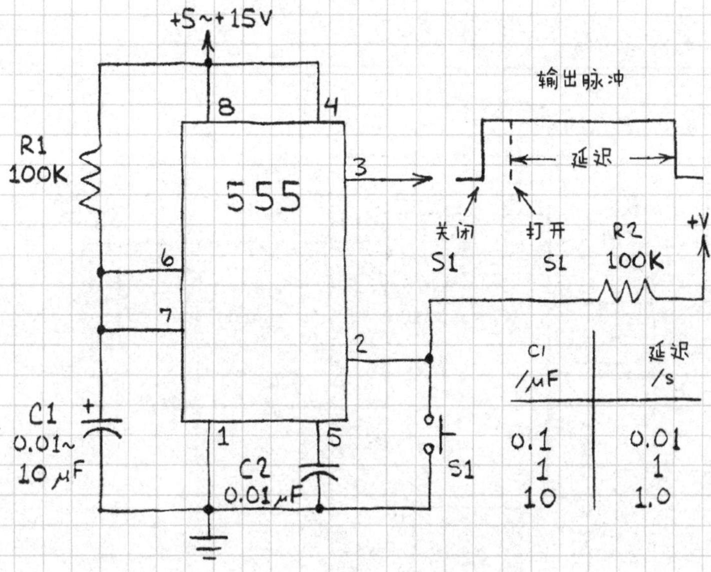
+5~+15V
8
4
555
R1
100K
3
6
7
2
1
5
C1
0.01~
10μF
C2
0.01μF
S1
输出脉冲
延迟
关闭
S1
打开
S1
R2
100K
+V
C1 /μF | 延迟 /s
0.1 | 0.01
1 | 1
10 | 1.0

1.4.4 触控开关

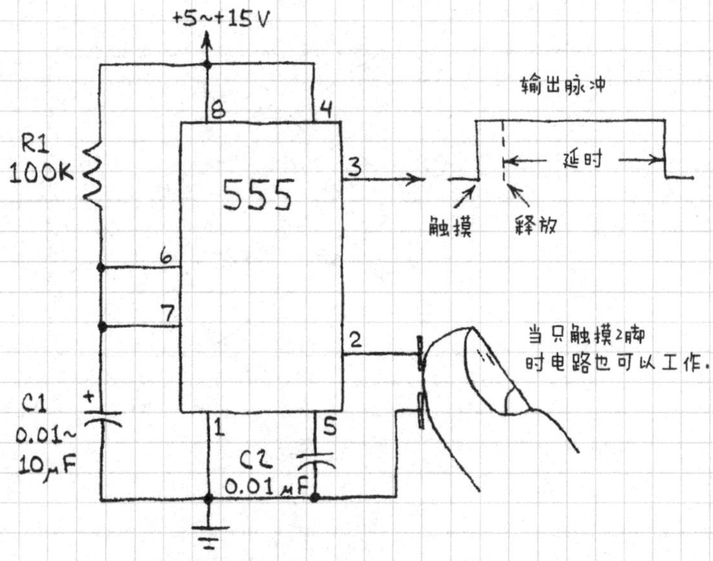
+5~+15V
R1
100K
555
8
4
3
6
7
2
1
5
C1
0.01~
10μF
C2
0.01μF
输出脉冲
延时
触摸
释放
当只触摸2脚
时电路也可以工作.

1.4.5 定时继电器

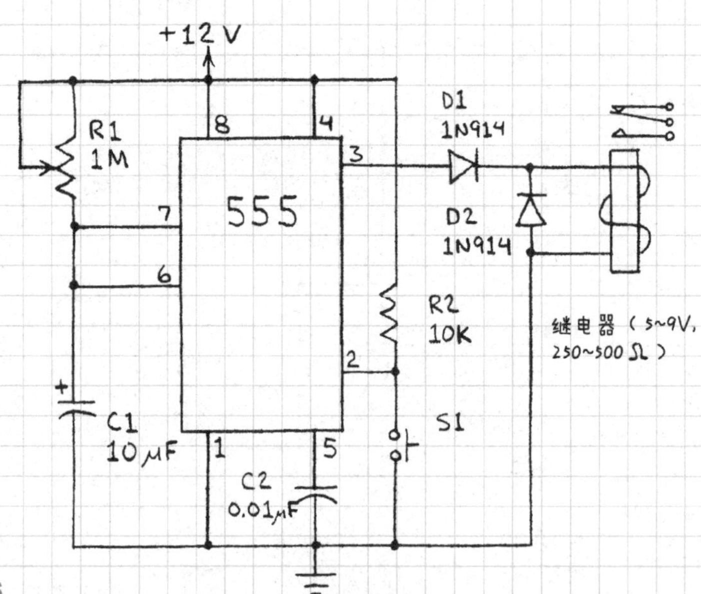
+12V
R1
1M
555
8
4
3
7
6
2
1
5
D1
1N914
D2
1N914
R2
10K
S1
C1
10μF
C2
0.01μF
继电器(5~9V,
250~500Ω)

开关 S1 一闭合电路就立即进入计时周期。继电器在整个周期中都是被激活的。R1 和 C1 控制延迟时间。C2 用于防止误触发。当继电器断开时，继电器上的电压转移到 D2 上。将线路供电（如家庭插座供电）的设备连接到继电器时要小心。

典型延时时间（s）

R1	C1 = 10uF	C1 = 100uF
100k	2	16
220k	3	33
470k	6	70
1M	15	175

1.4.6 级联定时器

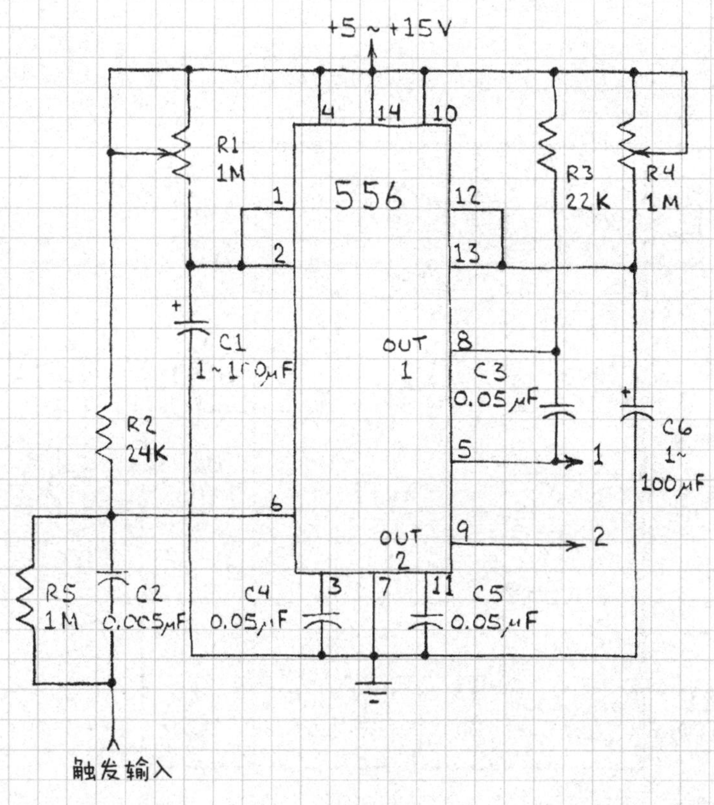
+5 ~ +15V
556
R1
1M
R2
24K
R3
22K
R4
1M
R5
1M
C1
1~100μF
C2
0.005μF
C3
0.05μF
C4
0.05μF
C5
0.05μF
C6
1~100μF
OUT 1
OUT 2
4
14
10
1
2
12
13
8
5
6
9
3
7
11
1
2
触发输入

两个定时器都以单拍模式连接，输入触发脉冲后按先计时器1后计时器2的顺序进行。

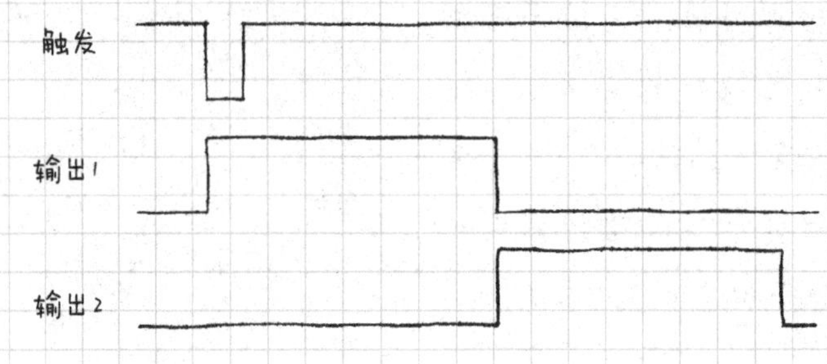
触发
输出1
输出2

1.4.7 定时器

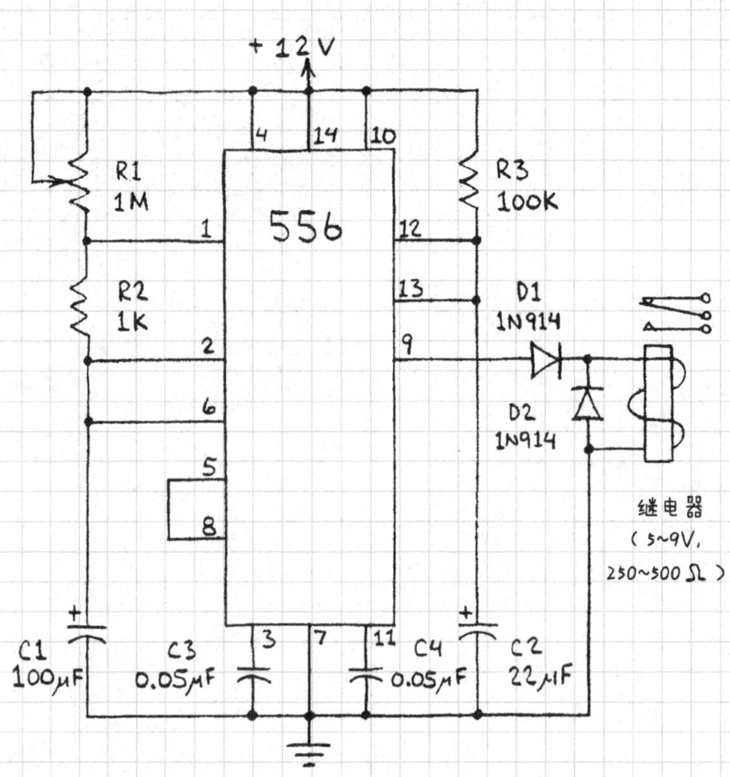
+12V
R1
1M
R2
1K
R3
100K
556
D1
1N914
D2
1N914
继电器
(5~9V,
250~500Ω)
C1
100μF
C3
0.05μF
C4
0.05μF
C2
22μF

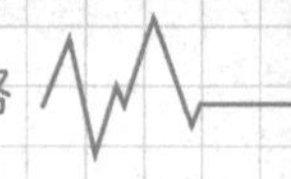

定时器1作为非稳态振荡器连接，该振荡器按R1和C1所确定的频率振荡。定时器2取单拍模式，通过D1驱动继电器。定时器1每周期触发一次定时器2，并持续3~5s。

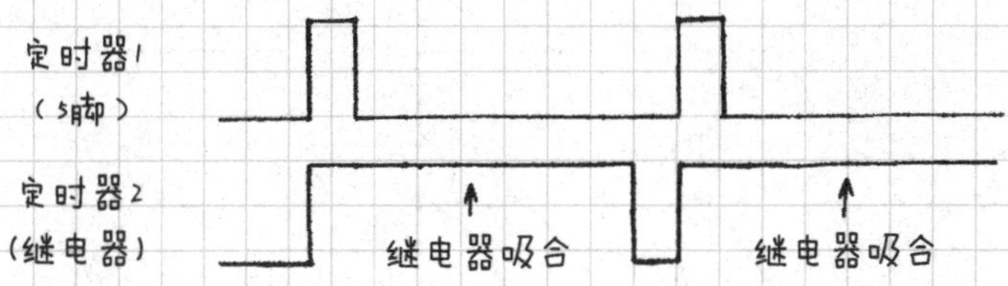
定时器1
(5脚)
定时器2
(继电器)
继电器吸合
继电器吸合

1.4.8 脉冲遗失检测器

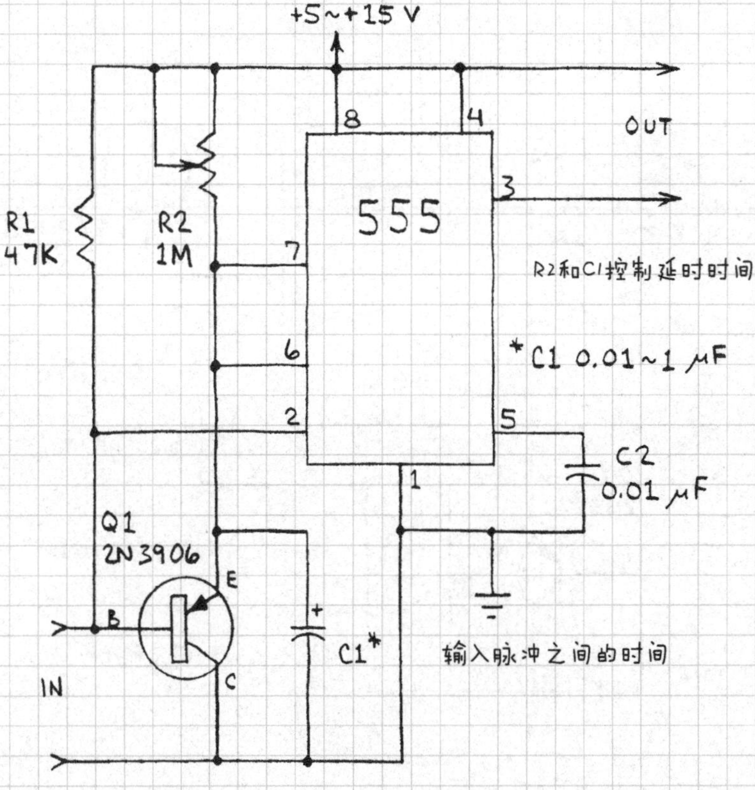

+5~+15 V

8 4 OUT 3 555

R1 47K

R2 1M

7 6 2 5 1

R2和C1控制延时时间

*C1 0.01~1 μF

C2 0.01 μF

Q1 2N3906

E B C

IN

C1*

输入脉冲之间的时间

输入脉冲不断地复位定时周期。当有脉冲丢失时定时周期将输出低电平。

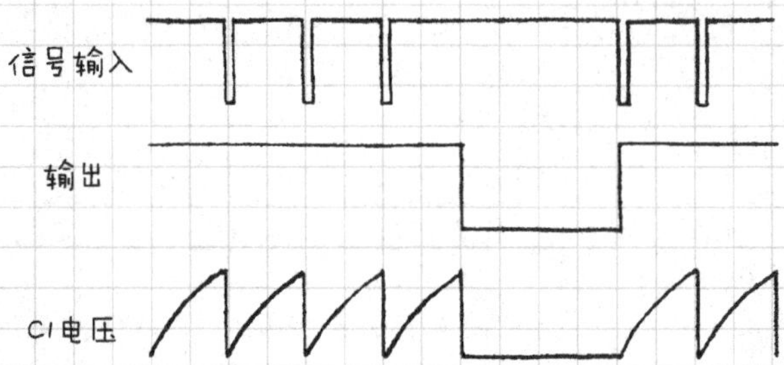
信号输入
输出
C1电压

1.4.9 失效报警器

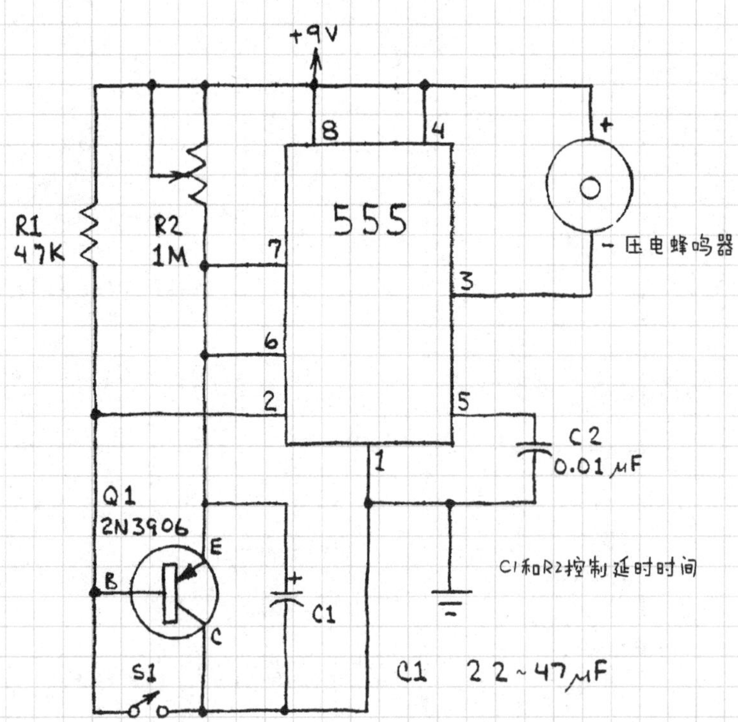
+9V
555
R1
47K
R2
1M
8
4
7
3
6
2
5
1
+
−压电蜂鸣器
C2
0.01μF
Q1
2N3906
E
B
C
+
C1
S1
C1和R2控制延时时间
C1 22~47μF

当通电时，C1开始通过R2充电。如果在555定时周期完成之前未能闭合S1，蜂鸣器将会响起。S1可以是任何外部开关。

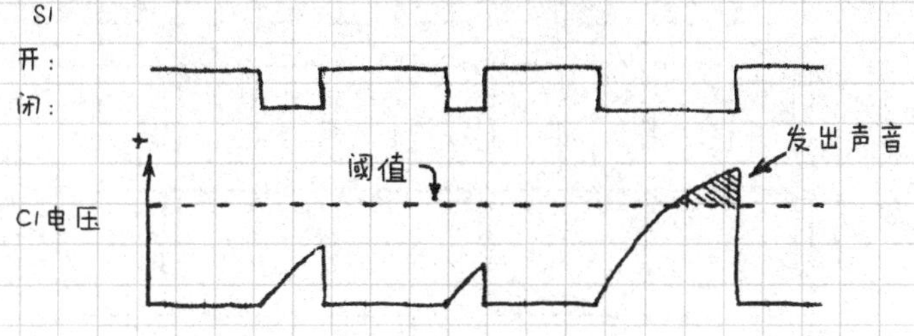
S1
开：
闭：
发出声音
阈值
C1电压

1.4.10 分频器

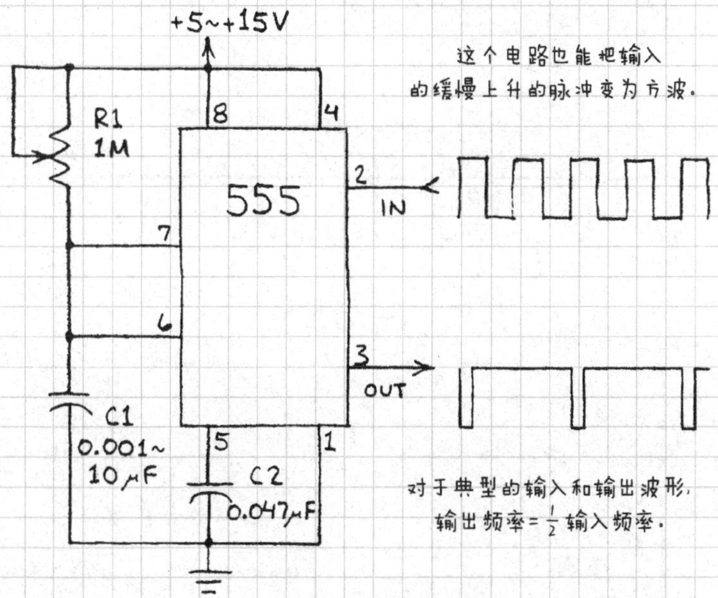
+5~+15V
R1
1M
8
4
555
2
IN
7
6
3
OUT
C1
0.001~
10μF
5
1
C2
0.047μF
这个电路也能把输入
的缓慢上升的脉冲变为方波。
对于典型的输入和输出波形，
输出频率=1/2输入频率。

在这个电路中，555被连接成单稳态多谐振荡器。如果定时周期被输入脉冲启动，随后的输入脉冲在循环完成之前都将不起作用。以下展示的是典型的输入输出波形（C1＝0.1μF，R1 为可变量）。

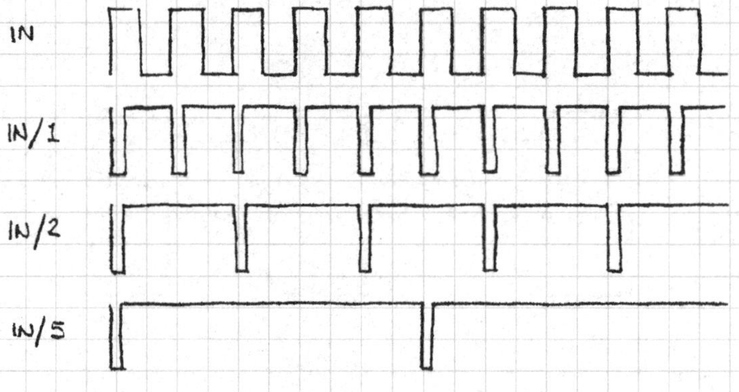
IN
IN/1
IN/2
IN/5

1.4.11 压控振荡器

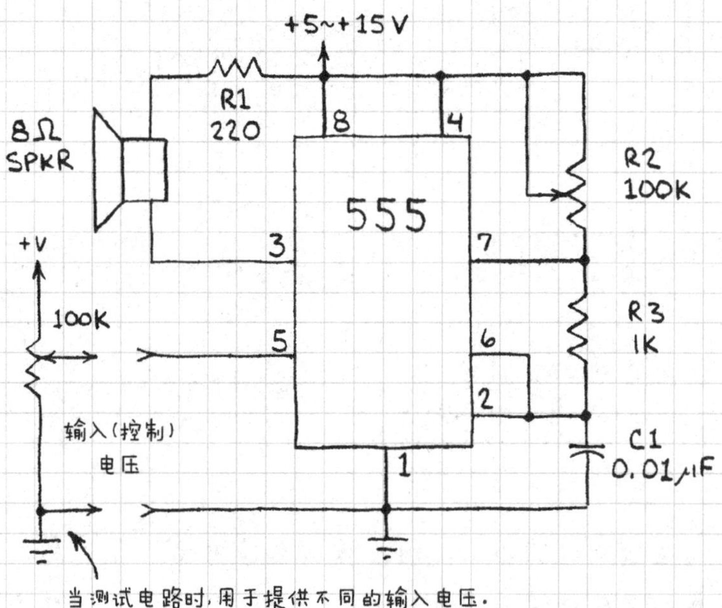
+5~+15V
R1
220
8Ω
SPKR
555
8
4
3
7
5
6
2
1
R2
100K
R3
1K
C1
0.01μF
+V
100K
输入(控制)
电压
当测试电路时，用于提供不同的输入电压。

555的振荡频率由R2和C1确定。施加到输入端的电压改变555的振荡频率。当输入电压增加时，振荡频率减小。为了增加扬声器的音量，可以省略R1，并通过4.7μF电容将扬声器接地。

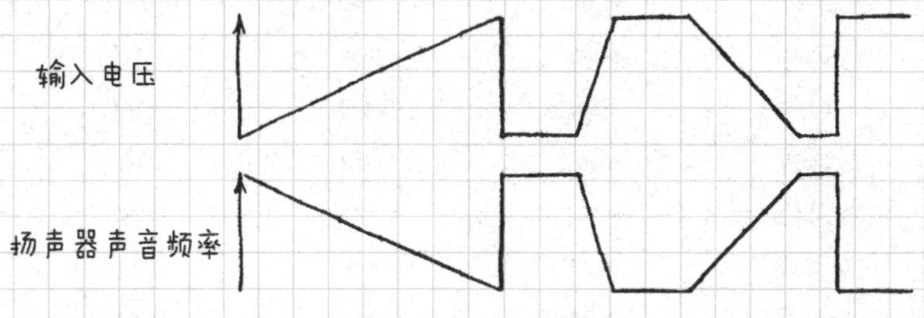
输入电压
扬声器声音频率

1.4.12 脉冲发生器

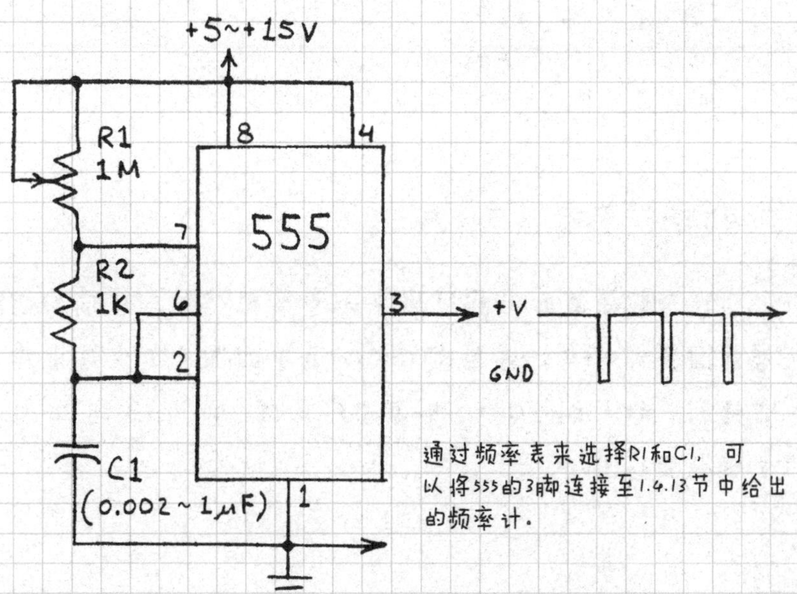
+5~+15V
R1
1M
R2
1K
C1
(0.002~1μF)
555
8
4
7
6
2
3
1
+V
GND

通过频率表来选择R1和C1，可以将555的3脚连接至1.4.13节中给出的频率计。

上图所示电路可作为数字逻辑时钟脉冲发生器，信号发生器等使用。

频率表（频率以 Hz 为单位）

C1/uF	R1 = 10k	R1 = 100k	R1 = 1M
0.0022	42470	5240	520
0.0033	30490	3740	371
0.0047	21522	2630	261
0.0068	16300	1987	197
0.01	11622	1414	140
0.015	7210	876	87
0.022	4959	601	60
0.033	3530	428	42
0.047	2351	285	28
0.068	1737	210	20
0.1	1139	138	14
0.15	804	97	10
0.22	540	65	6

1.4.13 频率表

这个超简单的电路可用来测量音频信号。其输入信号范围为 2.5 ~5V。通过将 1.4.12 节中的脉冲发生器直接连接到 2 脚（省略 C1），即可进行测试。图中 R3 和 C3 决定频率的范围。

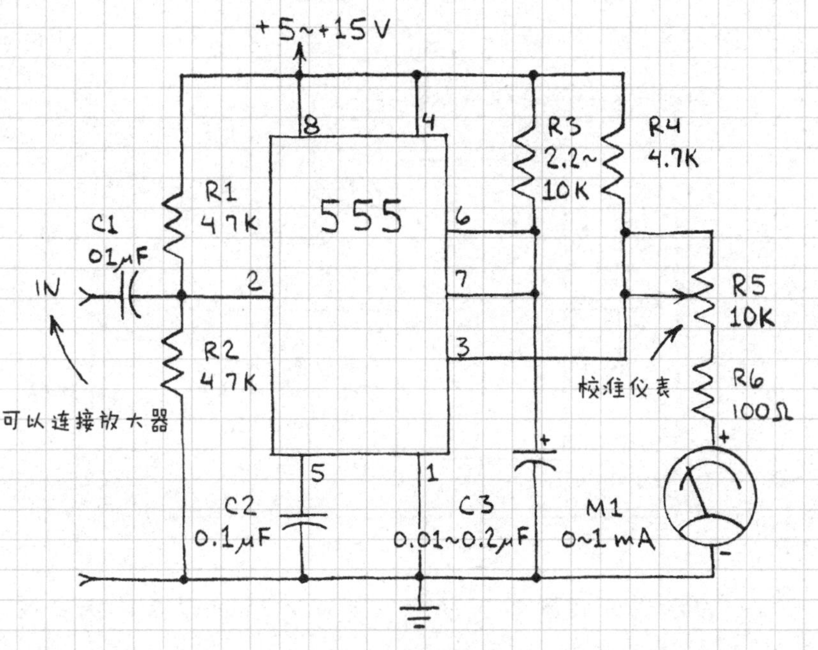
+5~+15V
8
4
555
R1
47K
C1
01μF
IN
2
R2
47K
可以连接放大器
6
7
3
5
1
C2
0.1μF
C3
0.01~0.2μF
R3
2.2~
10K
R4
4.7K
R5
10K
校准仪表
R6
100Ω
M1
0~1mA
+
-

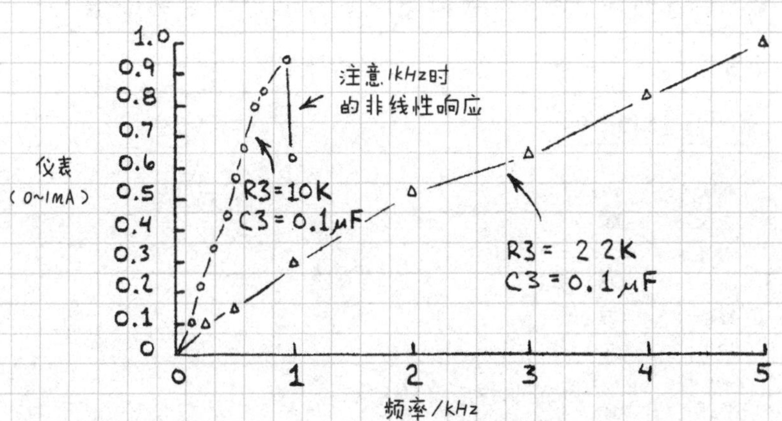
仪表
(0~1mA)
1.0
0.9
0.8
0.7
0.6
0.5
0.4
0.3
0.2
0.1
0
注意1kHz时
的非线性响应
R3=10K
C3=0.1μF
R3=2.2K
C3=0.1μF
0
1
2
3
4
5
频率/kHz

1.4.14 音频振荡器/节拍器

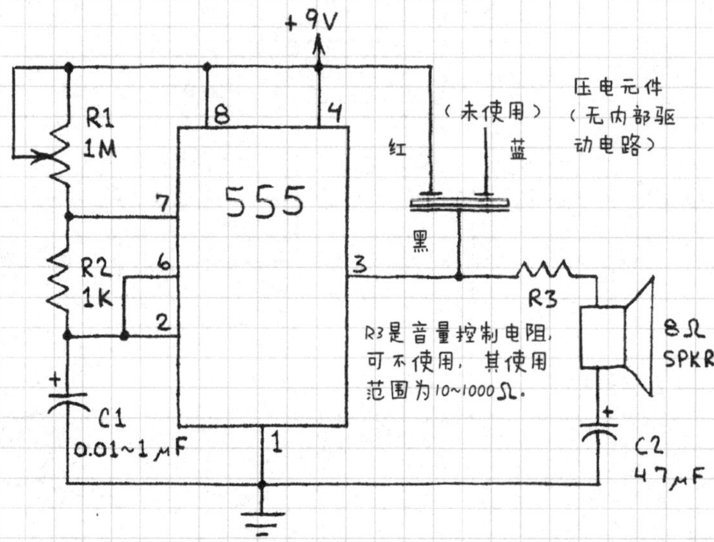
+9V
R1
1M
8
4
555
7
6
2
3
R2
1K
C1
0.01~1μF
1
C2
47μF
R3
8Ω
SPKR
红
黑
（未使用）
蓝
压电元件
（无内部驱
动电路）
R3是音量控制电阻，
可不使用，其使用
范围为10~1000Ω。

该电路可以用于驱动一个或两个输出设备。扬声器的音量可以更大，但需要更大的电流。使用R3可减小音量。以下为R1阻值不同的情况下对应的典型频率值。

振荡器（C1 = 0.01uF）

R1	频率/Hz
1M	17
470k	40
220k	85
100k	177
47k	410
22k	838
10k	1570
4.7k	2746
2.2k	4606
1k	6283

压电效应可以发出很尖锐的声音。

节拍器（C1 = 1uF）

R1	频率/Hz
1M	1.2
680k	1.8
470k	2.9
220k	6.1
100k	9.4

注意：你得到的值可能有所不同。

1.4.15 玩具风琴

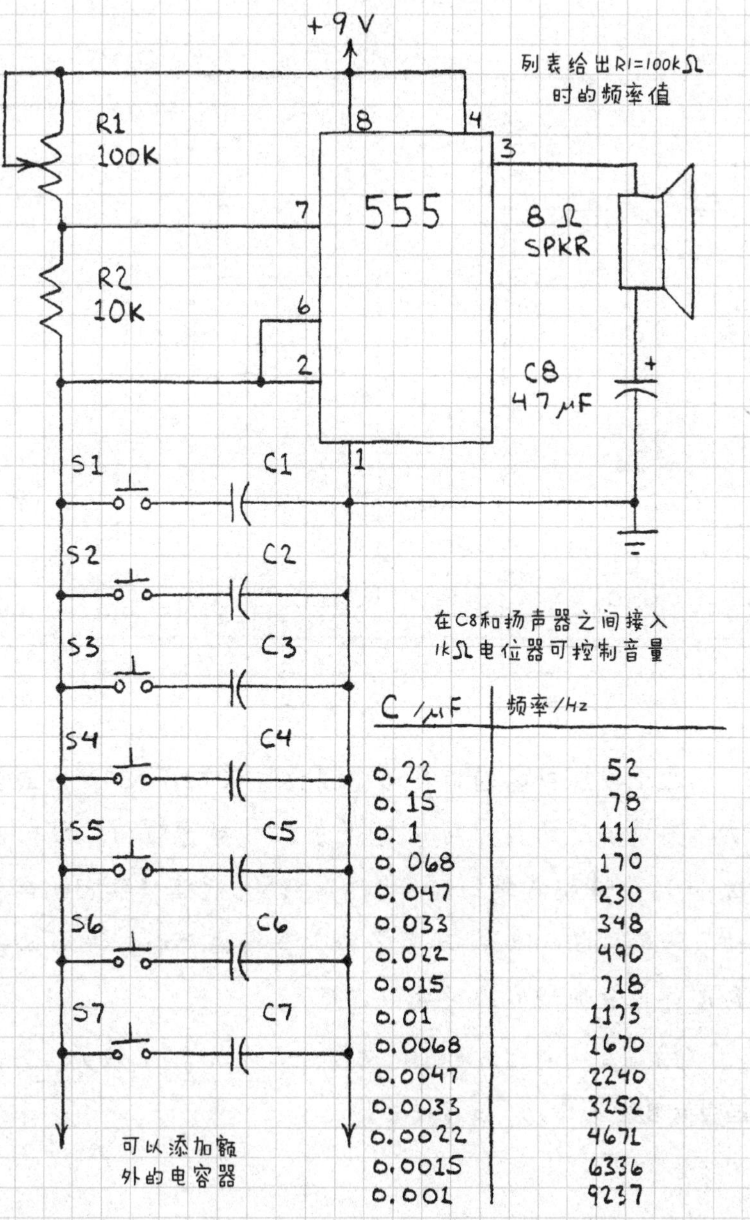

+9V
列表给出R1=100kΩ
时的频率值
R1
100K
8
4
3
555
7
8Ω
SPKR
R2
10K
6
2
C8
47μF
+
1
S1
C1
S2
C2
S3
C3
S4
C4
S5
C5
S6
C6
S7
C7
在C8和扬声器之间接入
1kΩ电位器可控制音量
可以添加额
外的电容器

C /μF	频率/Hz
0.22	52
0.15	78
0.1	111
0.068	170
0.047	230
0.033	348
0.022	490
0.015	718
0.01	1173
0.0068	1670
0.0047	2240
0.0033	3252
0.0022	4671
0.0015	6336
0.001	9237

1.4.16 门控振荡器

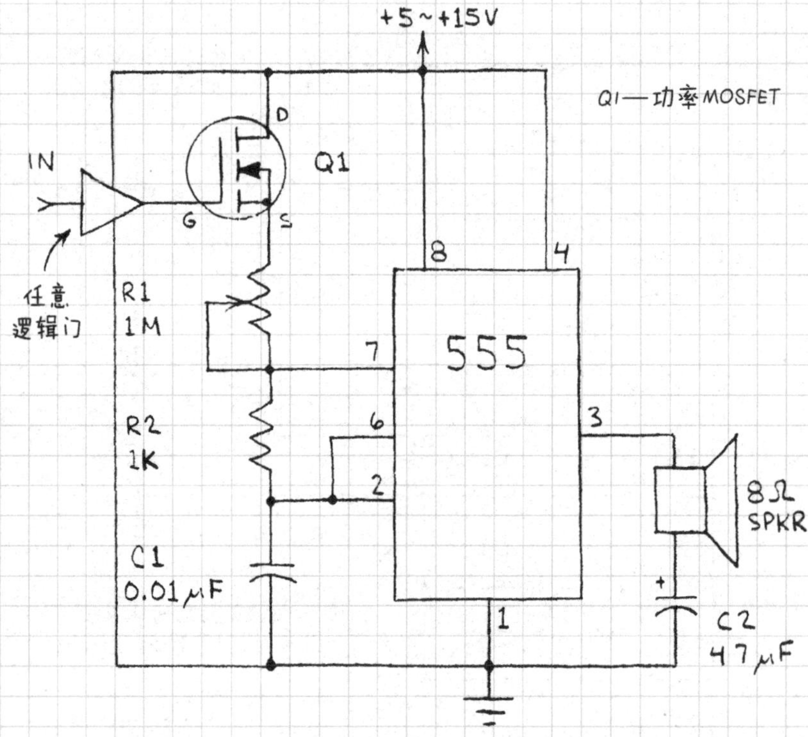
+5~+15V
Q1—功率MOSFET
D
IN
Q1
G
S
任意
逻辑门
R1
1M
8
4
555
7
R2
1K
6
3
2
8Ω
SPKR
C1
0.01μF
1
C2
47μF

这个电路可以通过外部逻辑信号来切换555产生的音调。图中的三角符号可以是任意的外部逻辑门。可以通过将Q1的栅极连接到1MΩ电阻再接V_{cc}或接地来实现声音的打开和关闭。R1和C1用于控制声音的频率。Q1可以作为电路中其他地方的开关门连接。

警告：Q1可能被静电破坏，不要触摸其暴露的导线。请遵循包装上的注意事项。

IN	音调
低	OFF
高	ON

1.4.17 线性调频脉冲发生器

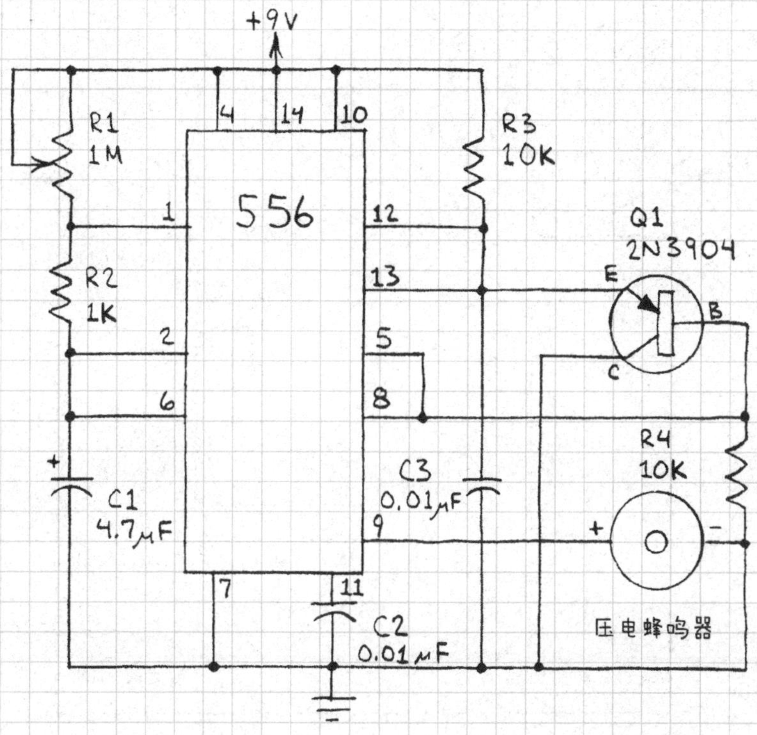
+9V
R1
1M
R2
1K
R3
10K
R4
10K
556
Q1
2N3904
E
B
C
C1
4.7μF
C2
0.01μF
C3
0.01μF
1
2
6
4
14
10
12
13
5
8
9
7
11
+
-
压电蜂鸣器

此电路将产生的简短脉冲电流输入到压电蜂鸣器（RADIO SHACK 273-065 或类似的器件）中，使蜂鸣器能够发出引人注意的线性调频脉冲信号。因此该电路可在警告装置使用。

R1 控制线性调频脉冲信号的频率。使用 10kΩ 定值电阻时信号每秒发声 2～3 次。C3 控制线性调频脉冲信号的持续时间。将增加 C3（到 0.22 μF或更多）来得到持续时间更长的脉冲（形成短纯音）。通过在 9 脚和压电蜂鸣器之间插入 100～10000Ω 的电阻可降低音量。你也可以试试将 R1 换为 CdS 光敏电阻，从而获得意想不到的效果。

1.4.18 阶梯音发生器

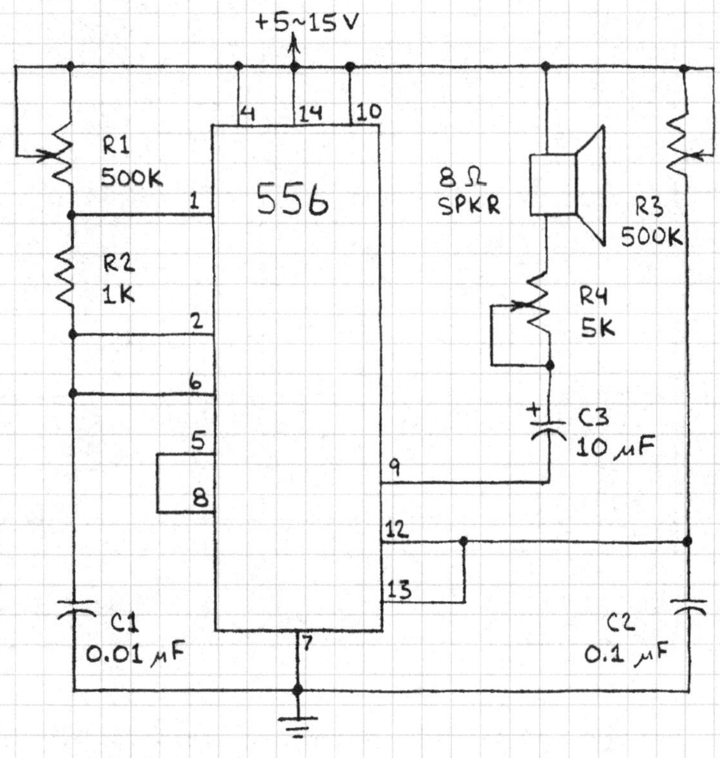
+5~15V
4
14
10
R1
500K
556
1
R2
1K
2
6
5
8
C1
0.01μF
7
8Ω
SPKR
R3
500K
R4
5K
C3
10μF
9
12
13
C2
0.1μF

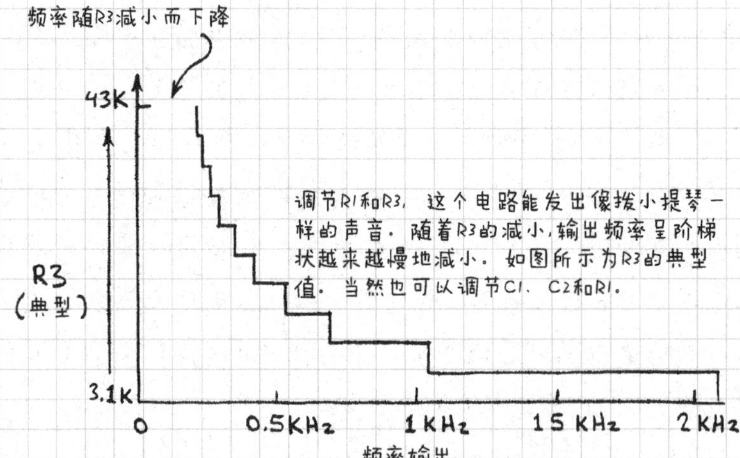
频率随R3减小而下降
43K
3.1K
R3
(典型)
0
0.5KHz
1KHz
15 KHz
2KHz
频率输出

调节R1和R3，这个电路能发出像拨小提琴一样的声音。随着R3的减小，输出频率呈阶梯状越来越慢地减小。如图所示为R3的典型值。当然也可以调节C1、C2和R1。

1.4.19 三态音源

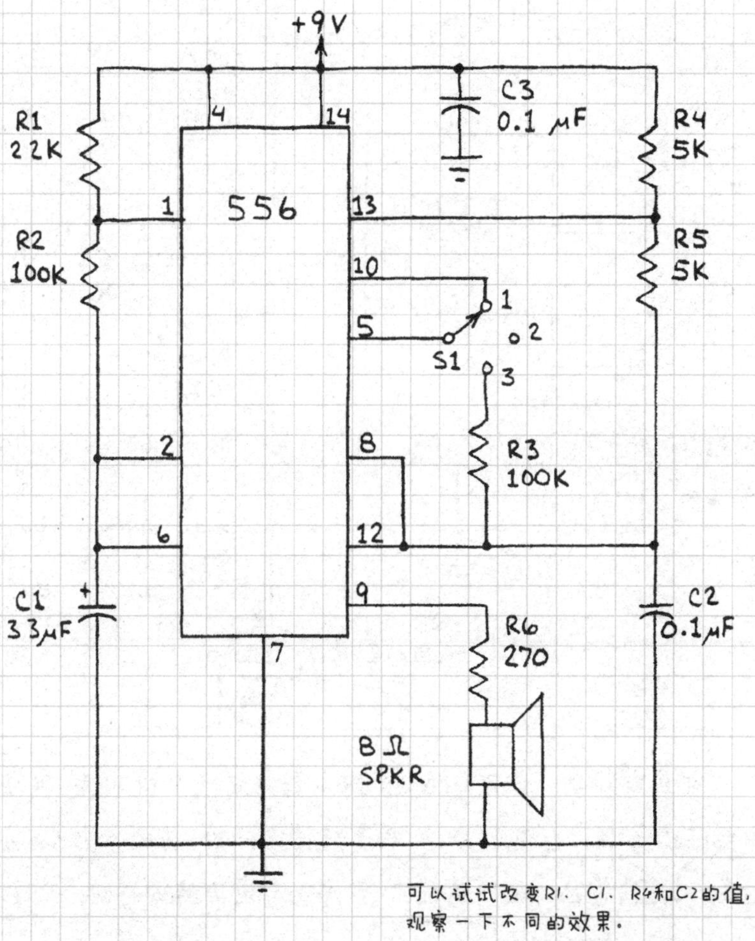
+9V
R1
22K
4
14
C3
0.1 μF
R4
5K
556
1
13
R2
100K
R5
5K
10
1
5
2
S1
3
2
8
R3
100K
6
12
C1
33μF
9
C2
0.1μF
R6
270
7
8 Ω
SPKR

可以试试改变R1、C1、R4和C2的值，观察一下不同的效果。

S1（中间位置断开）：

1——猝发音

2——稳态音

3——混合音

1.4.20 音爆发生器

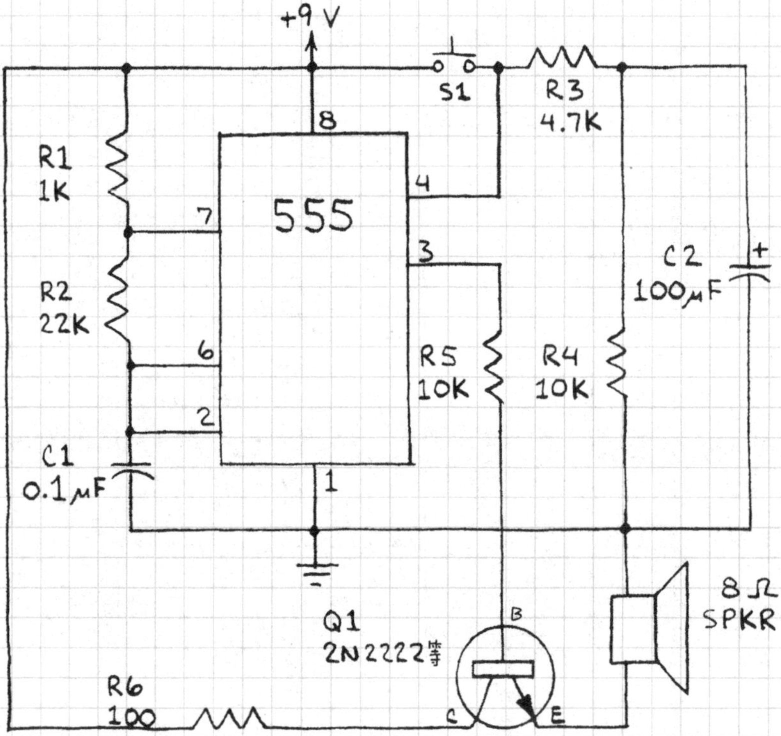

在该电路中，当S1闭合时，扬声器发出一个由R1和C1决定频率的音调。当S1打开时，声音持续几秒钟，该时间为C2通过R4放电所需的时间。增加C2可增加音爆的持续时间。

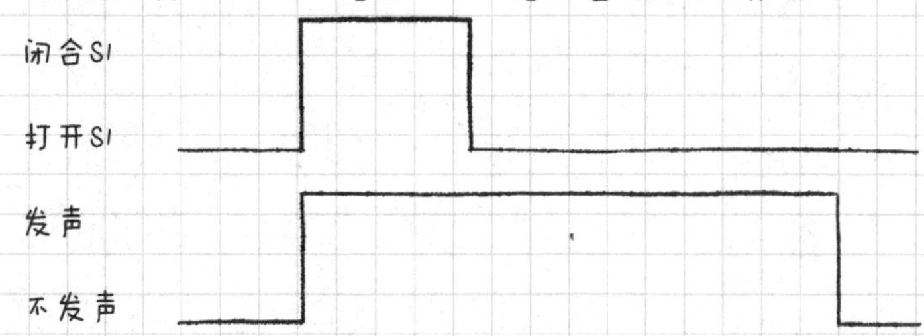
闭合S1
打开S1
发声
不发声

1.4.21 音效发生器

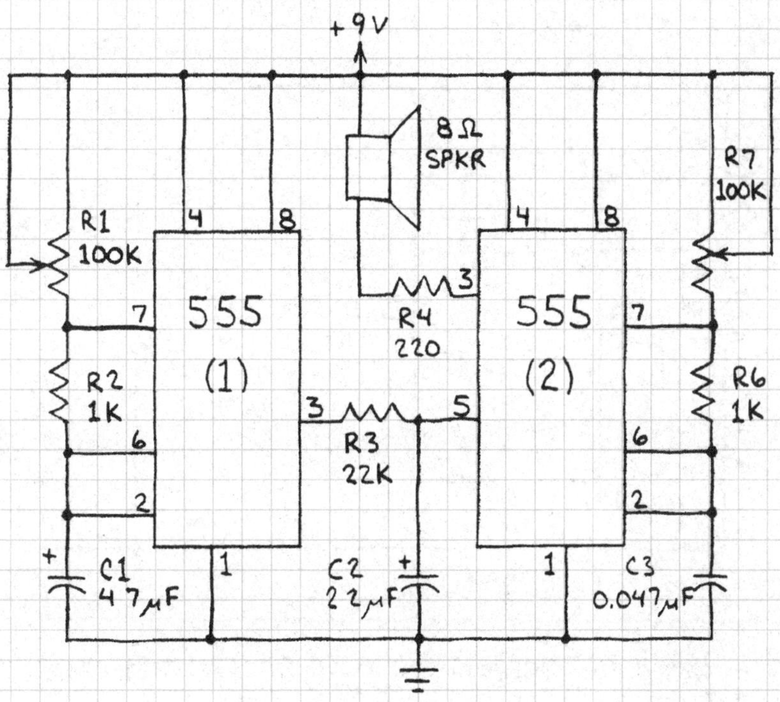
+9V
8Ω
SPKR
R7
100K
R1
100K
4
8
555
(1)
7
R2
1K
6
2
3
R3
22K
5
R4
220
555
(2)
R6
1K
C1
47μF
1
C2
22μF
C3
0.047μF

第一个555以由R1和C1确定的频率振荡，其输出在流过R3后给C2充电。第二个555以由R7、C3和5脚位置的电压（即C2上的电压）确定的频率振荡。试验R1和R7的设置以及R3和C2的值来可以获得颤音效果。

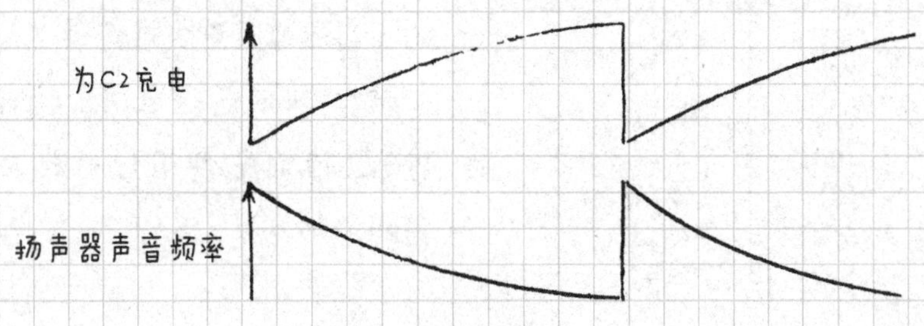
为C2充电
扬声器声音频率

1.4.22 LED闪光器

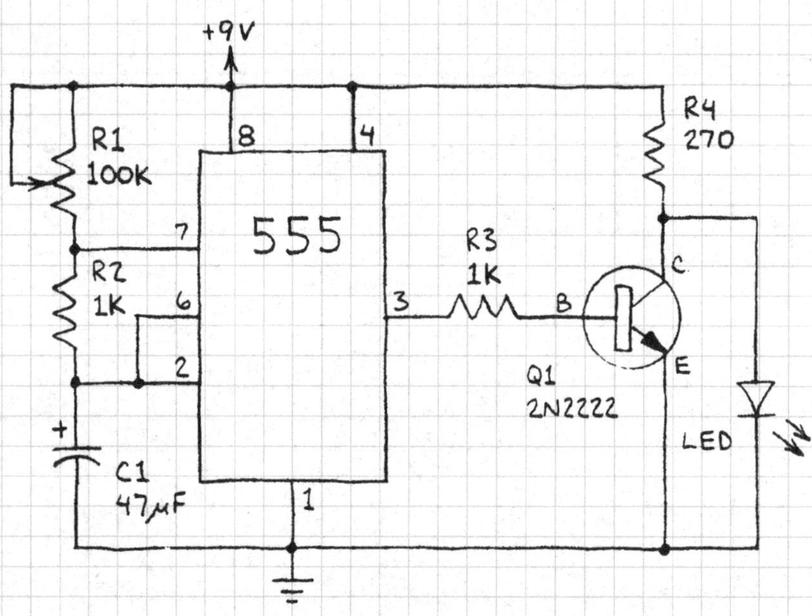
+9V
R1
100K
8
4
R4
270
7
555
R3
1K
R2
1K
6
3
B
C
E
2
Q1
2N2222
+
C1
47μF
LED
1

这个电路可同时驱动可见光LED和红外线发射二极管，使包括红色、绿色或黄色的LED发出对应颜色的光。利用近红外发射器可制造更为强大的发射器。将太阳电池、光敏二极管或光敏晶体管连接到放大器接收信号可组成更多功能电路。

R1/kΩ	脉冲速率/Hz
100	0.2
47	0.6
22	1.1
10	2.1
4.7	3.6
2.2	6.1
1.0	8.3

作为光/声暗室计时器使用时，需连接压电式蜂鸣器。

减少C1以获得更快的脉冲速率，特别是使用红外发射器时。

1.4.23 功率场效应晶体管灯调光器

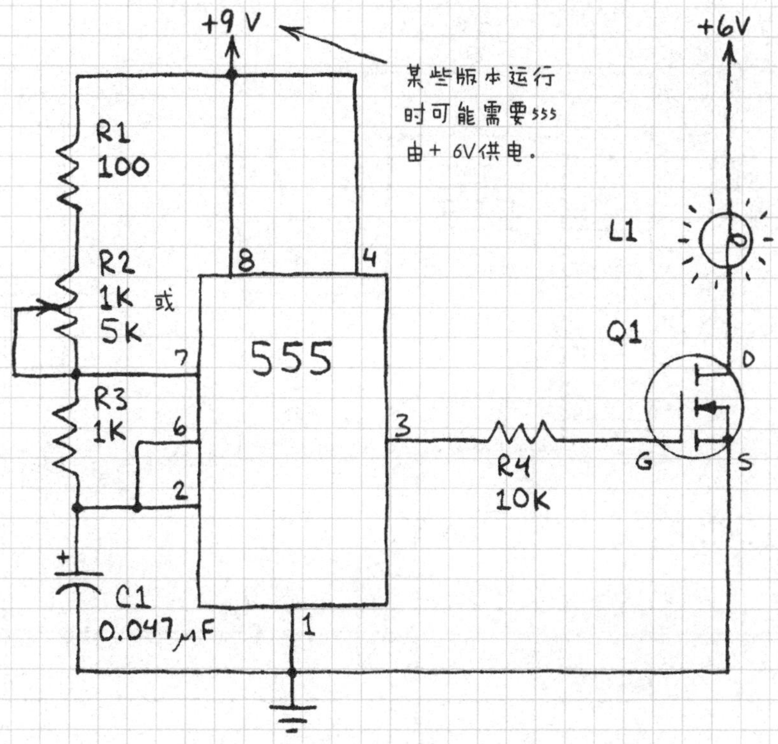
+9V
某些版本运行
时可能需要555
由+6V供电.
+6V
R1
100
R2
1K 或
5K
R3
1K
C1
0.047μF
555
8
4
7
6
2
3
1
R4
10K
L1
Q1
D
G
S

这是个线性灯调光器电路. 555通过由R1+R2和C1决定的速率控制开关Q1. 当Q1打开时, L1也打开, 开关速率会快到使L1看起来像是在连续发光. 通过增加开关速率来增加L1的亮度.

Q1的选择必须经过适当的估算. 比如说, 一个PR13 6V的手电筒灯需要消耗0.5A的电流, 或者说是3W的功率, 因此, 应选择IRF511或是其他类似的功率场效应晶体管. 记得不要忘记安装TO-220封装用的散热器来散热.

1.4.24 亮/暗探测器

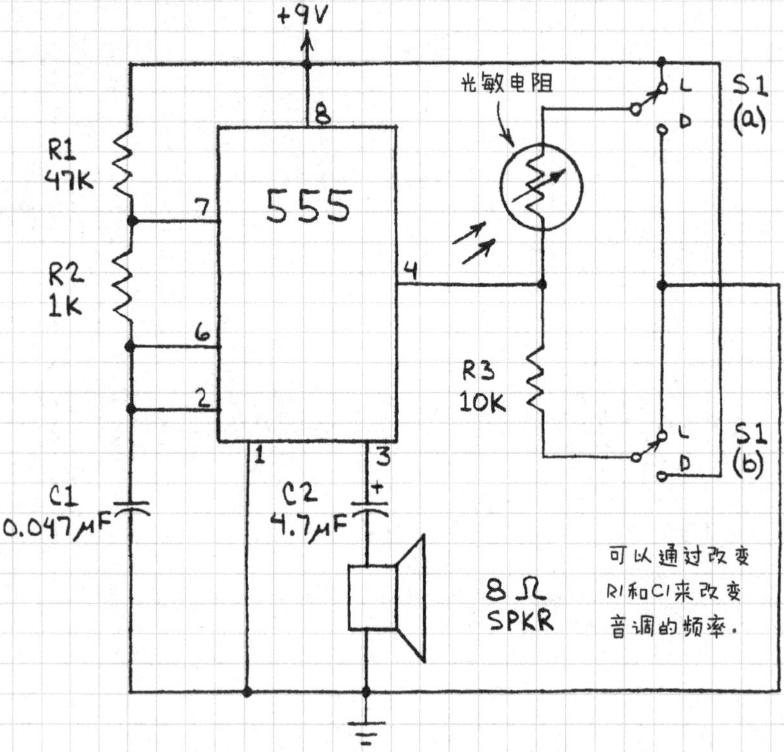

+9V
R1 47K
R2 1K
C1 0.047μF
555
7
6
2
8
1
3
4
C2 4.7μF
+
光敏电阻
R3 10K
L
D
S1 (a)
S1 (b)
8Ω SPKR

可以通过改变R1和C1来改变音调的频率。

S1接通“L”端，光线照射光敏电阻时扬声器会发出声音；S1接通“D”端，当光敏电阻不被照射时扬声器发出声音。

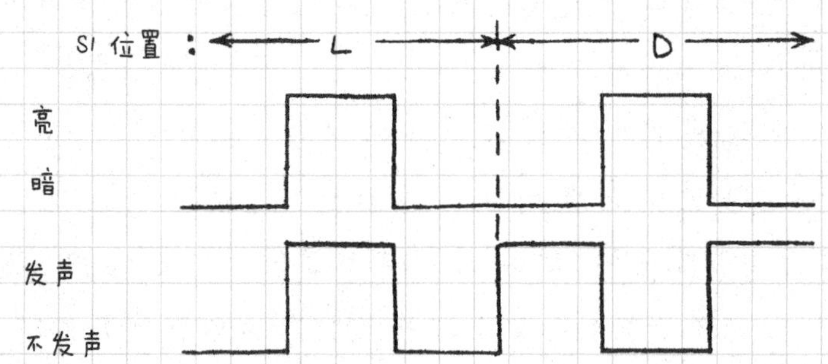
S1位置：
L
D
亮
暗
发声
不发声

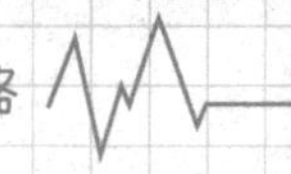

1.4.25 红外安全报警器

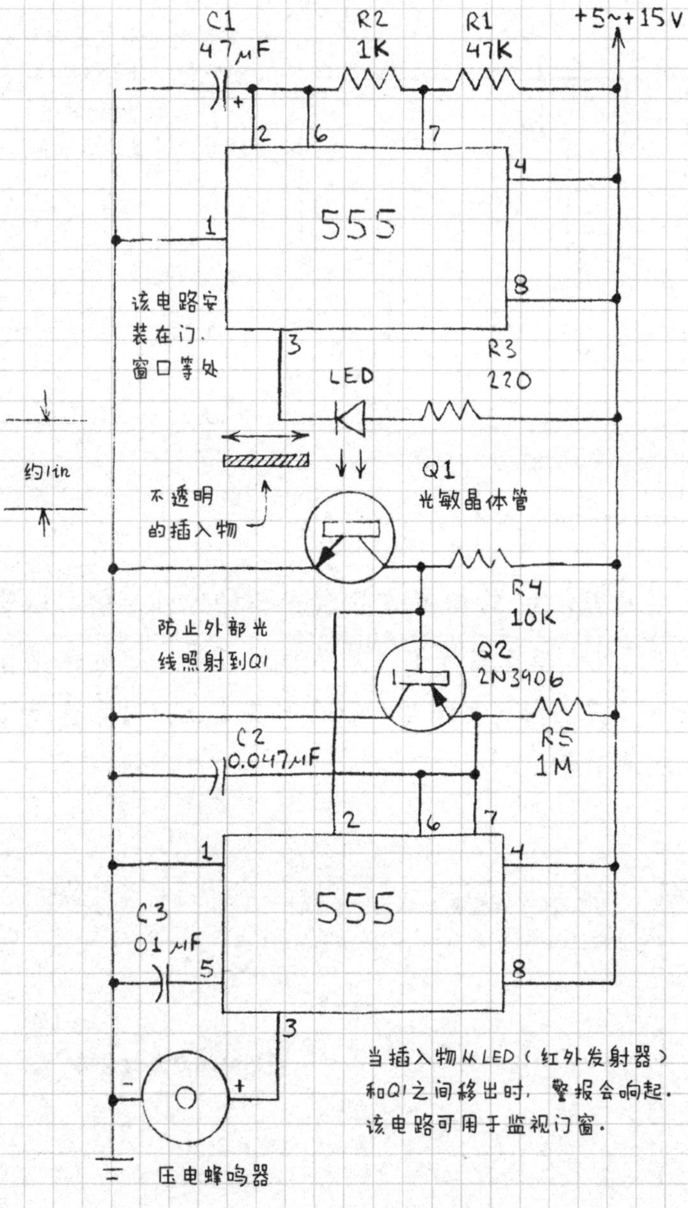

C1
47μF
R2
1K
R1
47K
+5~+15V
2
6
7
4
555
1
8
该电路安装在门、窗口等处
3
R3
220
LED
约1in
不透明的插入物
Q1
光敏晶体管
R4
10K
防止外部光线照射到Q1
Q2
2N3906
R5
1M
C2
0.047μF
2
6
7
1
4
555
C3
01μF
5
8
3
-
+
压电蜂鸣器

当插入物从LED（红外发射器）和Q1之间移出时，警报会响起。该电路可用于监视门窗。

1.4.26 模拟光波发射器

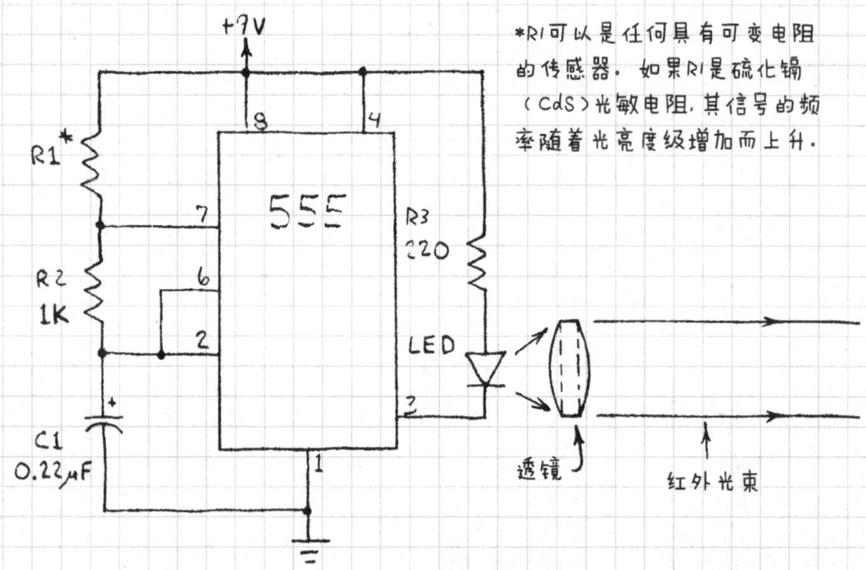
+9V
*R1可以是任何具有可变电阻的传感器。如果R1是硫化镉(CdS)光敏电阻，其信号的频率随着光亮度级增加而上升。
R1*
R2
1K
C1
0.22μF
555
8
4
7
6
2
3
1
R3
220
LED
透镜
红外光束

该电路以R1和C1确定的频率驱动红外发射二极管。1.4.27节中的接收器接收并放大红外信号。然后将信号的频率以电流的形式表现在0～1mA电流表上。使用透镜可增加红外光范围。

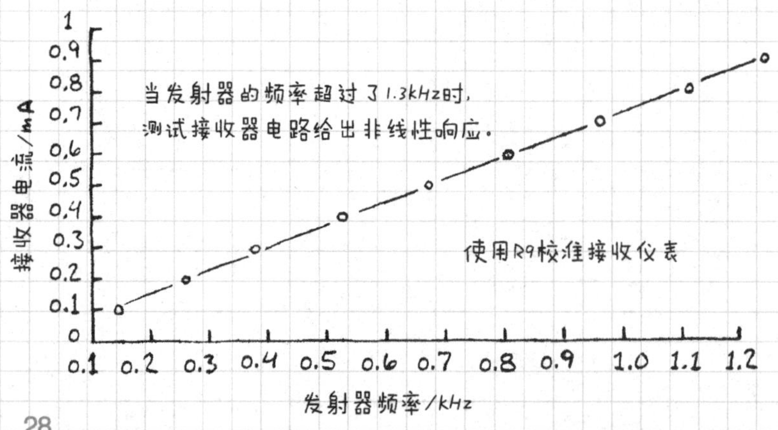
当发射器的频率超过了1.3kHz时，
测试接收器电路给出非线性响应。
使用R9校准接收仪表
接收器电流/mA
发射器频率/kHz
1
0.9
0.8
0.7
0.6
0.5
0.4
0.3
0.2
0.1
0
0.1 0.2 0.3 0.4 0.5 0.6 0.7 0.8 0.9 1.0 1.1 1.2

1.4.27 模拟光波接收器

这个电路可从1.4.26节中的发射机接收PFM信号。

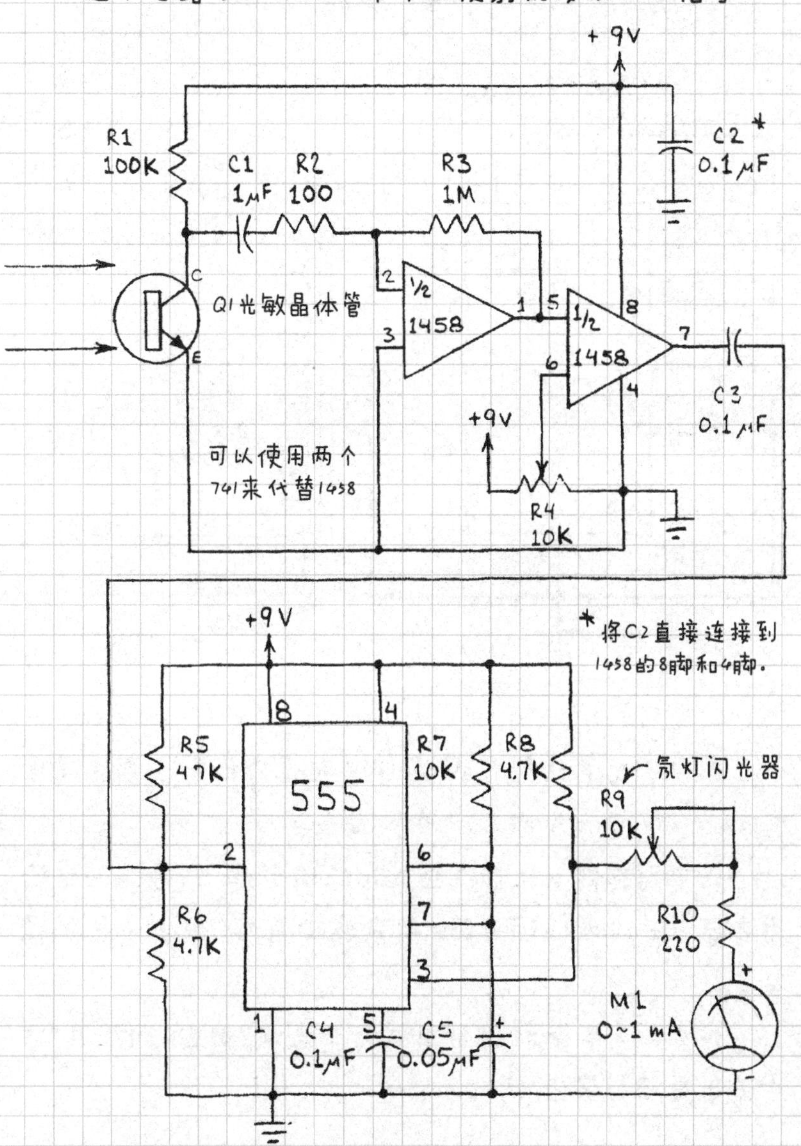
+9V
R1
100K
C1
1μF
R2
100
R3
1M
C2
0.1μF
C
E
Q1光敏晶体管
2
3
1/2
1458
1
5
6
8
7
4
C3
0.1μF
+9V
R4
10K
可以使用两个
741来代替1458
+9V
8
4
R5
4.7K
555
R7
10K
R8
4.7K
氖灯闪光器
R9
10K
2
6
7
3
R6
4.7K
R10
220
1
5
C4
0.1μF
C5
0.05μF
M1
0~1mA
+
-
*将C2直接连接到
1458的8脚和4脚。

1.4.28 直流-直流变换器

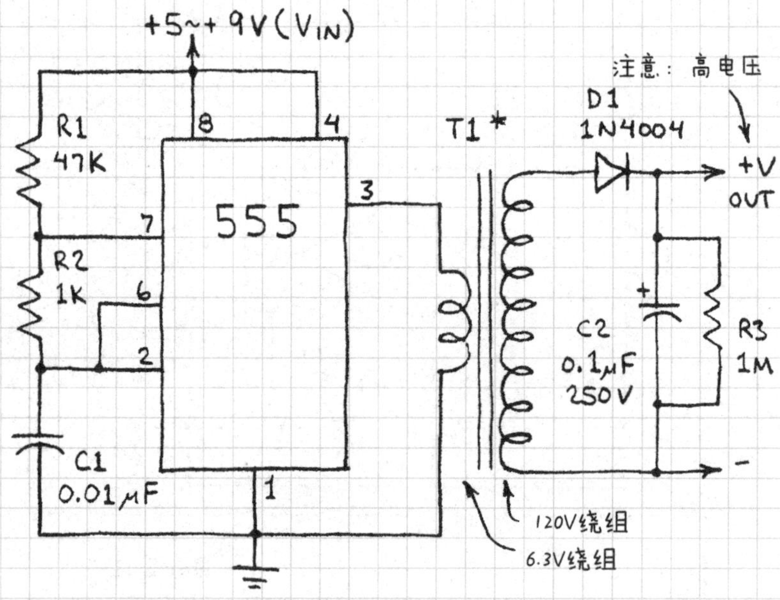
+5~+9V(V_{IN})
注意：高电压
D1
1N4004
T1*
R1
47K
8
4
3
555
7
R2
1K
6
2
C1
0.01μF
1
+V
OUT
C2
0.1μF
250V
R3
1M
-
120V绕组
6.3V绕组

图中T1*是微型6.3V转120V电源变压器（可以使用12.6V：120V单元中的6.3V中心抽头）。

该电路通过变压器绕组施加脉动电流，然后输入电压由变压器的二次绕组升压，用来驱动氖灯、等离子显示设备等。

注意：不要触碰输出引线！（当V_{IN}被去除时，从C2中流出电荷会经过R3。）

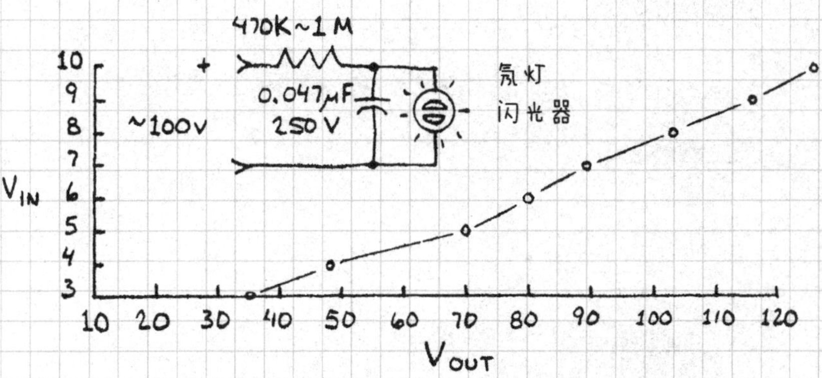
470K~1M
+
~100V
0.047μF
250V
氖灯
闪光器
V_{IN}
10
9
8
7
6
5
4
3
10
20
30
40
50
60
70
80
90
100
110
120
V_{OUT}

2

运算放大器项目

2.1 概述

运算放大器有两个输入［即反相（－）和非反相（＋）］和一个输出。一个加载在反相输入端的信号会在输出端被反转，一个加载在非反相输入端的信号在输出端会保持原来的极性。

运算放大器的增益（放大率）由一个反馈电阻器来决定，该反馈电阻器将来自输出的一些放大的信号馈送到反相输入端。这样减少了输出信号的幅度，因此产生了增益。电阻越小，增益越小。

下图是一个由运算放大器制作的基本的反相放大器。

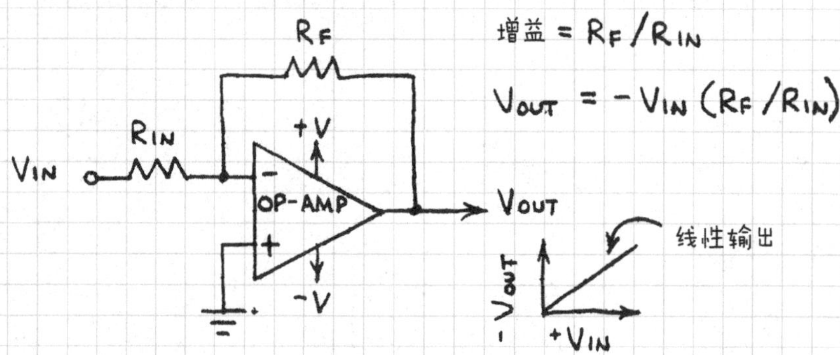

RF
RIN
VIN
+V
-V
OP-AMP
VOUT
增益 = RF/RIN
VOUT = -VIN (RF/RIN)
线性输出
-VOUT
+VIN

增益与电源电压无关。注意要将未使用的输入接地，这是因为运算放大器放大输入（V_{IN}）和地（0V）之间的差异。这时的运算放大器就是差分放大器。

反馈电阻（R_F）和运算放大器形成一个闭合的反馈环路。当不使用 R_F 时，运算放大器将处于开环模式。运算放大器则表现出最大的增益，但是输出电压随着输入电压的微小变化而从全开到全关，反之亦然。因此，开环模式不适用于线性放大。但是此模式可以用于比较两个输入电压是否有不同。在这种模式下，运算放大器被称为比较器，因为它对两个输入电压进行了比较。

2.2 功率运算放大器的供电

大多数运算放大器和运算放大器电路都需要双极性电源供电。下图是一个由两个 9V 电池组成的双极性供电电源。

9V
9V
+9V
+
-
+
-
-9V
地

重要提示：从电源引到运算放大器的导线应该又短又直。如果导线长度超过 6in，则必须在运算放大器的供电引脚接入一个旁路电容，旁路电容应连接在供电引脚与地之间。否则运算放大器可能会产生振荡甚至无法正常工作。始终使用新电池，而且两节电池必须提供相同的电压。确定电池夹是否足够清洁、紧实。切断电源时，切勿使用输入信号。

2.3 运算放大器的参数

运算放大器的特点是规格特别多，其中一些将在后面的介绍中给出。其主要参数如下：

输入偏移电压——即使没有输入电压，运算放大器也能提供一个非常小的输出电压。偏移电压是指在使输出为0V时输入端的电压。

共模抑制比——这是一个运算放大器拒绝同时施加到两个输入端的信号的能力的量度。

带宽——运算放大器的工作频率范围。增益下降到1时的频率是单位增益频率。

转换速率——当增益为1时，运算放大器的输出范围内的变化速率（以V/μs为单位）。

2.4 电路组装技巧

通常你可以在电路中使用不同的运算放大器。比如，在一个需要两个741运算放大器的电路中使用1458双运算放大器。请务必注意引脚路径的不同。对于非常高的输入阻抗和低工作电流的情况，请使用CMOS运算放大

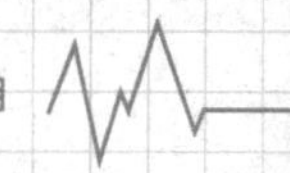

器。使用一个高阻抗电压表，来监测放大直流的运算放大器的输出电压。如果电路无法工作，请先断开输入信号，再在断开电源后检查接线。记得要使用新的电池。

2.5 741 运算放大器

741 是一款非常受欢迎的通用运算放大器。该运算放大器用法简单，并且实用可靠，价格亲民。通常用 741 替代较新的运算放大器是没有问题的。

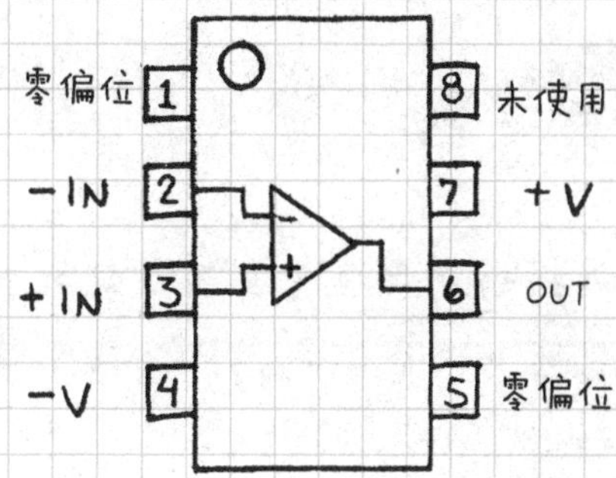
零偏位
1
-IN
2
+IN
3
-V
4
8
未使用
7
+V
6
OUT
5
零偏位
-
+

最大额定值

电源电压	±18V
功耗	500mW
差分输入电压	±30V
输入电压①	±15V
输出短路时间	不定
工作温度	0~70℃

① 当电源电压小于 ±15V 时，输入电压不能超过电源电压。

性能[1]

输入偏移电压	2～6mV
输入阻抗	0.3～2MΩ
电压增益	20000～200000
共模抑制比	70～90dB
带宽	0.5～1.5MHz
转换速率	0.5V/μs
电源电流	1.7～2.8mA
功耗	50～85mW

① 列出的数值为典型值或最小值到典型值。

2.6 1458双运算放大器

在一个1458的封装里包含有两个独立的通用运算放大器。两个放大器共用电源引脚。可用于替换电路中的一对741运算放大器。

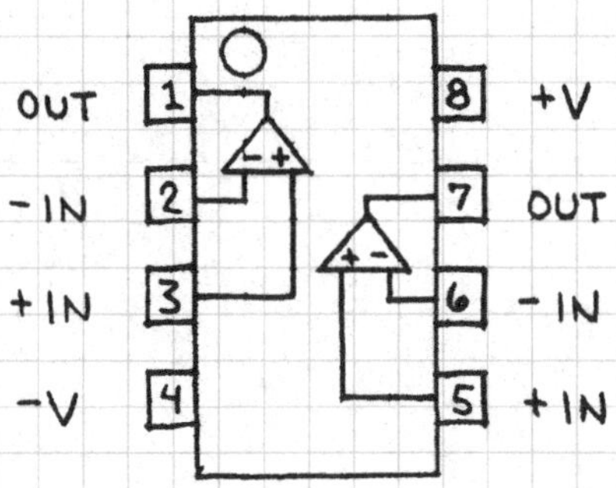
OUT
1
-IN
2
+IN
3
-V
4
8
+V
7
OUT
6
-IN
5
+IN

最大额定值

电源电压	±18V
功耗	400mW
差分输入电压	±30V
输入电压①	±15V
输出短路时间	不定
工作温度	0～70℃

① 当电源电压小于 ±15V 时，输入电压不得超过电源电压。

性能①

输入偏移电压	1～6mV
输入阻抗	0.3～1MΩ
电压增益	20000～160000
共模抑制比	70～90dB
电源电流②	3～5.6mA
功耗	85mW

① 列出的数值为典型值或最小值到典型值。

② 两个放大器的电源电流。

2.7 339 四重比较器

339 包含四个独立的比较器，因此在比较器电路中使用 339 更加经济。该芯片工作时需要单极性电源供电。

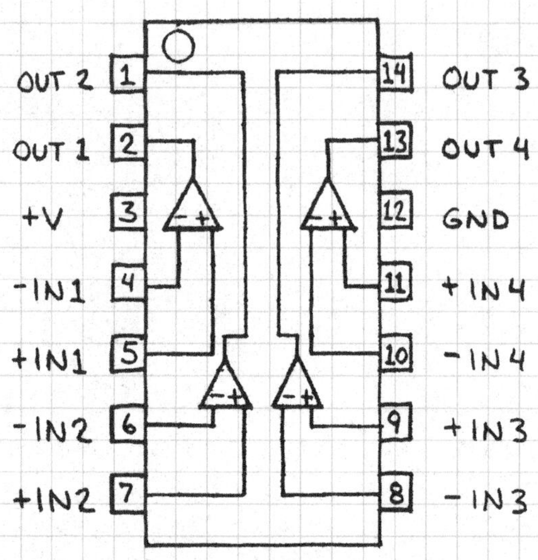
OUT 2
OUT 1
+V
-IN1
+IN1
-IN2
+IN2
1
2
3
4
5
6
7
14
13
12
11
10
9
8
OUT 3
OUT 4
GND
+IN4
-IN4
+IN3
-IN3

最大额定值

电源电压	+36V 或者 ±18V
功耗	570mW
差分输入电压	36V
输入电压	−0.3 ~ +36V
输出短路电流[①]	连续
工作温度	0 ~ 70 ℃

① 可以将输出接地. 避免输出接 +V, 否则将导致芯片过热.

性能[①]

输入偏移电压	±3 ~ ±20mV
电压增益	2000 ~30000
电源电流	0.8 ~2mA
输出灌电流	6 ~16mA

① 显示的值是最小值到典型值.

2.8 386 音频放大器

386 是用法较为简单的音频放大器，增益为 20，在单极性电源供电下工作。当 1 脚和 8 脚接 10uF 电容时增益变为 200。

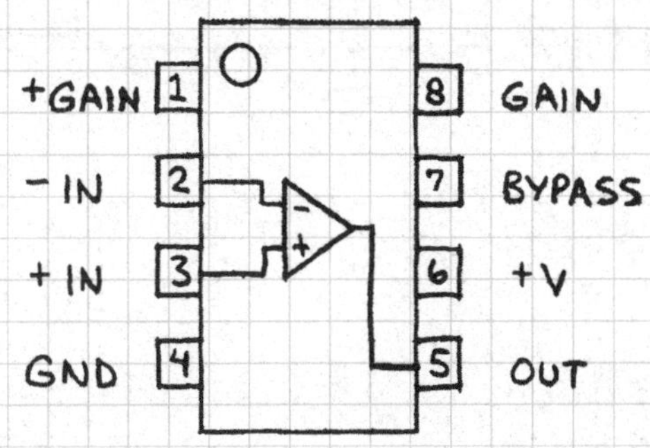

+GAIN
1
−IN
2
+IN
3
GND
4
8
GAIN
7
BYPASS
6
+V
5
OUT
−
+

最大额定值

电源电压	+15V
功耗	660mW
输入电压	±0.4V
工作温度	0～70℃

性能

供电电压范围	+4～+12V
待机电流	4～8mA
输出功耗	250～325mW
电压增益	20～200
带宽	300kHz
输入阻抗	50kΩ

典型应用

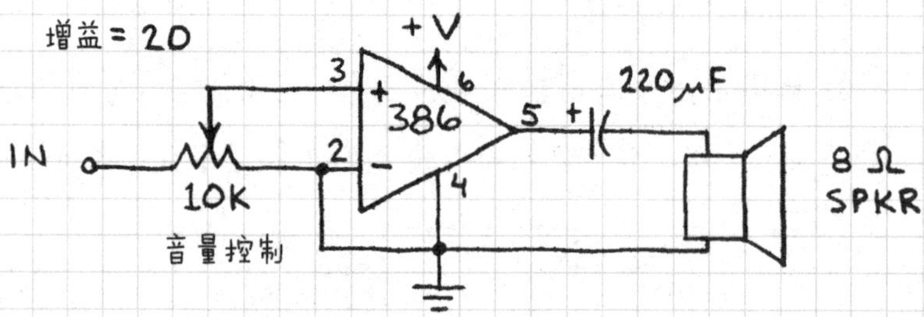
增益＝20
+V
3
6
+
386
5
220μF
IN
10K
2
−
4
8 Ω
SPKR
音量控制

2.9 电路应用

2.9.1 基本的反相放大器

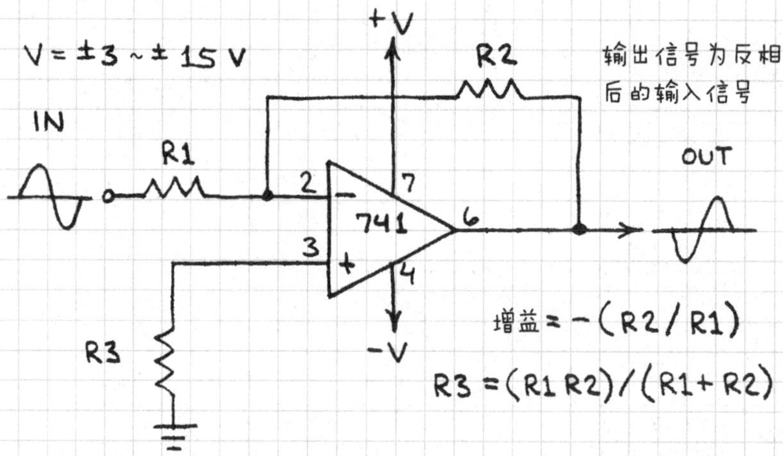
+V
V＝±3～±15 V
R2
输出信号为反相
后的输入信号
IN
R1
OUT
2
−
7
741
6
3
+
4
R3
-V
增益＝−(R2/R1)
R3＝(R1 R2)/(R1+R2)

例如：如果 R1 = 1000Ω，R2 = 10000Ω，增益为 − （10000/1000）也就是 −10。

这是一种最常见的运算放大器电路。如果需要得到同相输出，使用 2.9.3 节中的放大器。如果为单电源供电，则需将4脚接地。

2.9.2 单位增益反相器

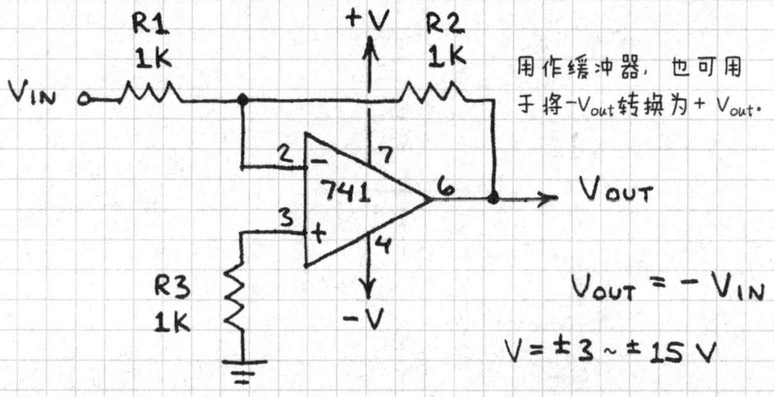
R1
1K
+V
R2
1K
用作缓冲器，也可用
于将$-V_{out}$转换为$+V_{out}$。
VIN
2
7
741
6
VOUT
3
4
R3
1K
-V
VOUT = − VIN
V=±3~±15 V

2.9.3 同相放大器

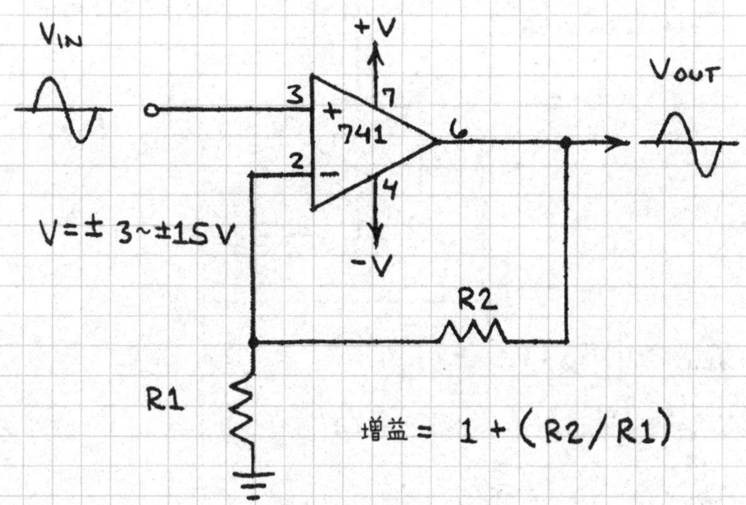
VIN
+V
VOUT
3
7
741
6
2
4
V=± 3~±15V
-V
R2
R1
增益= 1 + (R2/R1)

例如：如果 $R1 = 1000\Omega$，$R2 = 10000\Omega$，增益为 $1 + (10000/1000)$ 也就是 11。

请注意，V_{OUT} 是 V_{IN} 的放大而非反相。

2.9.4 单位增益跟随器

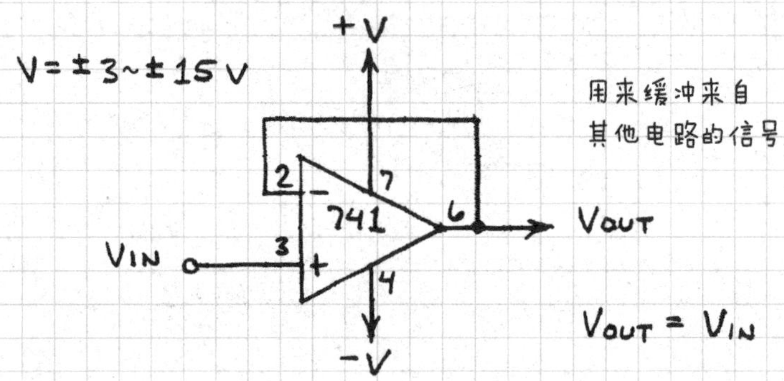
+V
V=±3~±15V
用来缓冲来自
其他电路的信号。
2
7
741
6
VOUT
VIN
3
4
VOUT = VIN
-V

2.9.5 跨导放大器

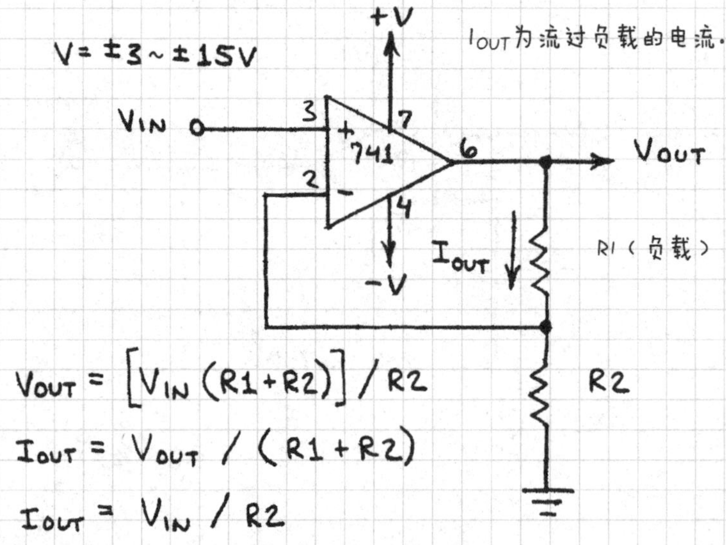
+V
IOUT为流过负载的电流。
V=±3~±15V
VIN
3
7
741
6
VOUT
2
4
IOUT
R1（负载）
-V
VOUT = [VIN (R1+R2)] / R2
R2
IOUT = VOUT / (R1+R2)
IOUT = VIN / R2

这是一个电压-电流转换器电路。下面展示的是如何通过输入电压控制 LED 的亮度。

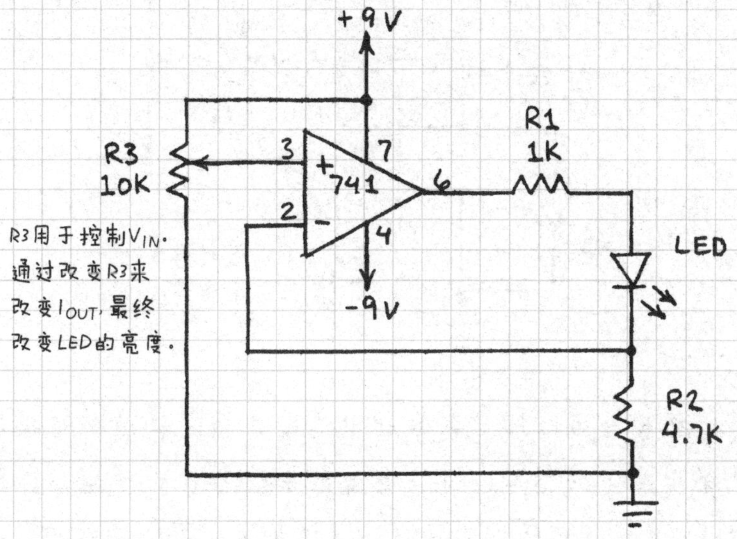
+9V
R1
1K
R3
10K
3
7
741
6
2
4
LED
-9V
R2
4.7K
R3用于控制V_{IN}。
通过改变R3来
改变I_{OUT}，最终
改变LED的亮度。

2.9.6 互阻抗放大器

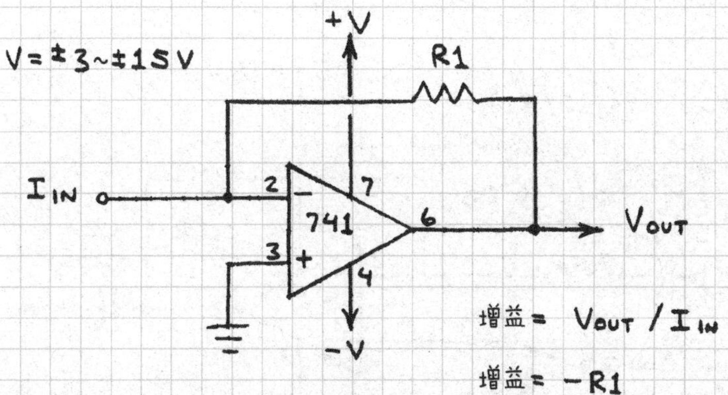
+V
V=±3~±15V
R1
I_{IN}
2
7
741
6
V_{OUT}
3
4
-V
增益= V_{OUT} / I_{IN}
增益= −R1

例如：当 R1 = 1000Ω时增益为 −1000。

这是一个电流-电压转换器电路。下面展示的是如何将一个太阳电池产生的电流转换为电路的输出电压。

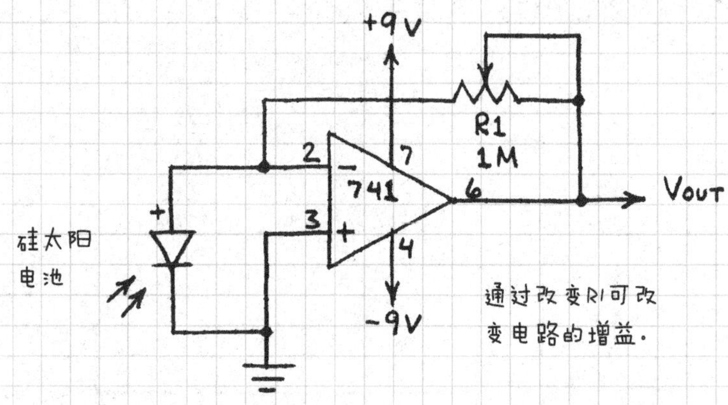
+9V
R1
1M
2
7
741
6
VOUT
3
4
硅太阳
电池
-9V
通过改变R1可改
变电路的增益。

该电路可以放大来自非电流发生器（如热敏电阻和光敏电阻）的信号。将非电流发生器器件的一端连接到+9V，另一端连接到2脚，3脚接地即可。可以使用较新的单电源运算放大器（将4脚连接到地）。

2.9.7 单电源放大器

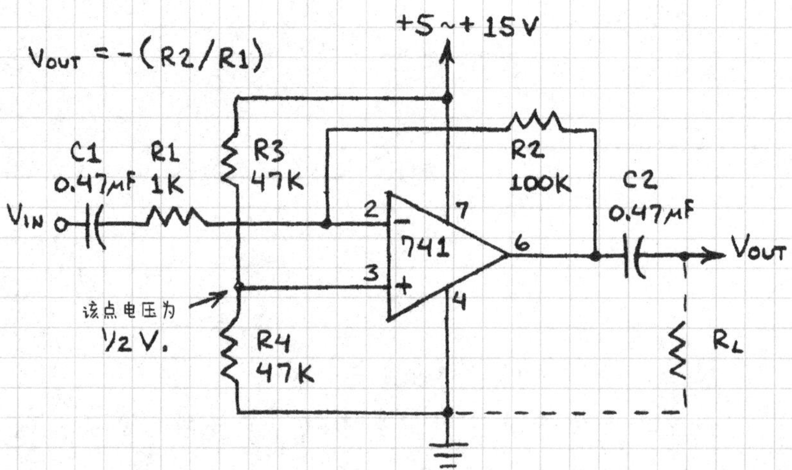
+5～+15V
VOUT =-(R2/R1)
C1
0.47μF
R1
1K
R3
47K
R2
100K
C2
0.47μF
VIN
2
7
741
6
VOUT
3
4
该点电压为
½V。
R4
47K
RL

这是一个由单极性电源供电的反相放大器。通过上面给出的 R1 和 R2 的阻值，可计算出增益其是 100。电路中的电容器 C1 和 C2 必不可少，因此，这个电路只能用于放大交流信号，无法放大直流信号。

对于上述电路，C1 应近似等于 $1/(2\pi f_{low}R1)$（f_{low} 为上述电路的低频截止频率，在该电路中为 300Hz）。C2 应近似等于 $1/(2\pi f_{low}R_L)$（R_L 是负载电阻）。

来自双电源运算放大器的输出可在接地端电压（0V 电压）上下波动。通过由 R3 和 R4 形成的分压器可以使 V_{OUT} 为 1/2V。这时的 V_{OUT} 就会像下图这样在 1/2V 上下波动。

+V
1/2 V
0 V
输出信号

2.9.8 音频放大器

741 是一个前置放大器。通过 R2 可调节放大器的增益。386 是一个功率放大器。通过 R3 可控制扬声器的音量。R2 可以使用 100kΩ 的定值电阻。如果发生电路振荡或输出失真就降低 R2 的阻值。重点：在电源连接点接入 0.1μF 旁路电容。

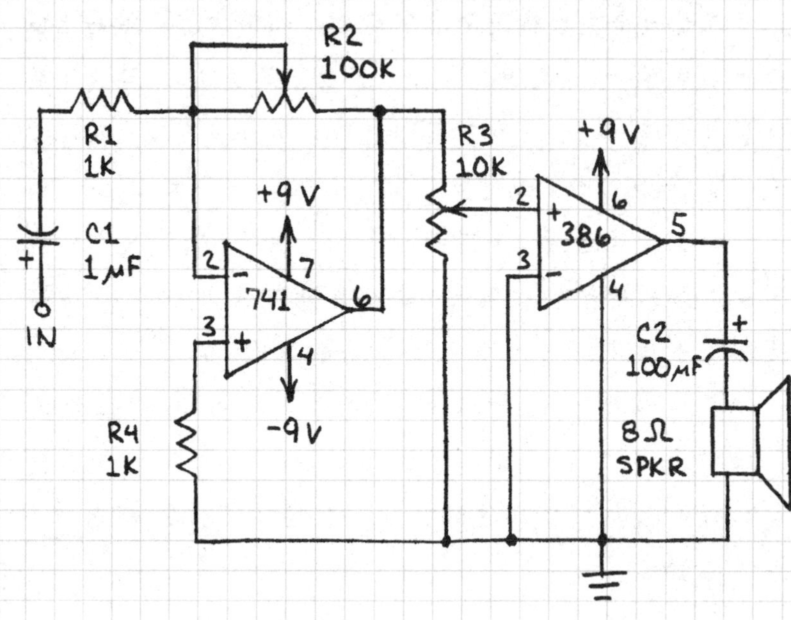
R2
100K
R1
1K
R3
10K
+9V
+9V
C1
1μF
IN
741
386
R4
1K
-9V
C2
100μF
8Ω
SPKR

2.9.9 音频混合器

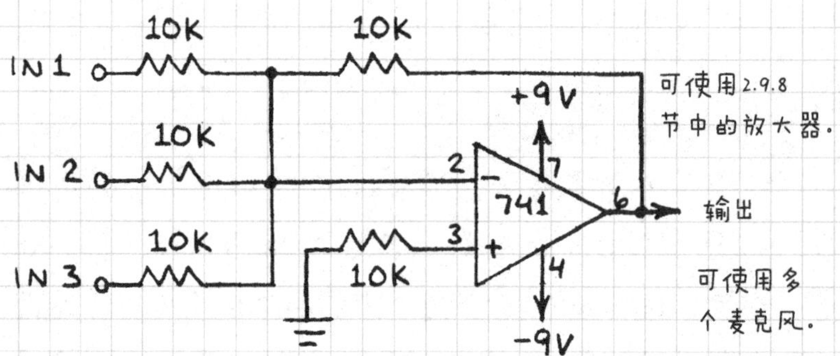
IN 1
IN 2
IN 3
10K
10K
10K
10K
10K
+9V
-9V
741
可使用2.9.8节中的放大器.
输出
可使用多个麦克风.

2.9.10 求和放大器

求和放大器的输出电压是输入电压之和。输入电压的

总和不能超过 ±V，至少应比 V 小 1 ~ 2V。可以接入多个输入（每个输入通过 10kΩ电阻接到 2 脚）。下面的电路保持了 V_{IN} 的极性：

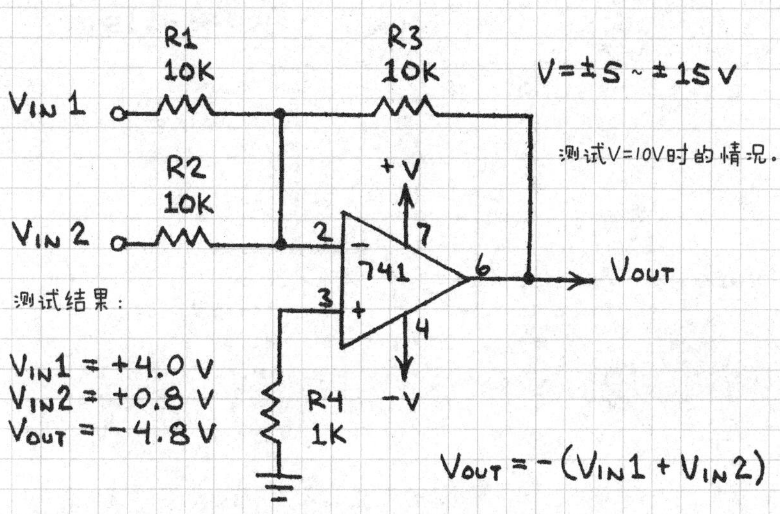
R1
10K
R3
10K
V=±5 ~ ±15 V
VIN 1
测试V=10V时的情况.
R2
10K
+V
VIN 2
2
7
741
6
VOUT
测试结果：
3
4
VIN1 = +4.0 V
VIN2 = +0.8 V
VOUT = −4.8 V
R4
1K
−V
VOUT = −(VIN1 + VIN2)

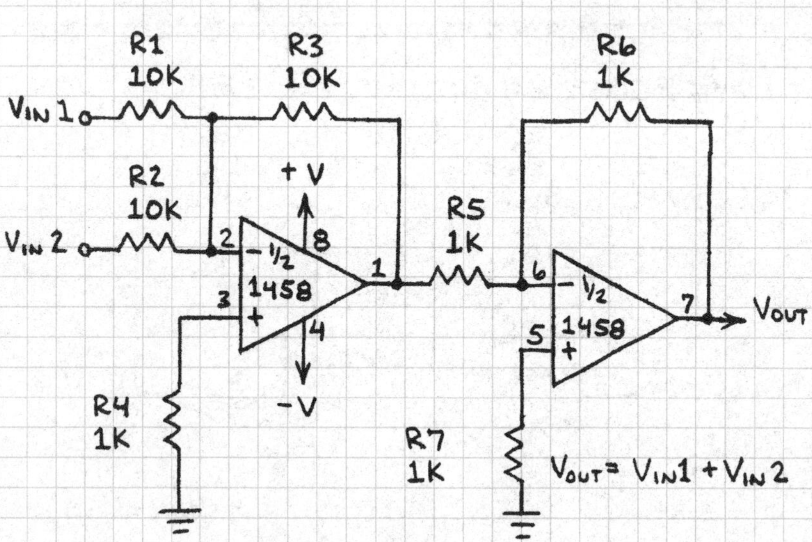
R1
10K
R3
10K
R6
1K
VIN 1
R2
10K
+V
R5
1K
VIN 2
2
8
1/2
1458
1
6
1/2
1458
7
VOUT
3
4
5
R4
1K
−V
R7
1K
VOUT = VIN1 + VIN2

2.9.11 差分放大器

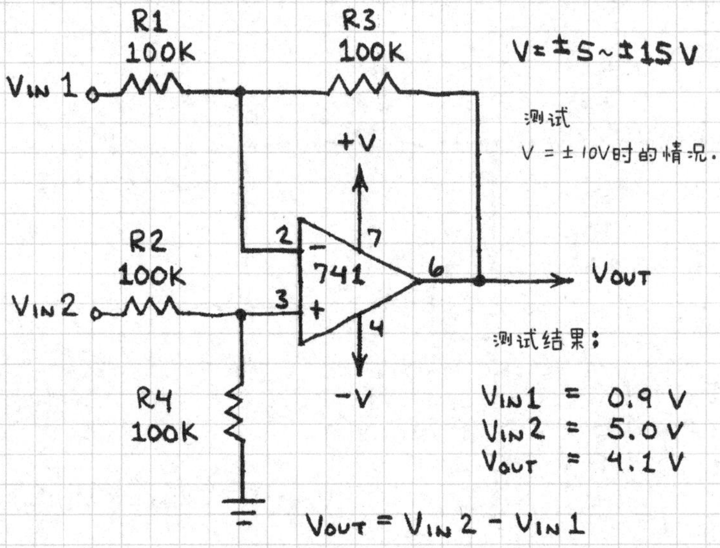
R1
100K
R3
100K
V=±5~±15V
VIN 1
测试
V = ± 10V时的情况.
+V
7
2
741
6
VOUT
R2
100K
VIN 2
3
4
测试结果:
R4
100K
-V
VIN1 = 0.9 V
VIN2 = 5.0 V
VOUT = 4.1 V
VOUT = VIN 2 - VIN 1

差分放大器的输出 $V_{OUT} = V_{IN2} - V_{IN1}$。输入电压不能超过 ±V。下面的电路可将 $V_{IN2} - V_{IN1}$ 的极性反转。

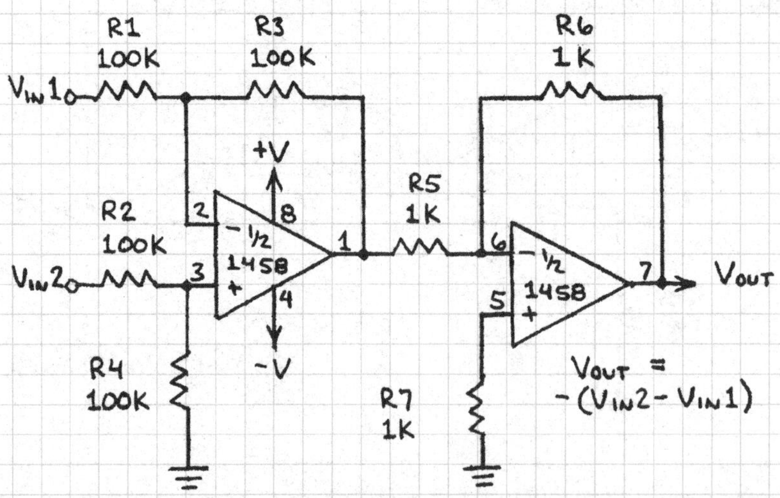
R1
100K
R3
100K
R6
1K
VIN1
+V
R5
1K
R2
100K
2
8
1/2
1458
1
6
1/2
1458
7
VOUT
VIN2
3
4
5
R4
100K
-V
R7
1K
VOUT =
-(VIN2-VIN1)

2.9.12 双电源积分器

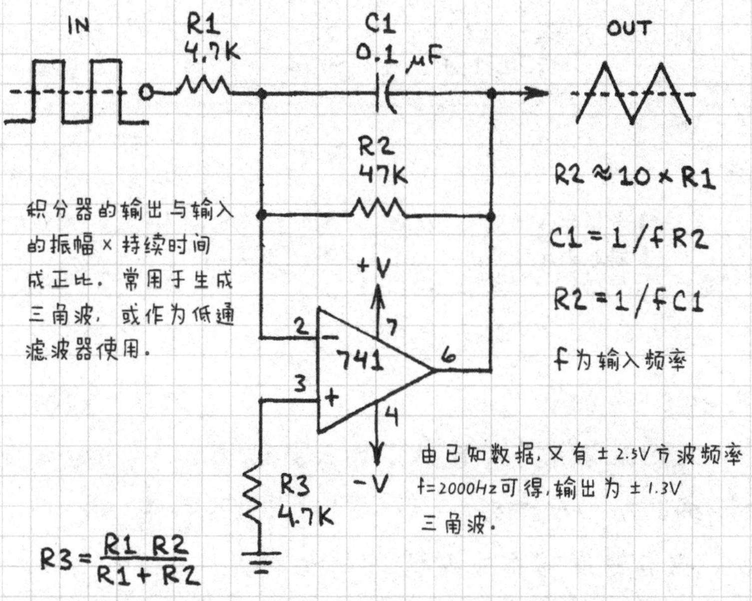
IN
R1
4.7K
C1
0.1 μF
OUT
R2
47K
R2≈10×R1
C1=1/f R2
R2=1/f C1
f为输入频率
积分器的输出与输入
的振幅×持续时间
成正比，常用于生成
三角波，或作为低通
滤波器使用。
+V
2
7
741
6
3
4
-V
R3
4.7K
由已知数据，又有±2.5V方波频率
f=2000Hz可得，输出为±1.3V
三角波。
R3=R1 R2/R1+R2

2.9.13 单电源积分器

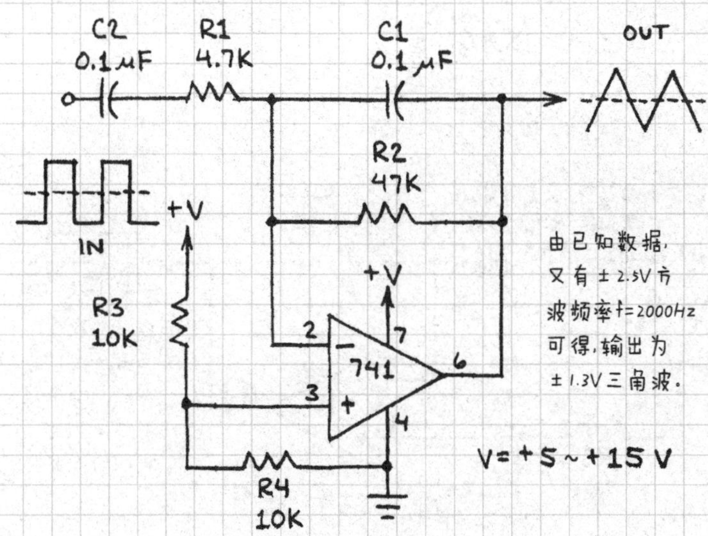
C2
0.1 μF
R1
4.7K
C1
0.1 μF
OUT
R2
47K
IN
+V
R3
10K
+V
2
7
741
6
3
4
R4
10K
由已知数据，
又有±2.5V方
波频率f=2000Hz
可得，输出为
±1.3V三角波。
V=+5~+15 V

2.9.14 双电源微分器

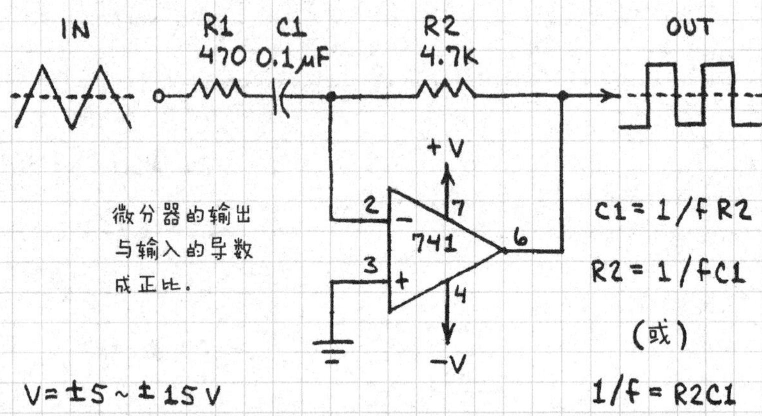
IN
R1
470
C1
0.1μF
R2
4.7K
OUT
+V
2
7
741
6
3
4
−V
微分器的输出
与输入的导数
成正比.
C1 = 1/fR2
R2 = 1/fC1
(或)
1/f = R2C1
V = ±5 ~ ±15V

由已知数据，又有 ±2.5V 三角波频率 f = 2000Hz 可得，输出为 ±10V 方波.

微分器能够将方波转换为脉冲：

f = 2000Hz，V = ±10V

IN = ±0.5V，OUT = ±7V

2.9.15 单电源微分器

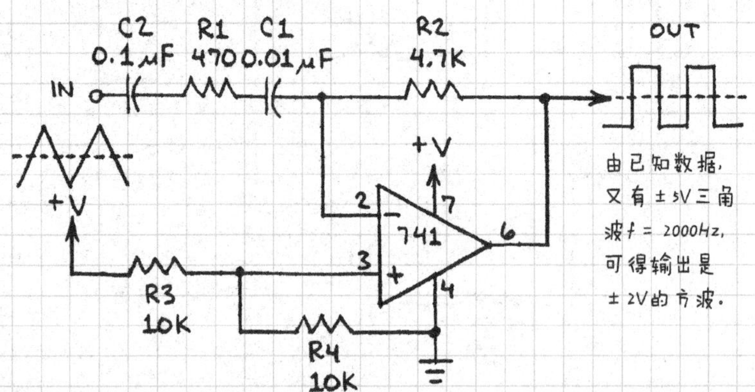
C2
0.1μF
R1
470
C1
0.01μF
R2
4.7K
OUT
IN
+V
+V
2
7
741
6
3
4
R3
10K
R4
10K
由已知数据，
又有 ±5V三角
波f = 2000Hz，
可得输出是
±2V的方波.

2.9.16 峰值检测器

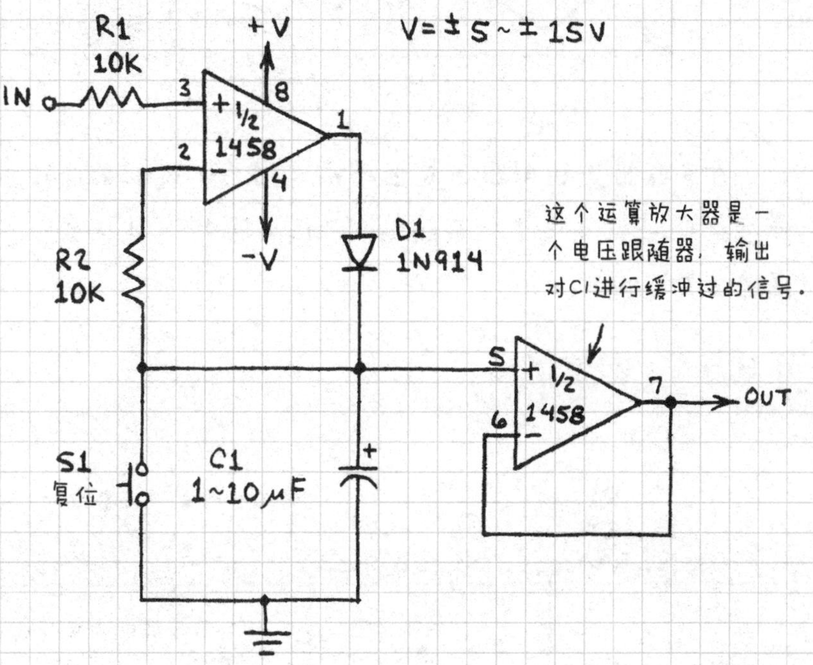
R1
10K
IN
+V
V=±5~±15V
3
8
+ 1/2
1458
1
2
-
4
-V
D1
1N914
R2
10K
这个运算放大器是一个电压跟随器，输出对C1进行缓冲过的信号.
5
+ 1/2
1458
7
OUT
6
-
S1
复位
C1
1~10μF
+

该电路跟随输入信号电压并将最大电压记录在C1中。通过按下S1使C1放电，复位电路。通过在输出和地之间接入的电压表来测量C1上存储的峰值电压。下图很好地展示了电路是如何实现其功能的。

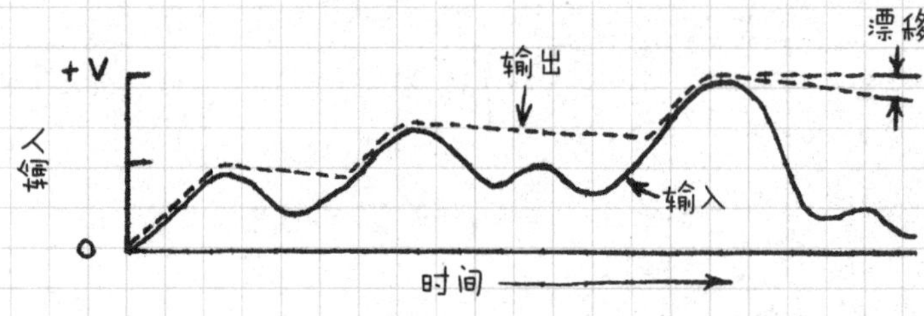
+V
输入
0
输出
漂移
输入
时间

注意输出是如何跟上前面的高（峰值）输入的。还要注意C1上的电量会逐渐漏掉。测试电路中的C1电量下降速度为10mV/s。

2.9.17 反相消减

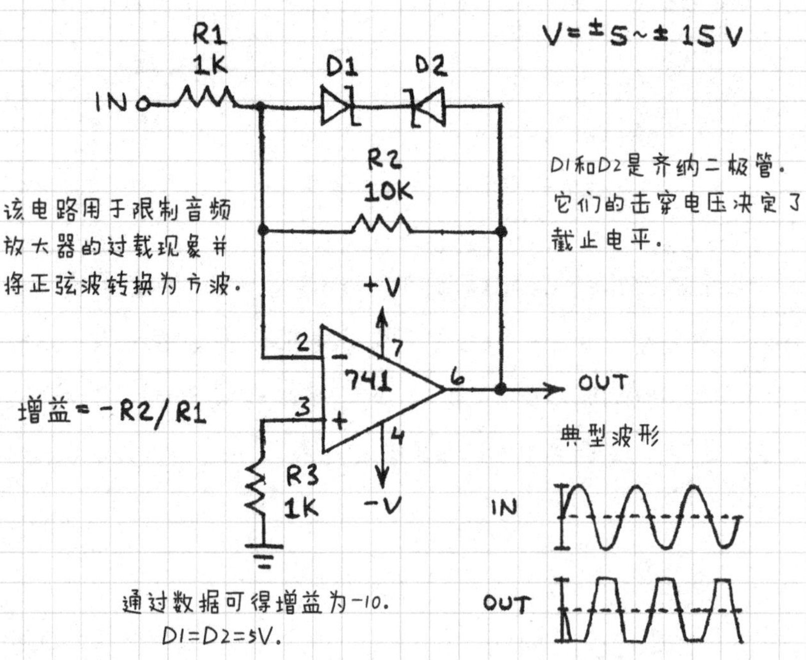
R1
1K
D1
D2
V=±5~±15V
IN
R2
10K
D1和D2是齐纳二极管。
它们的击穿电压决定了
截止电平。
该电路用于限制音频
放大器的过载现象并
将正弦波转换为方波。
+V
2
7
741
6
OUT
增益=-R2/R1
3
4
典型波形
R3
1K
-V
IN
通过数据可得增益为-10。
D1=D2=5V。
OUT

2.9.18 同相消减

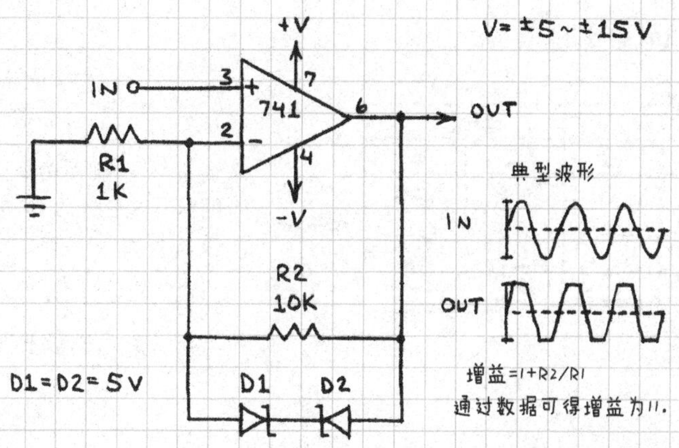

+V
V=±5~±15V
IN
3
7
741
6
OUT
2
4
R1
1K
-V
典型波形
IN
R2
10K
OUT
D1=D2=5V
D1
D2
增益=1+R2/R1
通过数据可得增益为11.

2.9.19 双稳态 RS 触发器

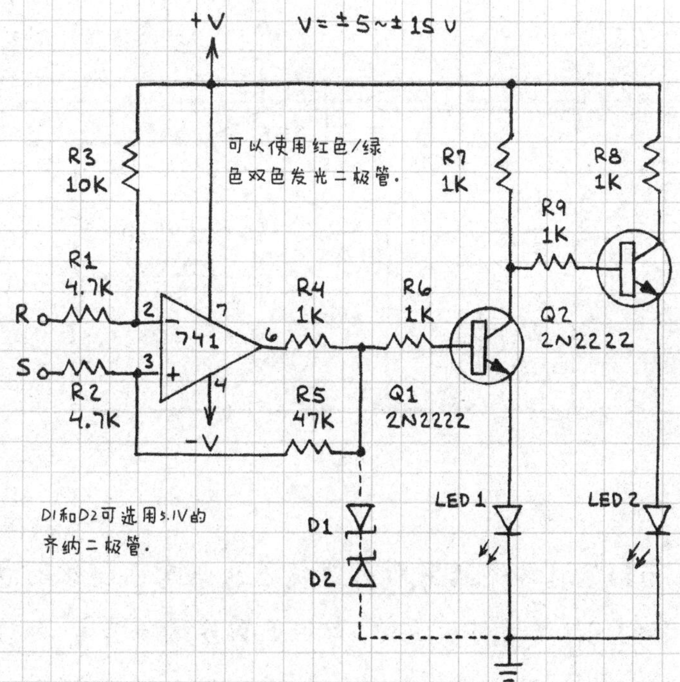

+V
V=±5~±15V
R3
10K
可以使用红色/绿
色双色发光二极管.
R7
1K
R8
1K
R9
1K
R1
4.7K
R4
1K
R6
1K
R
2
7
741
6
Q2
2N2222
S
3
4
R2
4.7K
R5
47K
Q1
2N2222
-V
LED 1
LED 2
D1和D2可选用5.1V的
齐纳二极管.
D1
D2

该电路演示了模拟芯片是如何执行数字逻辑功能的（比较器是另一个例子。）

下面是真值表：

输入		LED	
R	S	1	2
GND	+V	ON	OFF
GND	-V	OFF	ON
+V	GND	OFF	ON
-V	GND	ON	OFF

该输出具有锁存功能，即使输入S发生浮动时也保持不变。

使用D1和D2来限制输出电压。

2.9.20 单稳态多谐振荡器

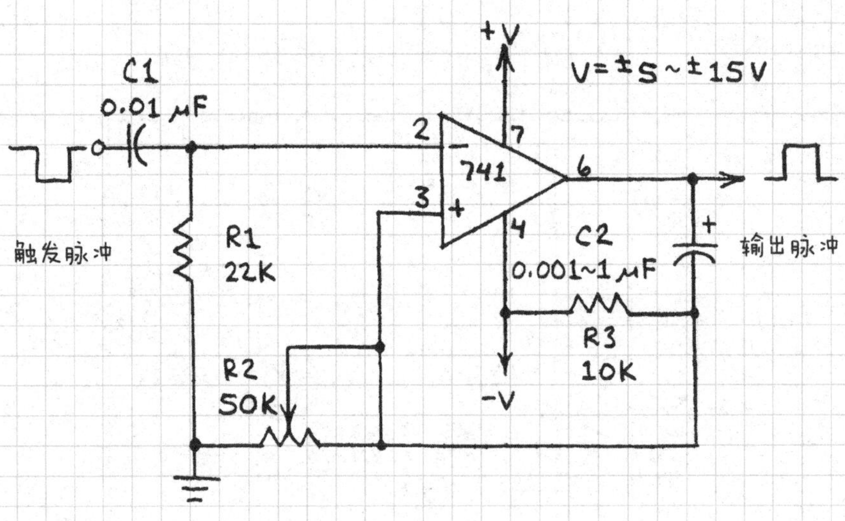
+V
C1
0.01 μF
V=±5～±15V
2
7
741
6
3
4
触发脉冲
R1
22K
C2
0.001~1 μF
输出脉冲
R3
10K
R2
50K
-V

负触发脉冲使运算放大器输出从低电平摆动到高电平，其时间大约等于R2 C2。常用于划分输入信号，并将不

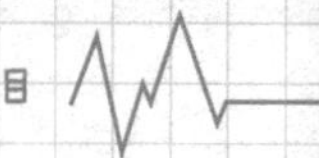

规则输入脉冲转换成均匀的输出脉冲。

典型的结果：

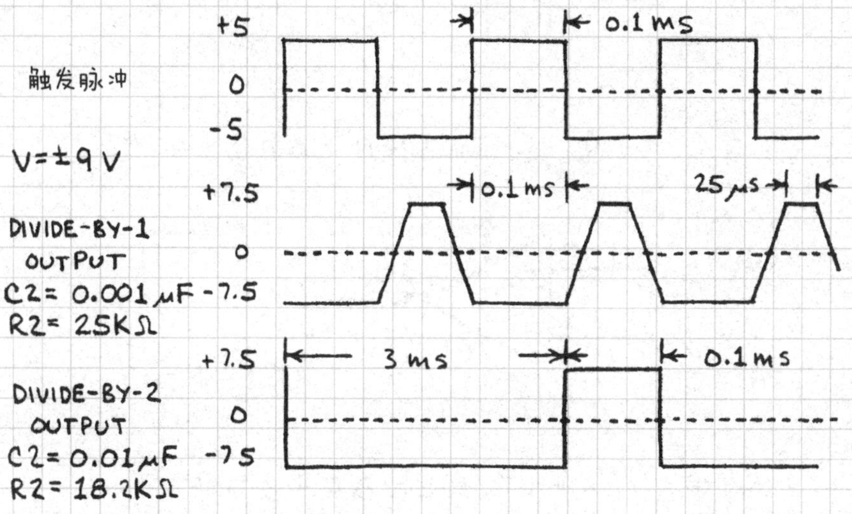
触发脉冲
V=±9V
+5
0
-5
0.1ms
DIVIDE-BY-1
OUTPUT
C2=0.001μF
R2=25KΩ
+7.5
0
-7.5
0.1ms
25μs
DIVIDE-BY-2
OUTPUT
C2=0.01μF
R2=18.2KΩ
+7.5
0
-7.5
3ms
0.1ms

注意：使用555更具通用性。

2.9.21 基本比较器

比较器是一种监测两个输入电压的模拟电路。一个电压叫作参考电压（V_{REF}）另一个叫作输入电压（V_{IN}）。当输入电压变得高于或低于V_{REF}时，比较器的输出会改变当前状态。一些电路（例如339）被专门设计为比较器电路。由于没有反馈电阻的运算放大器具有非常高的开环增益，因此可以作为比较器来使用。

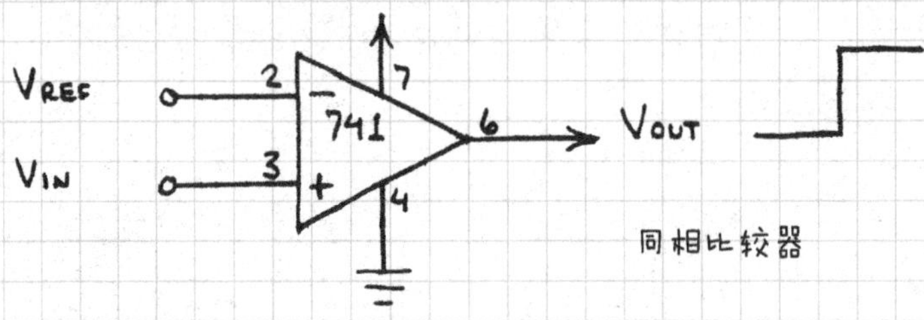
VREF
VIN
2
3
7
741
6
4
VOUT
同相比较器

当 V_{IN} 大于 V_{REF} 时，输出由低电平变为高电平。

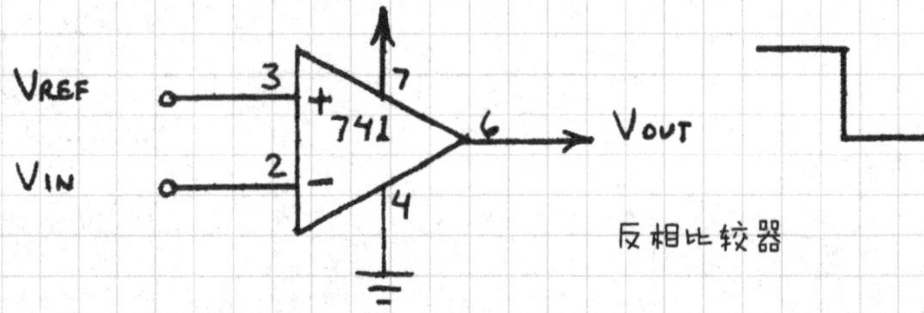
VREF
VIN
3
2
7
741
6
4
VOUT
反相比较器

当输入 V_{IN} 大于 V_{REF}，输出由高电平变为低电平。

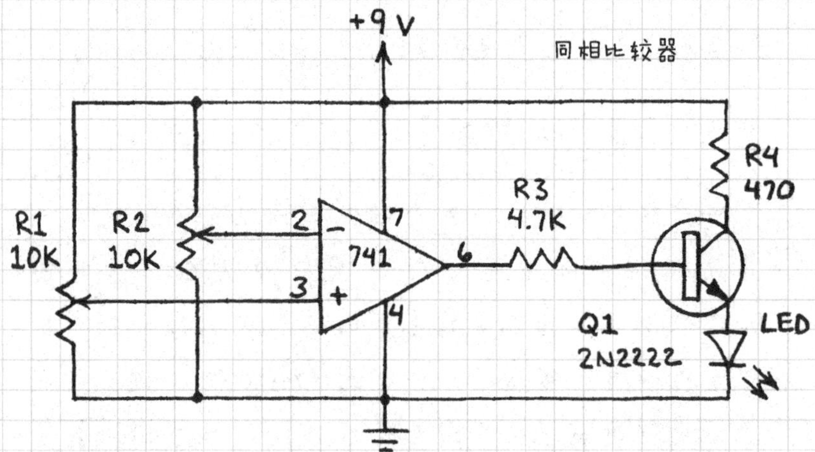
+9V
同相比较器
R1
10K
R2
10K
2
3
7
741
6
4
R3
4.7K
R4
470
Q1
2N2222
LED

通过在塑料面包板上搭建这个电路来学习这种比较器的基础知识。通过调整 R1 和 R2 的分压大小，来为 741 的两个输入端提供变化的电压。741 的输出电平变高，Q1

把电流导通到发光二极管上。电路按下述方式工作：

假定 R2 滑片放到中间位置，使 V_{REF} = 4.5V (9/2 = 4.5V)。R1 控制输入 V_{IN} 大小。

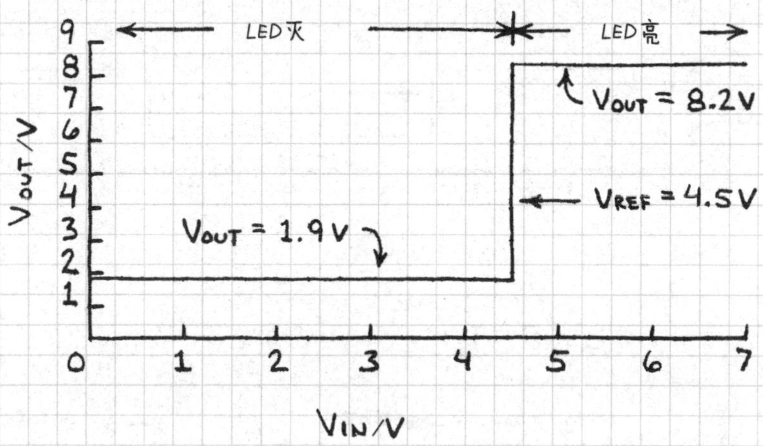
LED灭
LED亮
VOUT = 8.2V
VREF = 4.5V
VOUT = 1.9V
VOUT/V
VIN/V

2.9.22 基本窗口比较器

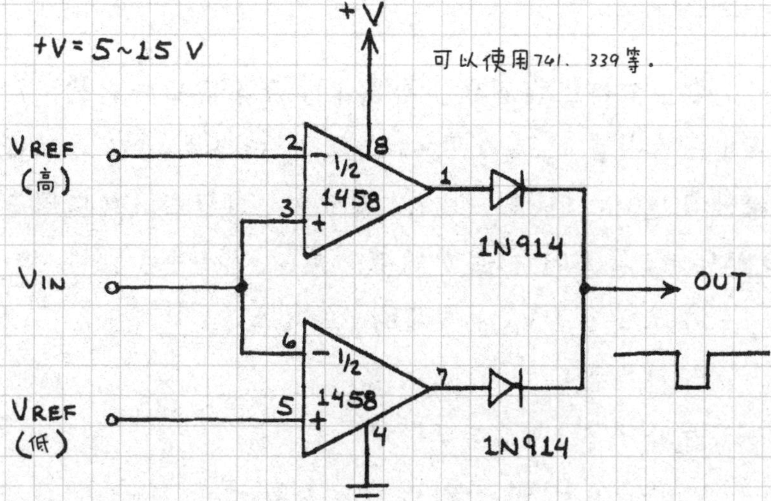
+V
+V = 5~15 V
可以使用741、339等。
VREF
(高)
VIN
VREF
(低)
1/2
1458
1N914
1N914
OUT

这个电路是比较器电路中最通用的一种。假定 V_{REF}（高电平）是 5.5V，V_{REF}（低电平）为 2.5V。电路将按以下方式运行：

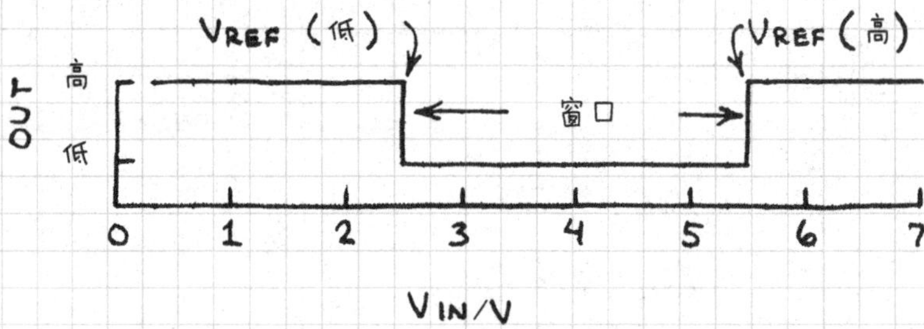
VREF（低）
VREF（高）
OUT
高
低
窗口
0
1
2
3
4
5
6
7
VIN/V

一个分压器可以提供 1～2 个参考电压：

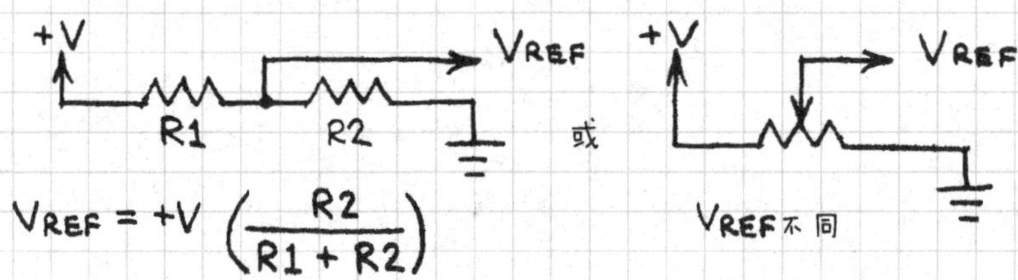
+V
VREF
R1
R2
或
+V
VREF
VREF = +V (R2 / (R1 + R2))
VREF不同

在面包板上搭建这个电路来学习此窗口比较器。利用电压表设置 V_{REF} 高电平（R1）和 V_{REF} 低电平（R3）。（将探针与 1458 的 2 脚和地连接，调节 R1。同样的方法应用于 5 脚和地，调节 R3。）调节 R2 来改变 V_{IN} 大小。

V_{IN} 大于等于 V_{REF} 高电平时：LED1 亮。

V_{IN} 处在窗口内时：LED2 亮。

V_{IN} 小于等于 V_{REF} 低电平时：LED3 亮。

V_{IN} 小于 0.6V 时：LED1 和 LED3 都亮。

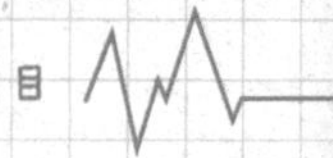

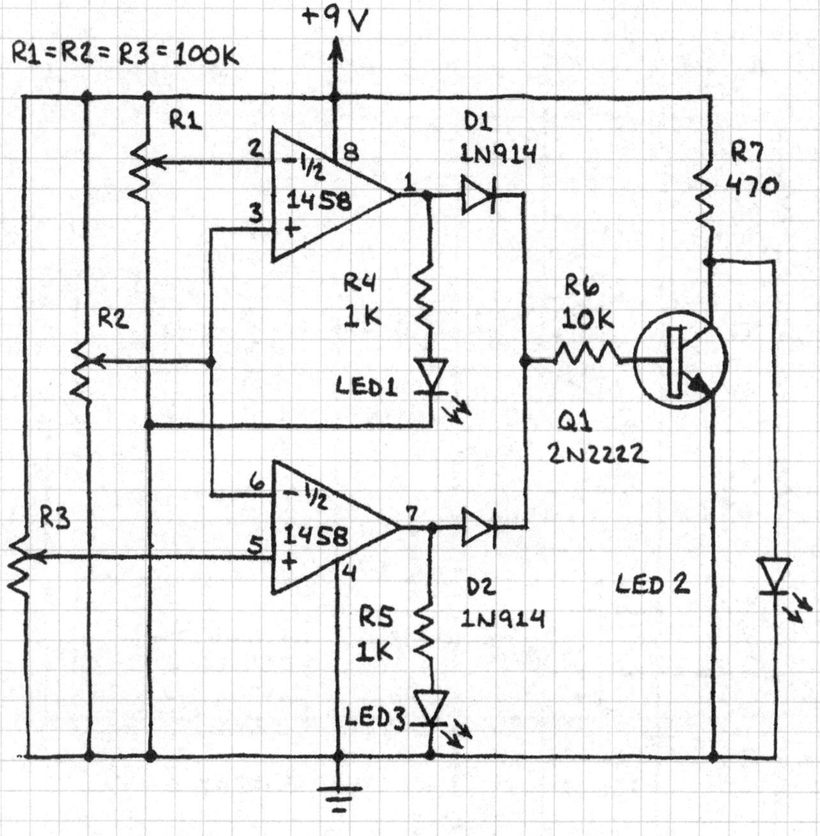

2.9.23 3步序列生成器

这是一个能够输出3步信号序列的窗口比较器。按下S1使C1放电，点亮LED 1（LED 2短暂亮）。这时C1通过R4充电。当C1上的电量依次大于3V和6V时，LED 2和LED 3依序发光。减少R2来平衡时间延迟，减少延迟时间。亮灯的延迟将因C1的公差而发生变化。

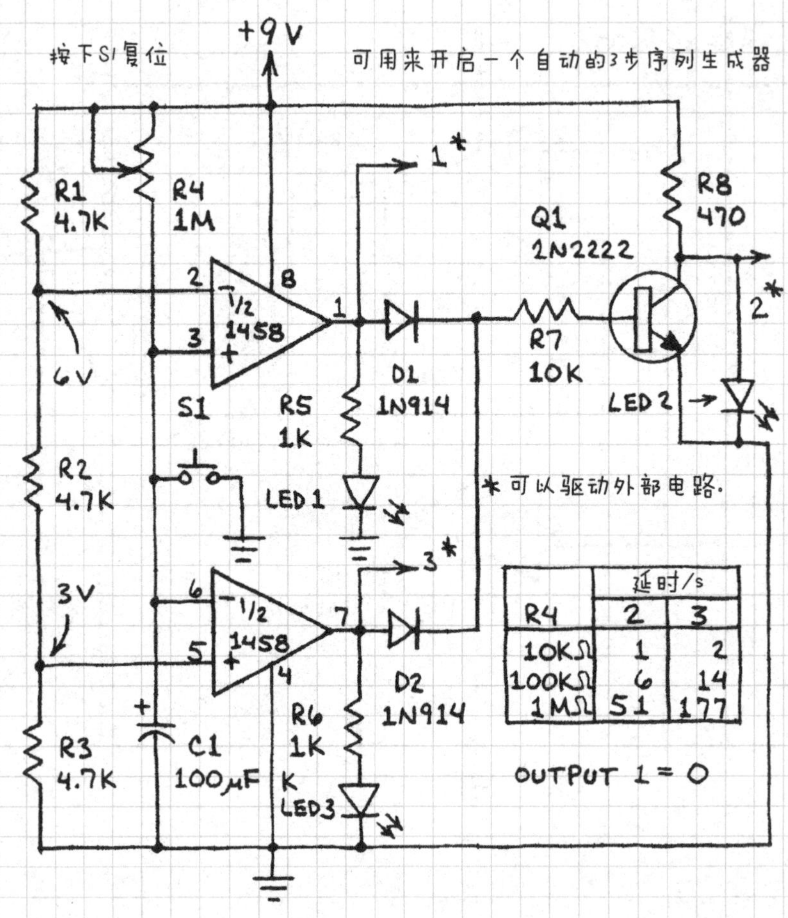

+9V
按下S1复位
可用来开启一个自动的3步序列生成器
R1
4.7K
R4
1M
1*
R8
470
Q1
2N2222
2
8
1/2
1458
1
3
6V
D1
1N914
R7
10K
2*
LED 2
S1
R5
1K
LED 1
R2
4.7K
* 可以驱动外部电路.
3*
3V
6
1/2
1458
7
5
4
D2
1N914
R6
1K
LED3
R3
4.7K
C1
100μF
K
延时/s
R4
2
3
10KΩ
1
2
100KΩ
6
14
1MΩ
51
177
OUTPUT 1 = 0

2.9.24 条形电压表

LED随着输入电压的增大依次发光. LED也会随输入端阻值的变化而变化. 用手指触摸输入端并观察. 将CdS电池连入输入端就制作出了照度计.

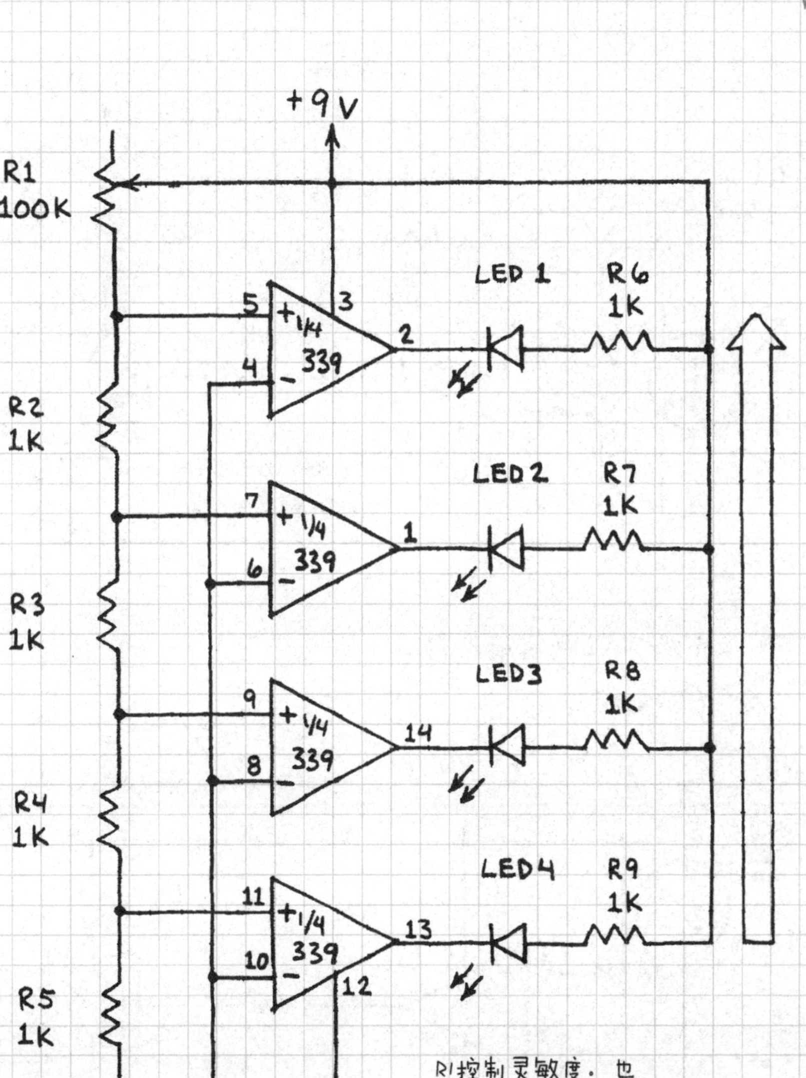
+9V
R1
100K
R2
1K
R3
1K
R4
1K
R5
1K
IN
5
3
4
+1/4
339
2
7
6
+1/4
339
1
9
8
+1/4
339
14
11
10
+1/4
339
13
12
LED 1
LED 2
LED 3
LED 4
R6
1K
R7
1K
R8
1K
R9
1K
R1控制灵敏度。也
可用741运算放大器。

2.9.25 光激活继电器

光敏晶体管：

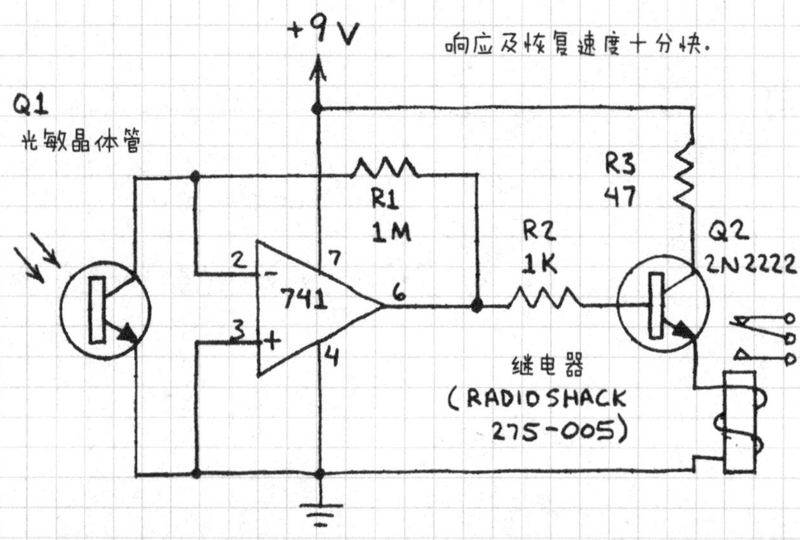
+9V
响应及恢复速度十分快。
Q1
光敏晶体管
R1
1M
R3
47
R2
1K
Q2
2N2222
2
7
741
6
3
4
继电器
(RADIOSHACK
275-005)

光照Q1来激活继电器。

光敏电阻：

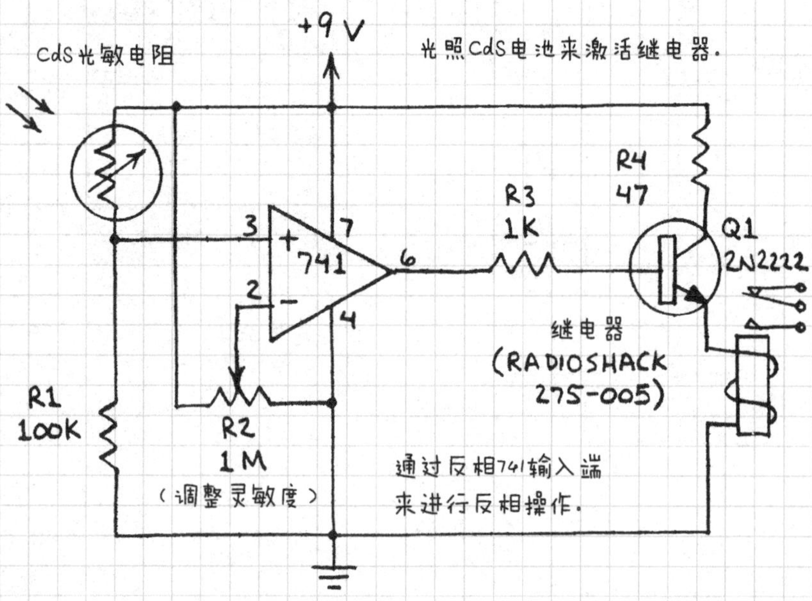
+9V
CdS光敏电阻
光照CdS电池来激活继电器。
R4
47
R3
1K
3
7
741
6
2
4
Q1
2N2222
继电器
(RADIOSHACK
275-005)
R1
100K
R2
1M
（调整灵敏度）
通过反相741输入端
来进行反相操作。

2.9.26 光激活报警器

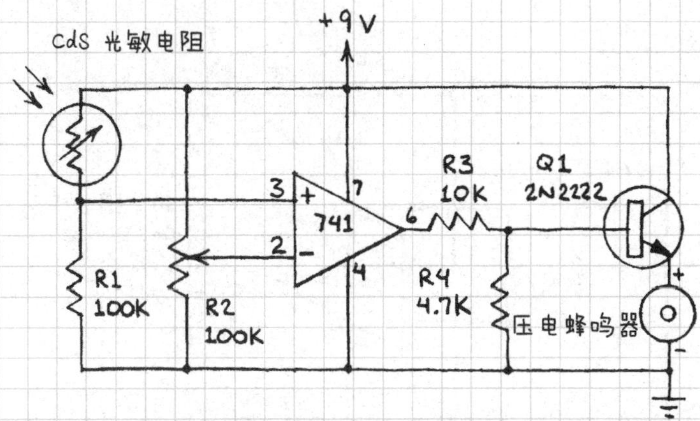
+9V
CdS 光敏电阻
3 +
2 –
7
4
741
6
R3
10K
Q1
2N2222
R1
100K
R2
100K
R4
4.7K
压电蜂鸣器

当太阳电池被照射时，蜂鸣器发声。R2 控制灵敏度。如果 741 输出不是高电平，R4 将保持 Q1 关闭状态。可作为阳光激活的起床闹钟或是冰箱开门报警。

2.9.27 暗激活报警器

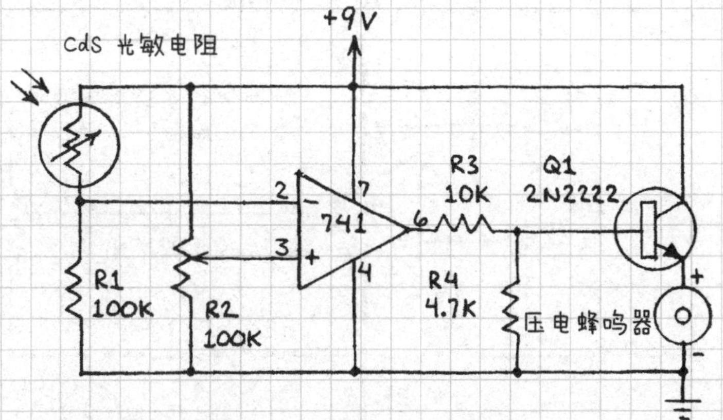
+9V
CdS 光敏电阻
2 –
3 +
7
4
741
6
R3
10K
Q1
2N2222
R1
100K
R2
100K
R4
4.7K
压电蜂鸣器

除了 741 反相输入外，与上述电路相同。可以用继电器代替压电蜂鸣器。

2.9.28 光敏振荡器

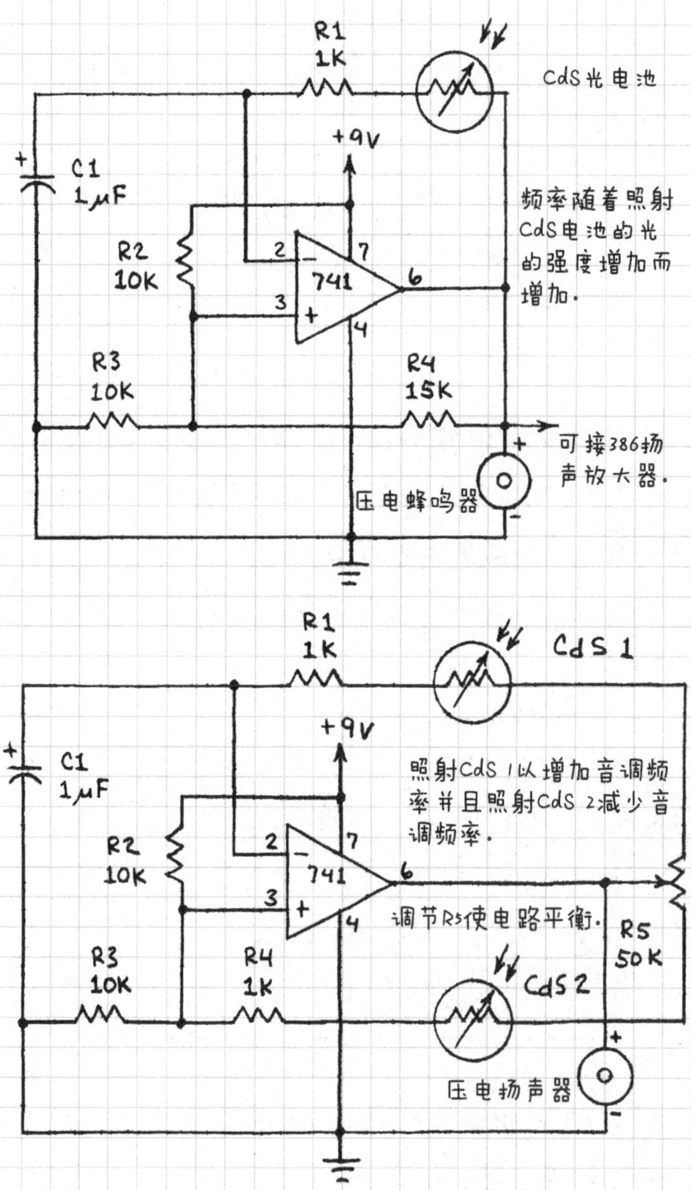
R1
1K
CdS光电池
+9V
C1
1μF
频率随着照射CdS电池的光的强度增加而增加.
R2
10K
2
7
741
6
3
4
R3
10K
R4
15K
可接386扬声放大器.
压电蜂鸣器
R1
1K
CdS 1
+9V
C1
1μF
照射CdS 1以增加音调频率并且照射CdS 2减少音调频率.
R2
10K
2
7
741
6
3
4
调节R5使电路平衡.
R5
50K
R3
10K
R4
1K
CdS 2
压电扬声器

2.9.29 高灵敏度光度计

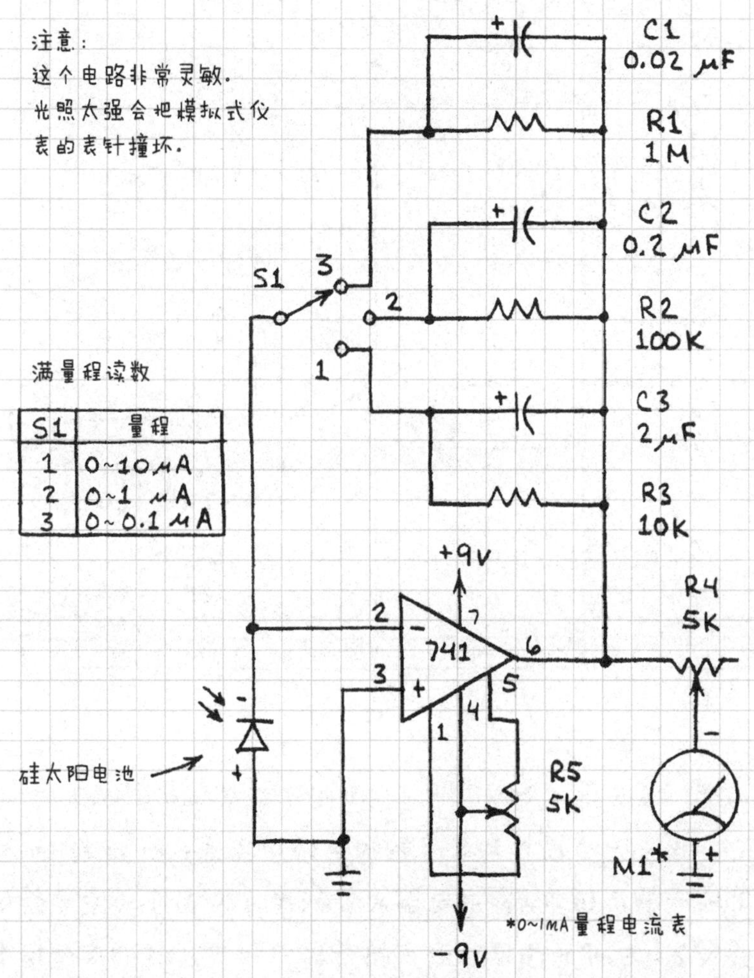
注意：
这个电路非常灵敏.
光照太强会把模拟式仪
表的表针撞坏.
C1
0.02 μF
R1
1M
C2
0.2 μF
R2
100K
C3
2 μF
R3
10K
S1
3
2
1
满量程读数
+9V
R4
5K
741
-9V
R5
5K
硅太阳电池
M1*
*0~1MA量程电流表

S1	量程
1	0~10 μA
2	0~1 μA
3	0~0.1 μA

这个电路是基于一些精密的实验室级的光度计所使用的电路制作的。使表盘归零，将2脚接地并调整偏移量（R5）直到电流表读数为0，然后断开2脚和地的连接。R4是用于改变电路灵敏度的可选控制电阻。

2.9.30 声级计

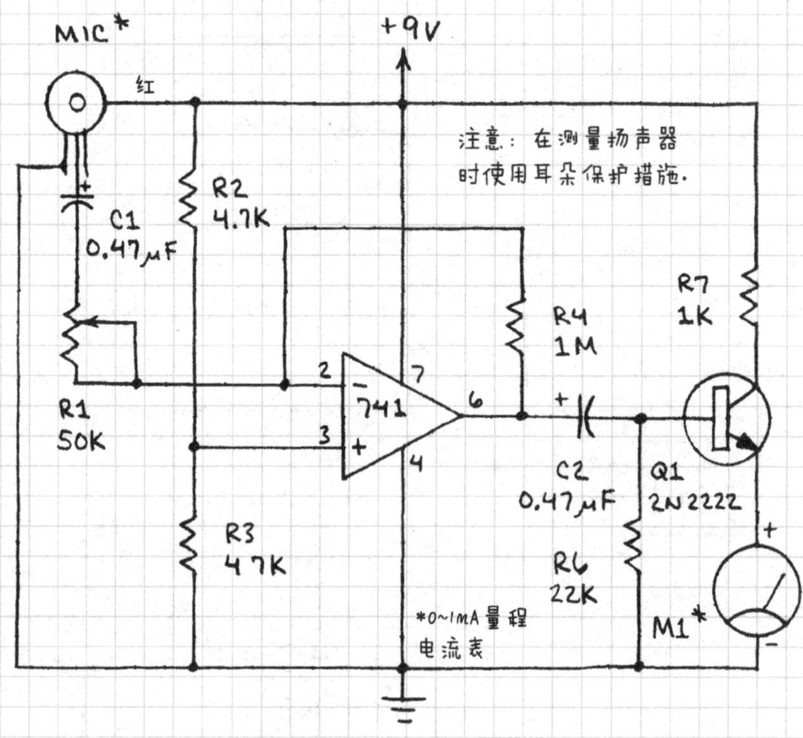
MIC*
+9V
红
注意：在测量扬声器
时使用耳朵保护措施.
R2
4.7K
C1
0.47μF
R4
1M
R7
1K
2
7
741
6
3
4
R1
50K
C2
0.47μF
Q1
2N2222
R3
47K
R6
22K
*0~1mA量程
电流表
M1*

* 麦克风（RADIO SHACK 270-092 或类似的产品）

这是一个简单却又有效的声级计电路。R1 控制 741 运算放大器的增益，影响电路的灵敏度。仪表可以使用面板式仪表，也可以使用电流表档位的万用表。我们将使用有压电蜂鸣器产生的具有 65kHz 频率、90dB 声压的声音来测试这个电路。当蜂鸣器距麦克风 2in 远，且 R1 设置为最大增益时，电流表显示为 1mA；当距离为 12in 时，输出电流降至 0.4 mA。在 12in 远的正常说话使信号波动范围高达 10μA。

2.9.31 声激活继电器

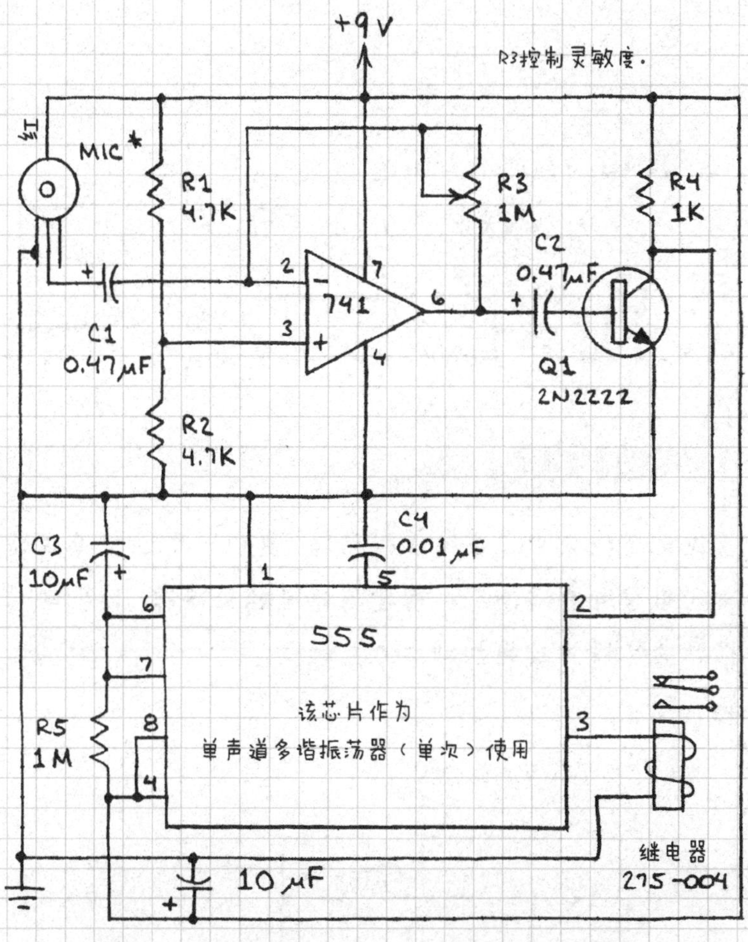
+9V
R3控制灵敏度.
红
MIC*
R1
4.7K
R3
1M
R4
1K
C2
0.47μF
2
7
741
6
3
4
C1
0.47μF
Q1
2N2222
R2
4.7K
C4
0.01μF
C3
10μF
1
5
6
555
2
7
该芯片作为
单声道多谐振荡器（单次）使用
R5
1M
8
3
4
继电器
275-004
10μF

* 麦克风（RadioShack 270-092 或类似产品）.

当接收到响亮的声音（声音、拍手等）时这个电路发生响应，跳开继电器. R5 和 C3 控制时间继电器，使其保持在导通状态（显示值约为 12s）. 重点：在 741 和 555 的电源引脚上使用 0.1μF 的电容. 通过降低 R3 的电阻来降低灵敏度.

2.9.32 压电驱动单元

门

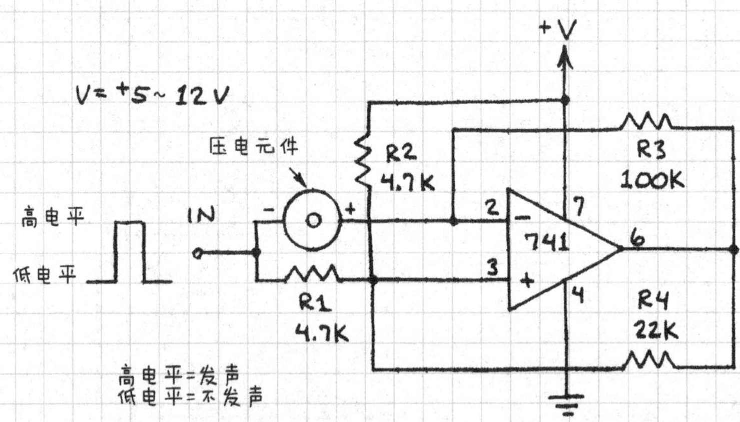
+V
V=+5~12V
压电元件
R2
4.7K
R3
100K
高电平
IN
低电平
741
R1
4.7K
R4
22K
高电平=发声
低电平=不发声

这是个稳定的多谐振荡器电路，其中一个压电元件作为定时电容和音源使用。用逻辑信号触发电路，也可以通过将开关从输入连接到地的方式触发。

变频

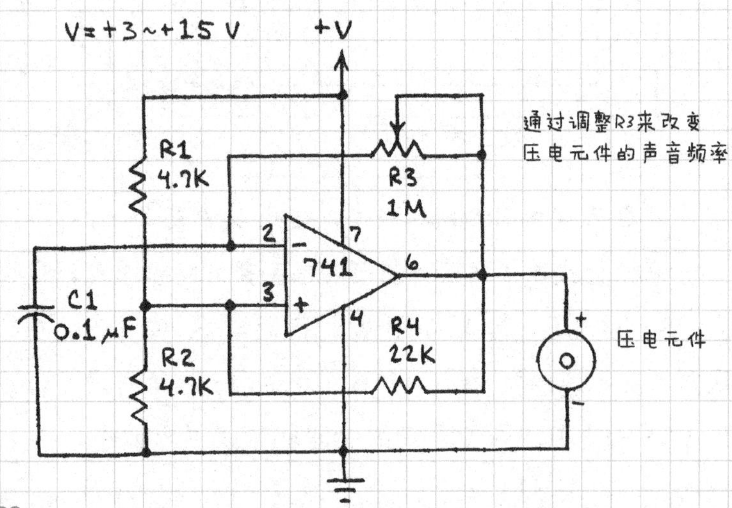
V=+3~+15 V
+V
通过调整R3来改变
压电元件的声音频率.
R1
4.7K
R3
1M
741
C1
0.1μF
R2
4.7K
R4
22K
压电元件

2.9.33 打击乐合成器

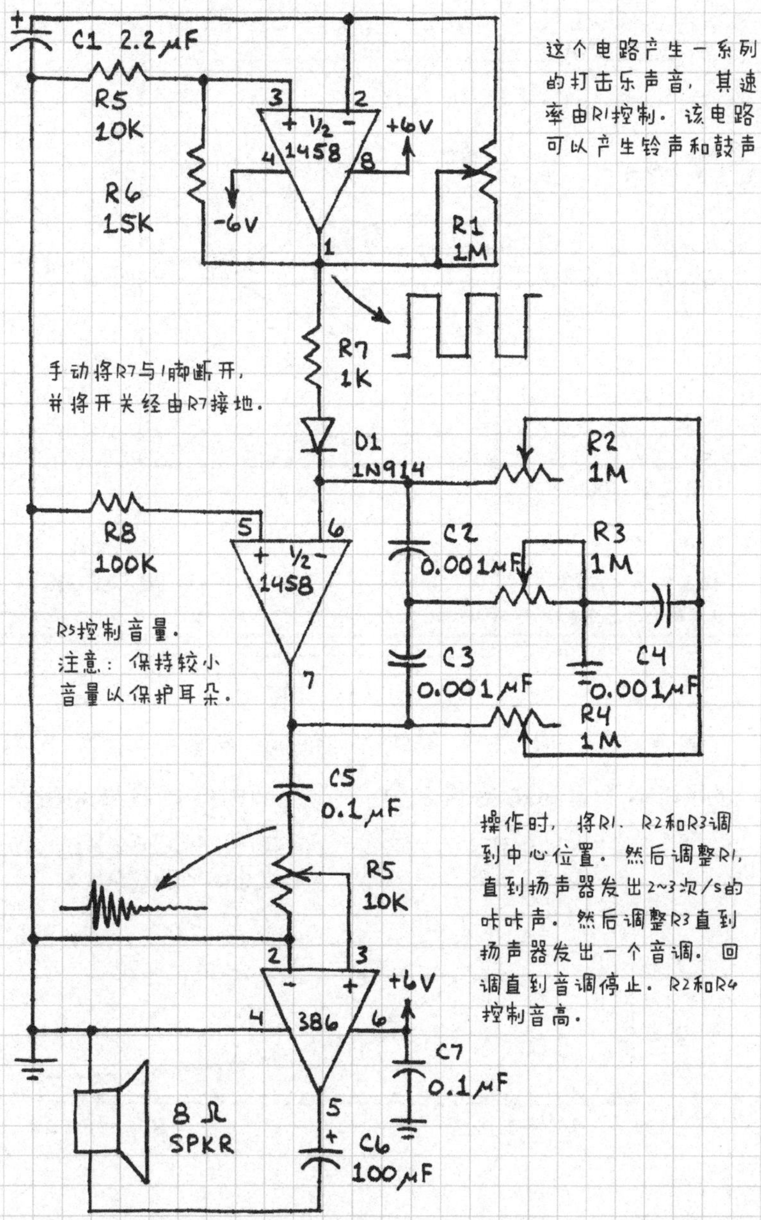

C1 2.2μF
R5
10K
R6
15K
3
2
+ ½ −
1458
+6V
4
8
-6V
R1
1M
1
R7
1K
手动将R7与1脚断开，
并将开关经由R7接地。
D1
1N914
R2
1M
R8
100K
5
6
+ ½ −
1458
C2
0.001μF
R3
1M
R5控制音量。
注意：保持较小
音量以保护耳朵。
C3
0.001μF
C4
0.001μF
7
R4
1M
C5
0.1μF
R5
10K
2
3
− +
386
+6V
4
6
C7
0.1μF
5
8 Ω
SPKR
C6
100μF

这个电路产生一系列的打击乐声音，其速率由R1控制。该电路可以产生铃声和鼓声。

操作时，将R1、R2和R3调到中心位置。然后调整R1，直到扬声器发出2~3次/s的咔咔声。然后调整R3直到扬声器发出一个音调。回调直到音调停止。R2和R4控制音高。

2.9.34 低通滤波器

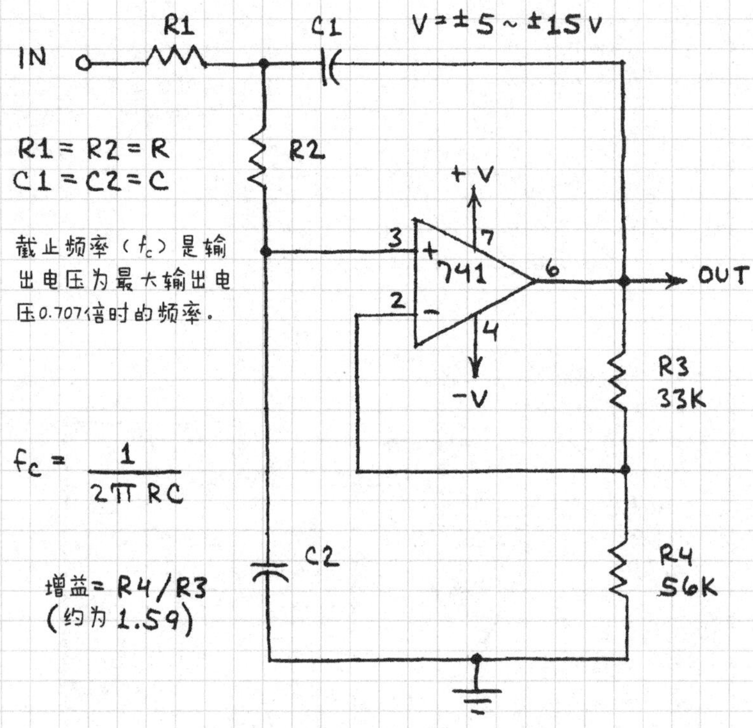
R1
C1
V=±5~±15V
IN
R1=R2=R
C1=C2=C
R2
+V
截止频率（f_c）是输出电压为最大输出电压0.707倍时的频率。
3
7
+
741
6
OUT
2
−
4
−V
R3
33K
$f_c = \frac{1}{2\pi RC}$
C2
R4
56K
增益=R4/R3
(约为1.59)

这是一个同组件 SALLEN-KEY 滤波器。R3 大小为 0.586R4。以下显示的是输入为 1V 正弦波时滤波器的响应：

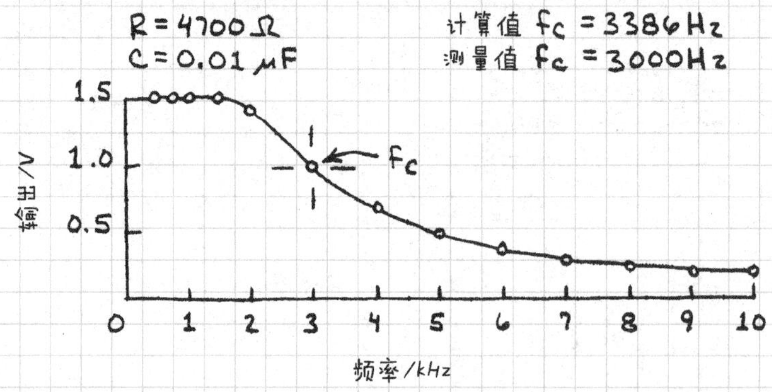
R=4700Ω
C=0.01μF
计算值 f_c=3386Hz
测量值 f_c=3000Hz
1.5
1.0
0.5
输出/V
f_c
0
1
2
3
4
5
6
7
8
9
10
频率/kHz

2.9.35 高通滤波器

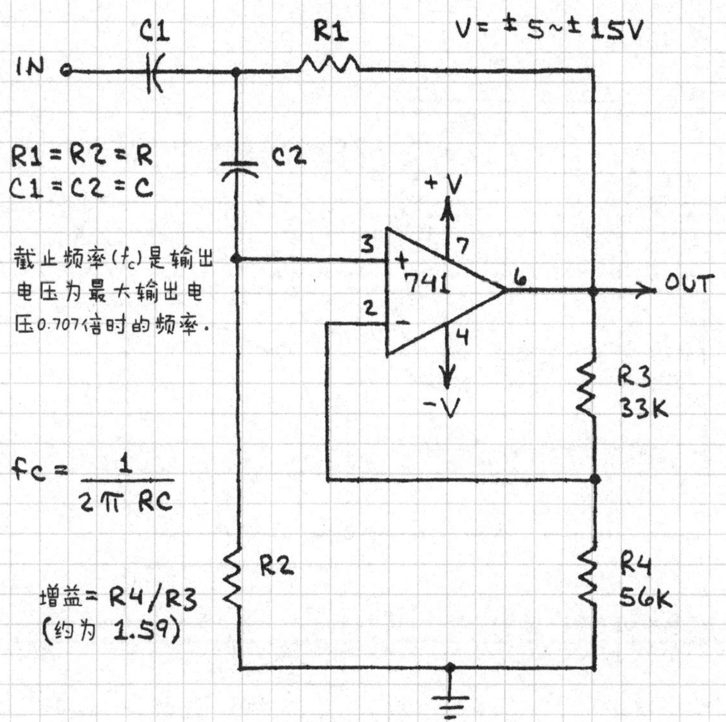
C1
R1
V= ±5~±15V
IN
R1=R2=R
C1=C2=C
C2
+V
3
7
+
741
6
OUT
截止频率(f_c)是输出电压为最大输出电压0.707倍时的频率.
2
-
4
-V
R3
33K
fc = 1/2π RC
R2
R4
56K
增益= R4/R3
(约为 1.59)

除了R1和R2以及C1和C2互换外，该电路与2.9.34节的同组件SALLEN-KEY滤波器相同。以下是输入为1V正弦波时的响应：

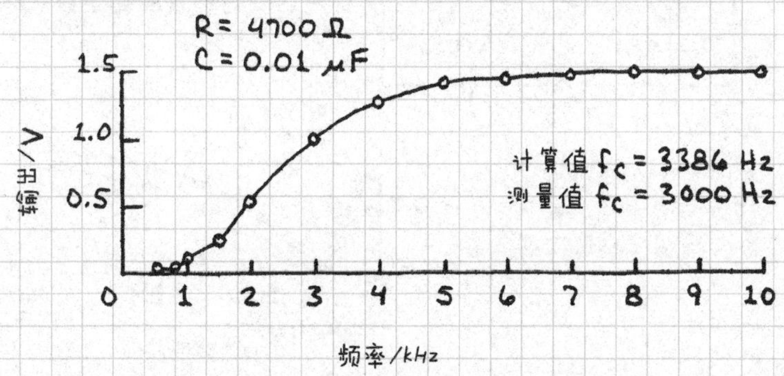
R= 4700Ω
C=0.01 μF
1.5
1.0
0.5
输出/V
计算值 fc = 3386 Hz
测量值 fc = 3000 Hz
0
1
2
3
4
5
6
7
8
9
10
频率/kHz

2.9.36 60Hz 陷波滤波器

文氏电桥

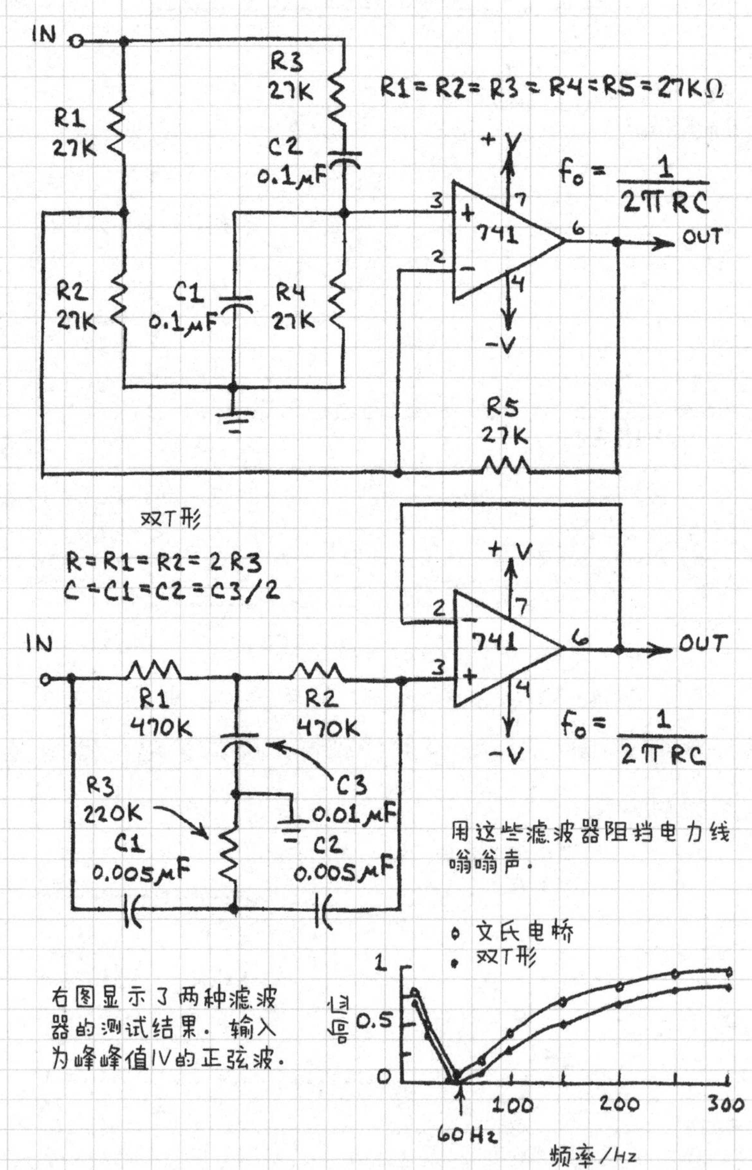

IN
R1 27K
R2 27K
R3 27K
R4 27K
R5 27K
C1 0.1μF
C2 0.1μF
R1=R2=R3=R4=R5=27KΩ
+V
-V
741
OUT
f₀ = 1/(2πRC)
双T形
R=R1=R2=2R3
C=C1=C2=C3/2
R1 470K
R2 470K
R3 220K
C1 0.005μF
C2 0.005μF
C3 0.01μF
○ 文氏电桥
● 双T形
1
0.5
0
100
200
300
60Hz
频率/Hz

用这些滤波器阻挡电力线嗡嗡声.

右图显示了两种滤波器的测试结果. 输入为峰峰值1V的正弦波.

2.9.37 可调带通滤波器

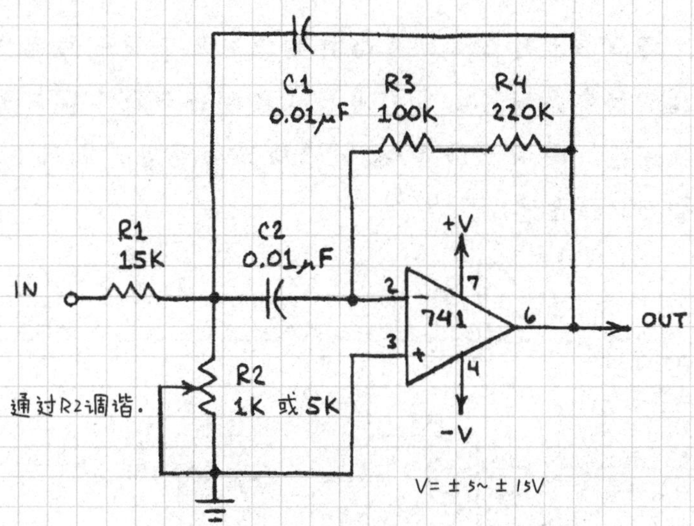
C1
0.01μF
R3
100K
R4
220K
R1
15K
C2
0.01μF
+V
IN
2
7
741
6
OUT
3
4
R2
1K 或 5K
通过R2调谐.
-V
V= ± 5~ ± 15V

这个滤波器可以通过 R2 进行调谐，以通过一个几百 Hz 到 3000Hz 之间的窄频带。该电路用于检测信号中是否存在某种频率的波。对 1V 正弦波的实际响应见下图：

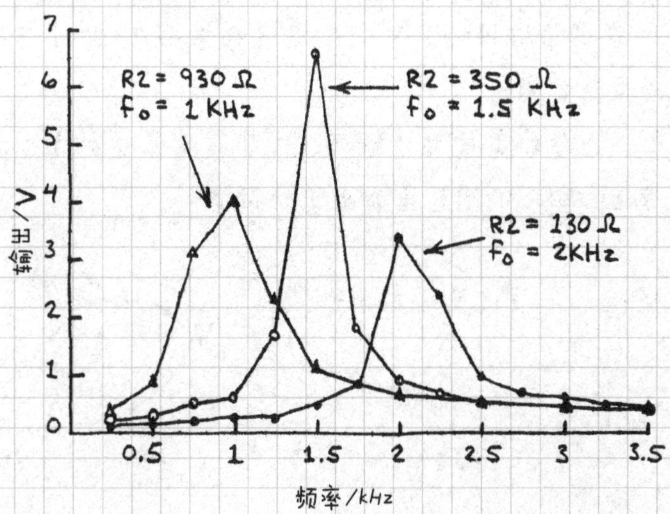
R2 = 930 Ω
f_0 = 1 KHz
R2 = 350 Ω
f_0 = 1.5 KHz
R2 = 130 Ω
f_0 = 2KHz
输出/V
频率/kHz

2.9.38 微型彩色示频器

该有源滤波器阵列能将音频信号从小型无线电或磁带播放器中转换为彩光闪烁。R2 控制该电路中输入放大器的增益。使用无线电/磁带播放器的音量控制和 R2 来调整 LED 的光强。

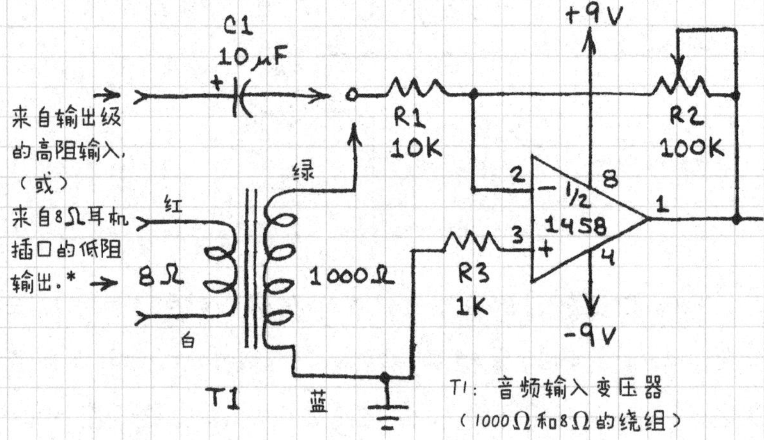
C1
10μF
+
来自输出级
的高阻输入，
（或）
来自8Ω耳机
插口的低阻
输出。*
红
8Ω
白
绿
1000Ω
T1
蓝
R1
10K
+9V
R2
100K
2
−
1/2
1458
3
+
8
1
4
R3
1K
-9V
T1：音频输入变压器
（1000Ω和8Ω的绕组）

* 将话筒插头插入并与电话插孔中的 T1 部分连接，以免扬声器关闭。

LED 的实际亮度并不相同，为了获得最佳效果，请尝试不同的 LED。下图是电路的实际响应。

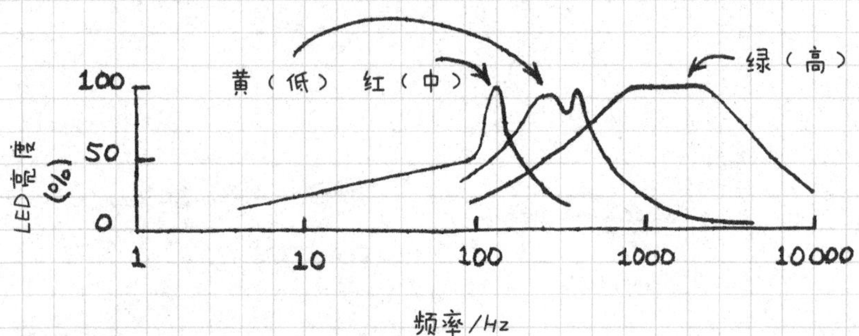
黄（低）
红（中）
绿（高）
100
50
0
LED亮度（%）
1
10
100
1000
10000
频率/Hz

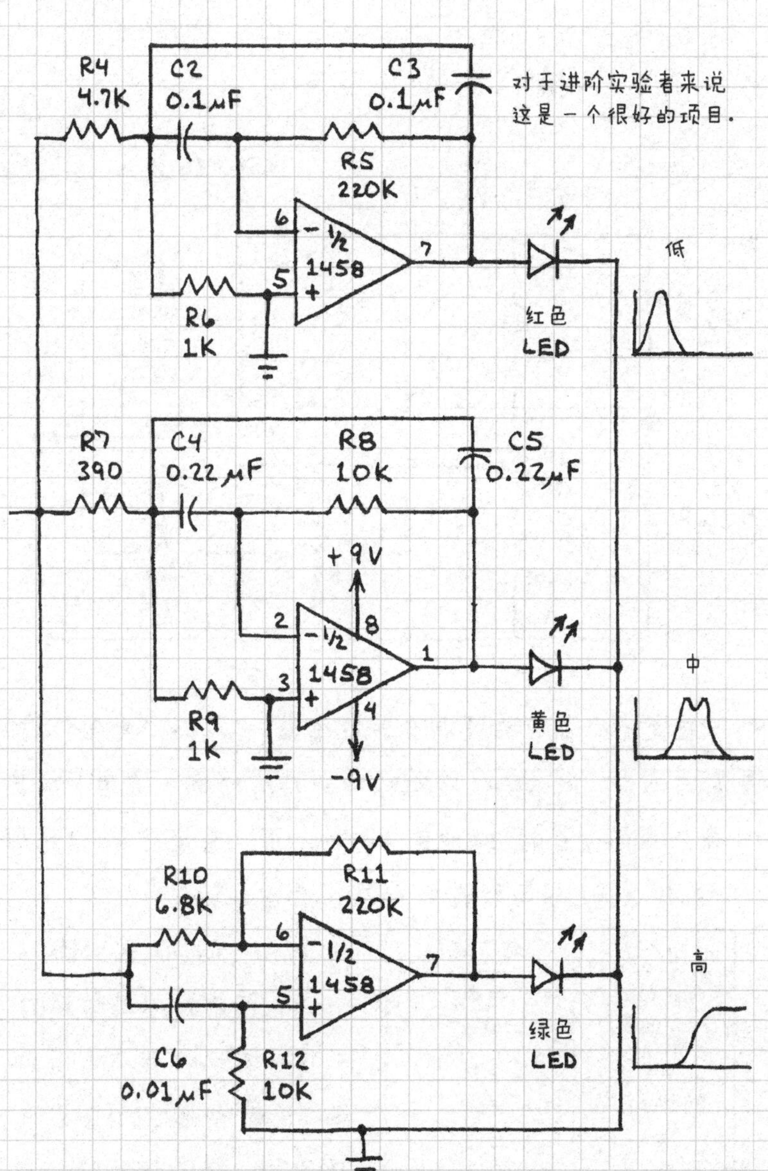
R4
4.7K
C2
0.1μF
C3
0.1μF
对于进阶实验者来说
这是一个很好的项目。
R5
220K
6
1/2
1458
7
5
R6
1K
红色
LED
低
R7
390
C4
0.22μF
R8
10K
C5
0.22μF
+9V
2
8
1/2
1
1458
3
4
R9
1K
-9V
黄色
LED
中
R10
6.8K
R11
220K
6
1/2
1458
7
5
C6
0.01μF
R12
10K
绿色
LED
高

通过减小 R4 和 R7 来增加红色 LED 和黄色 LED 的亮度。增大 R11 来增加绿色 LED 的亮度。

2.9.39 方波发生器

连接时将C2靠近741。

+5~+15 V

C2 0.1μF
R1 10K
R2 10K
R3 10K
C1 0.1μF
R4 1K
R5 100K
R6 1K
R7 1M
741

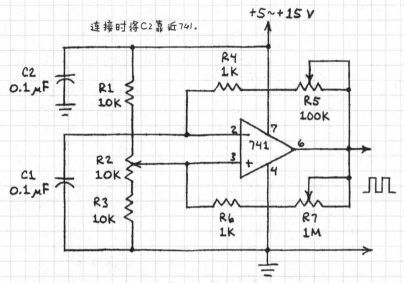

这是一个简单的可调方波发生器。C1、R4、R5、R6 和 R7 是定时元件。R1-R2-R3 控制脉冲的持续时间（宽度）。当 R2 位于中间位置时，脉冲是对称的。可以直接将 R2 连接到 +V 和地之间，从而取消 R1 和 R3。典型的结果：

C1/μF	频率/Hz
0.001	11480
0.047	3848
0.01	2155
0.047	462
0.1	227
0.47	45
1.0	24

为此，R1-R2-R3 在 3 脚和 +V 之间的部分被替换为 4.7kΩ，在 3 脚和地之间的部分被替换为 4.7kΩ。R4 + R5 = 100kΩ，R6 + R7 = 22kΩ，并且 +V = +12V。

可以添加源跟随器阶段缓冲输出。

2.9.40 正弦波振荡器

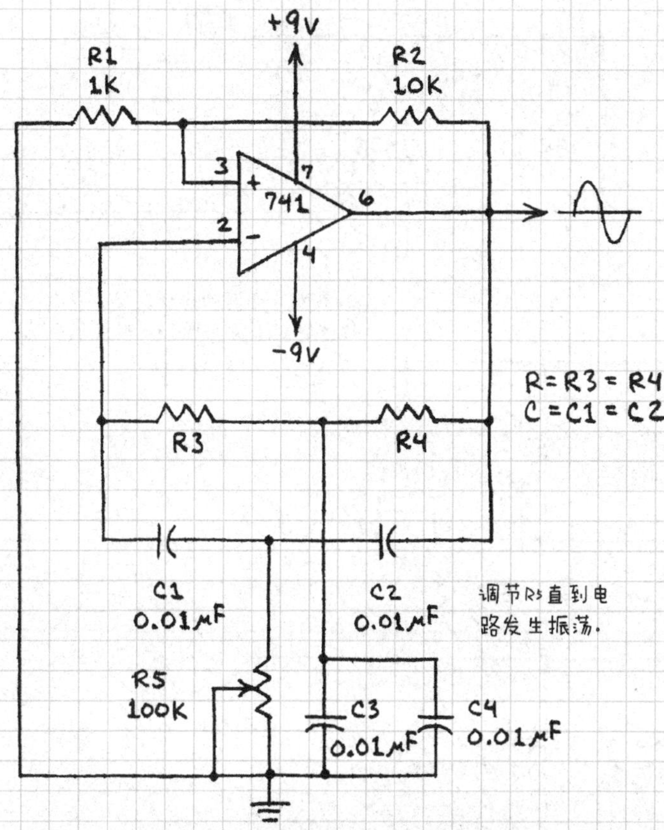
+9V
R1
1K
R2
10K
3
+
7
741
6
2
-
4
-9V
R=R3=R4
C=C1=C2
R3
R4
C1
0.01μF
C2
0.01μF
调节R5直到电路发生振荡.
R5
100K
C3
0.01μF
C4
0.01μF

R3、R4、R5、C1、C2、C3和C4构成双T形滤波器，当连接在运算放大器的反馈回路中时，形成的电路将产生正弦波，其频率是1/（2πRC）.

电路测试的典型结果：

R3 = R4	频率
4.7kΩ	2926Hz
10kΩ	1334Hz
15kΩ	927Hz

2.9.41 函数生成器

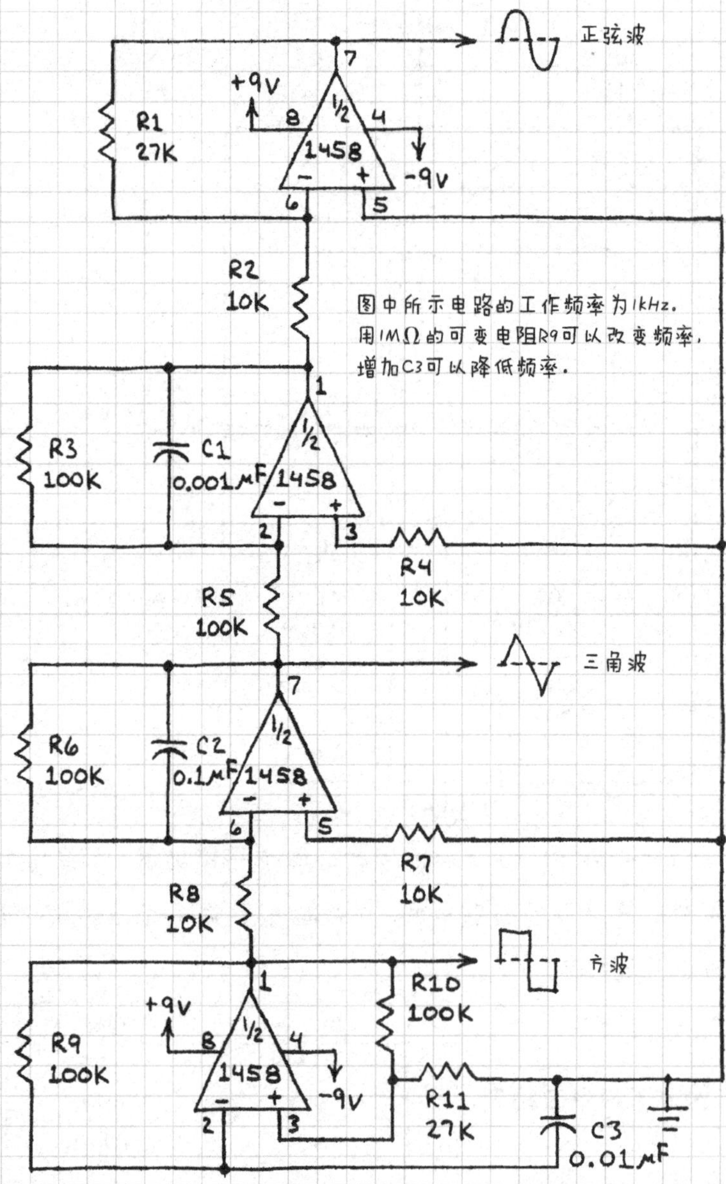
正弦波
7
+9V
8
1/2
4
R1
27K
1458
-9V
6
5
R2
10K
图中所示电路的工作频率为1kHz。
用1MΩ的可变电阻R9可以改变频率，
增加C3可以降低频率。
1
R3
100K
C1
0.001μF
1458
2
3
R4
10K
R5
100K
三角波
7
R6
100K
C2
0.1μF
1458
6
5
R7
10K
R8
10K
方波
1
R10
100K
+9V
R9
100K
8
4
1458
-9V
R11
27K
2
3
C3
0.01μF

3

光　电

3.1 概述

光电子器件是指用来发射或检测光的器件. 光电子电路在通信、传感、控制和读取方面具有广阔的应用前景. 许多种固态光电子器件都可以在市场上以十分合理的价格购买.

3.2 光学光谱

纳米 = nm(1nm = 0.000000001m)

微米 = μm(1μm = 0.000001m)

毫米 = mm(1mm = 0.001m)

紫色
蓝色
绿色
黄色
橙色
红色
近红外
400nm
500nm
600nm
700nm
800nm
可见光

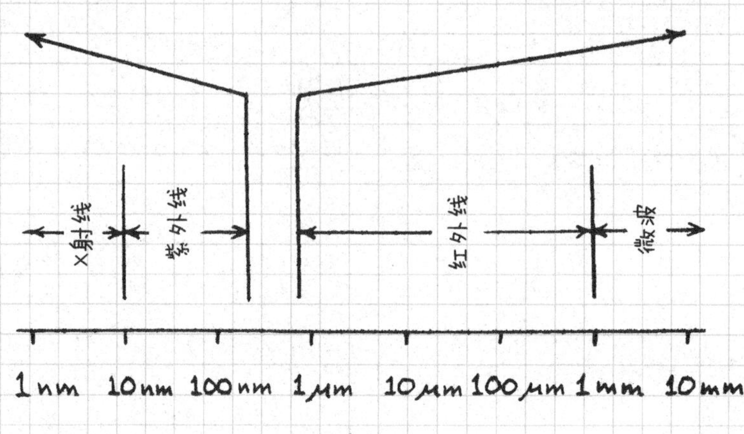
X射线
紫外线
红外线
微波
1nm
10nm
100nm
1μm
10μm
100μm
1mm
10mm
波长

3.3 光学元件

光学元件能够传导、弯曲或甚至改变光的特性。许多光学元件在办公室或是家里就可以找到。但剩下的部分就只能在供应科技产品的公司才能买到。

3.3.1 简单的透镜

由玻璃或塑料制成的透镜是最重要的光学元件。

3.3.2 正（凸）透镜

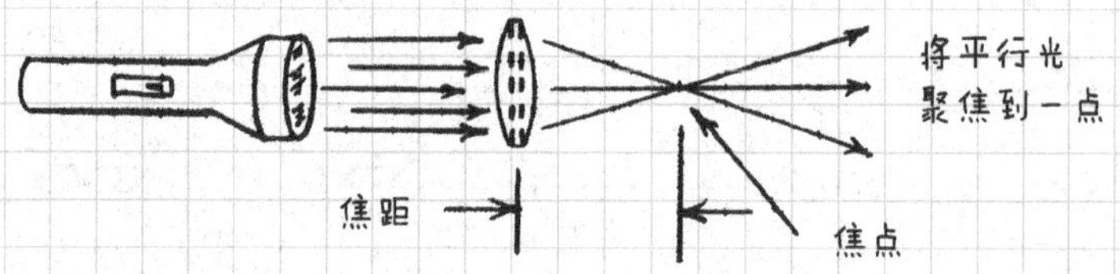
将平行光
聚焦到一点
焦距
焦点

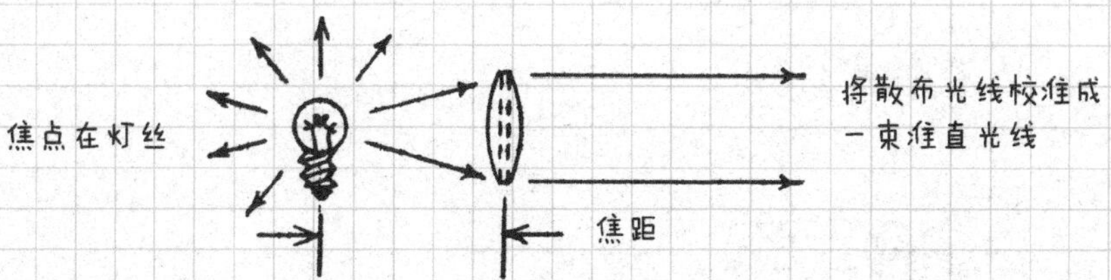
焦点在灯丝
将散布光线校准成
一束准直光线
焦距

3.3.3 负（凹）透镜

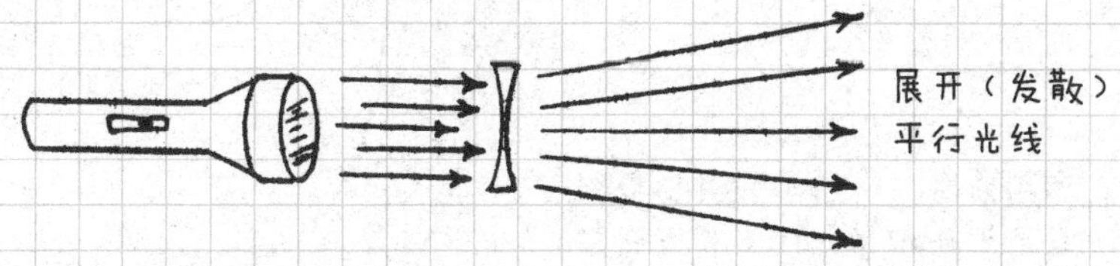
展开（发散）
平行光线

3.3.4 滤光器

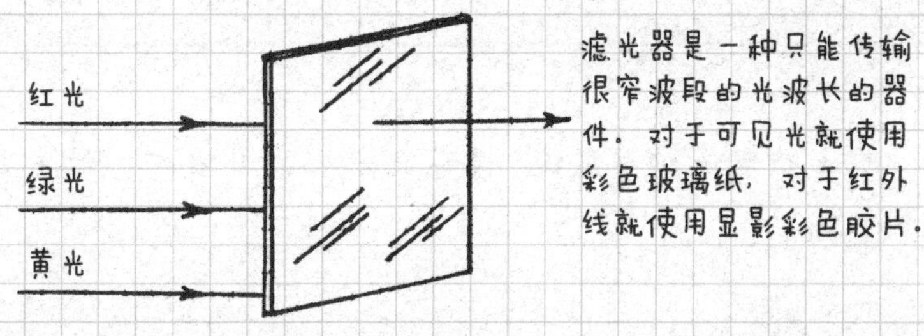
红光
绿光
黄光
滤光器是一种只能传输
很窄波段的光波长的器
件．对于可见光就使用
彩色玻璃纸，对于红外
线就使用显影彩色胶片．

3.3.5 遮光器

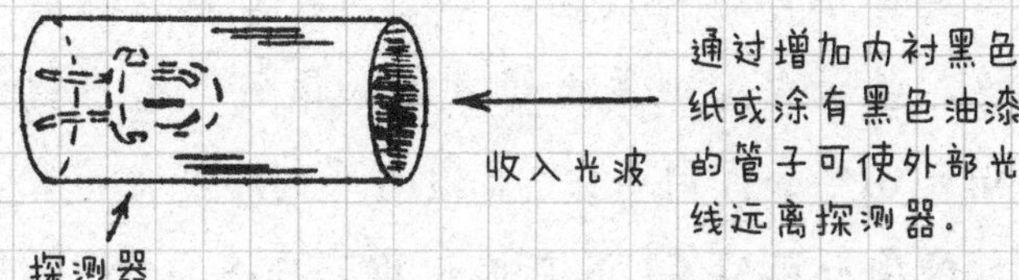
收入光波
探测器
通过增加内衬黑色
纸或涂有黑色油漆
的管子可使外部光
线远离探测器．

3.3.6 光纤

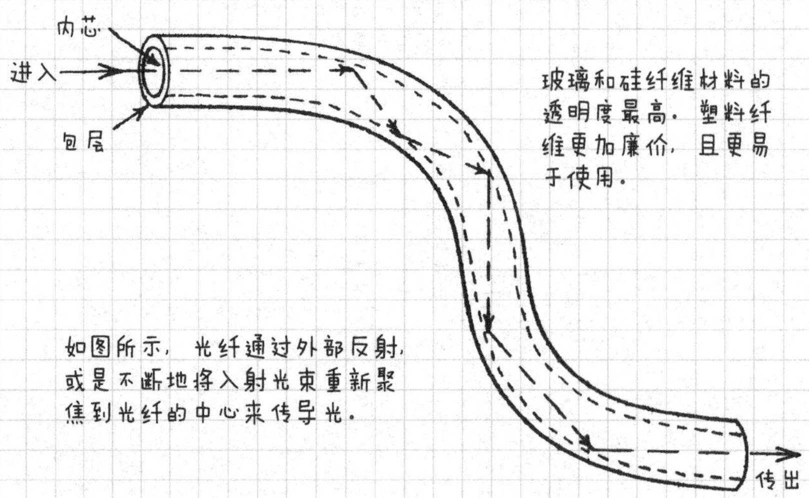
内芯
进入
包层
玻璃和硅纤维材料的透明度最高。塑料纤维更加廉价，且更易于使用。
如图所示，光纤通过外部反射，或是不断地将入射光束重新聚焦到光纤的中心来传导光。
传出

3.4 光源

对于光电子项目来说，许多光源都是可用的。最主要的来源如下。

3.4.1 白炽灯

白炽灯是通过将一根很细的钨丝（灯丝）包裹在一个真空玻璃罩中制作而成的。电流通过灯丝导致其开始发白热光。通过在玻璃罩中填充诸如氩气、氪气或氙气可以增加白炽灯的使用寿命，并提高灯泡的亮度。超高亮度卤素灯使用石英灯罩，并在内部填充卤素气体，如碘或溴。气体与灯罩壁上的钨结合，并在金属丝上沉积。

3.4.2 气体放电灯

氖灯是最简单的气体放电灯，它是通过在玻璃罩内充满氖气制作而成的。当灯罩中的两个电极之间的电压超过60～70V，也就是氖的电离或击穿电压时，在电极之间便会产生放电现象，同时氖气会发出橙色光。其他的气体放电灯还有氙气闪光灯和汞蒸气灯。

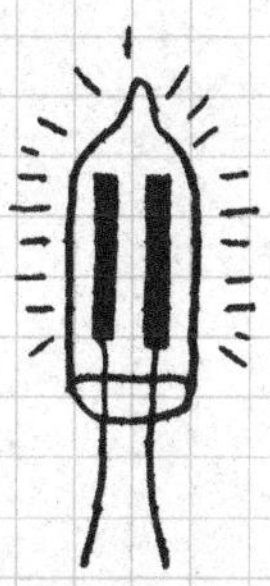

3.4.3 LED

发光二极管（LED）是一种半导体PN结二极管。当处于正向偏置时，LED能够发出可见光或近红外辐射。可见光LED发射相对较窄的绿色、黄色、橙色或红色光带。红外二极管发射红光波段以上的一种或几种波段射线。

LED灯可以以很快的速度开关，且效率非常高，使用寿命非常长，又易于使用。LED是依靠电流源工作的，其输出光强与正向电流成正比。

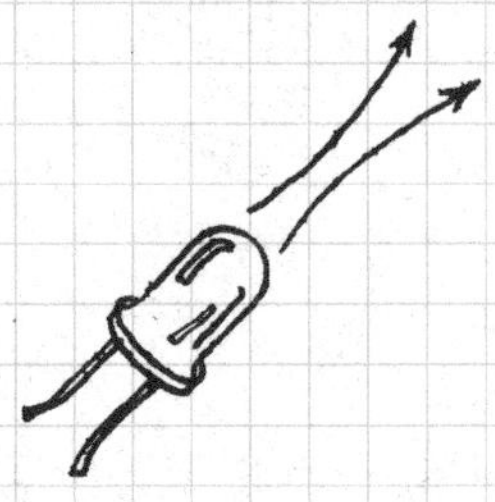

3.4.4 光源光谱

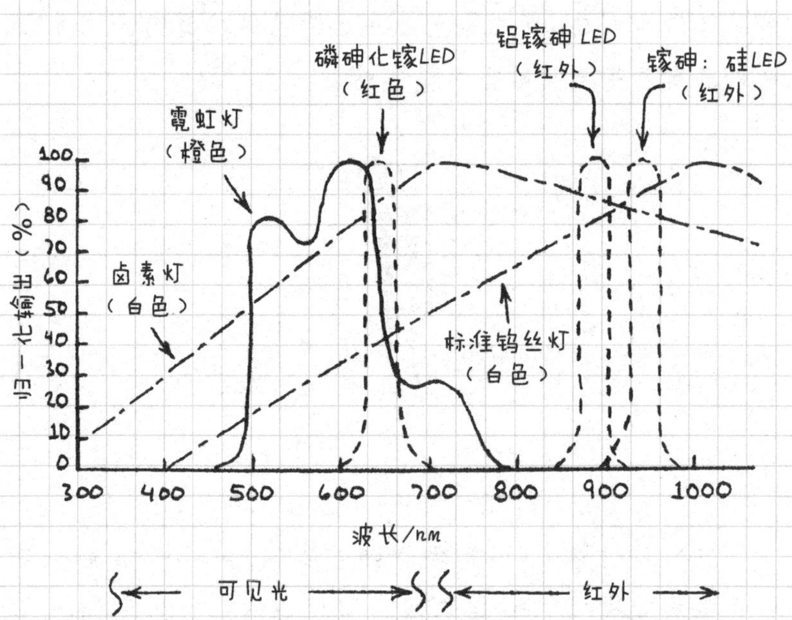
磷砷化镓LED
（红色）
铝镓砷LED
（红外）
镓砷：硅LED
（红外）
霓虹灯
（橙色）
卤素灯
（白色）
标准钨丝灯
（白色）
归一化输出（%）
100
90
80
70
60
50
40
30
20
10
0
300
400
500
600
700
800
900
1000
波长/nm
可见光
红外

3.4.5 LED的使用方法

LED是一种种类繁多、寿命很长的光源。由LED发出的光的强度与流经LED的正向电流大小呈线性相关。为防止不可逆转的损害，请务必在其安全使用范围内进行操作。

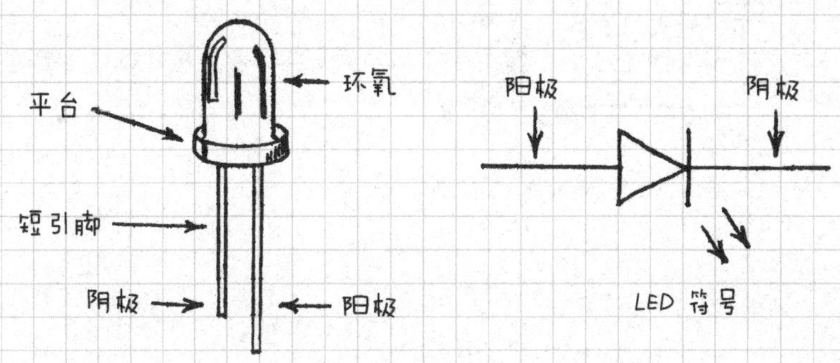
平台
环氧
短引脚
阴极
阳极
阳极
阴极
LED 符号

通过LED与电阻进行串联的方式将流过LED的电流限制在一个安全的范围内。

$+V_{IN}$

R_S

LED

用这个公式计算R_s的阻值：

$$R_S = \frac{V_{IN} - V_{LED}}{I_{LED}}$$

I_{LED}被指定为正向电流。

V_{LED}是LED的电压降。其范围大约为1.3V（940nm红外发射器）到大概2.5V（绿色光发射器）之间。

3.4.6 采样 LED 电路

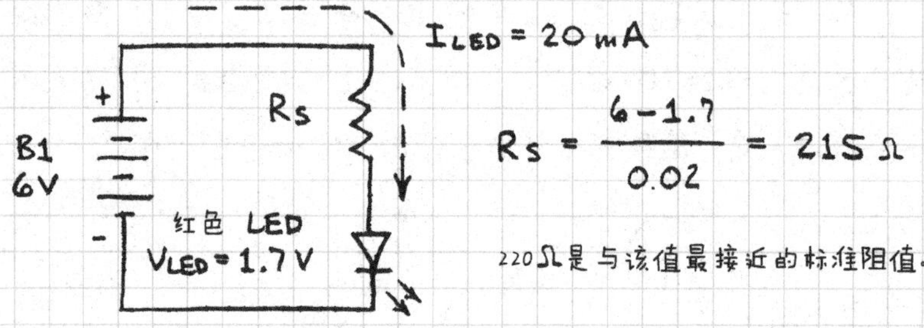
B1
6V
+
-
Rs
红色 LED
VLED = 1.7 V
ILED = 20 mA
Rs = (6 − 1.7) / 0.02 = 215 Ω
220Ω是与该值最接近的标准阻值.

3.4.7 逻辑电路 LED 驱动器

TTL:

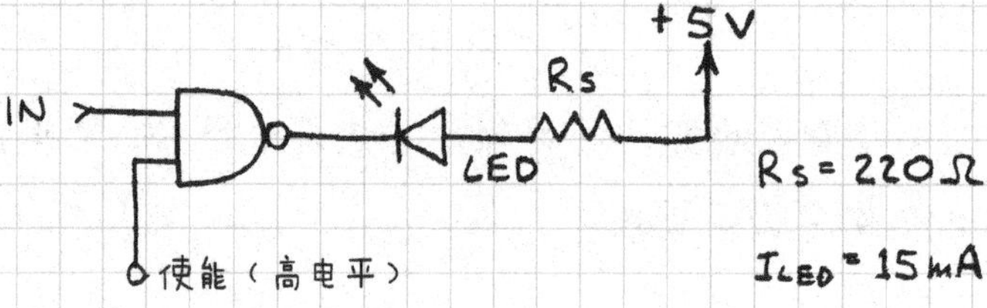
IN
使能（高电平）
LED
Rs
+5V
Rs = 220Ω
ILED = 15mA

TTL 或者 CMOS:

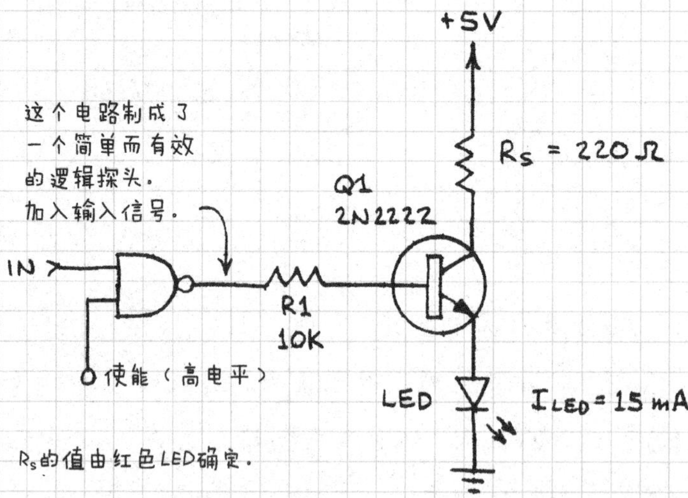
这个电路制成了
一个简单而有效
的逻辑探头.
加入输入信号.
IN
使能（高电平）
R1
10K
Q1
2N2222
+5V
Rs = 220Ω
LED
ILED = 15 mA
Rs的值由红色LED确定.

3.4.8 交流/直流极性指示器

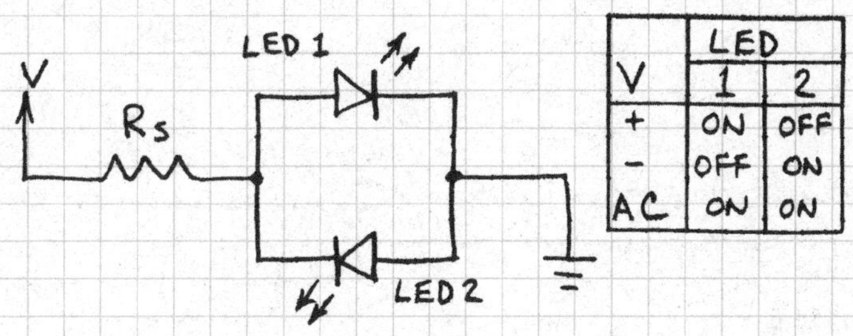
V
Rs
LED 1
LED 2

V	LED 1	LED 2
+	ON	OFF
-	OFF	ON
AC	ON	ON

3.4.9 电压电平指示器

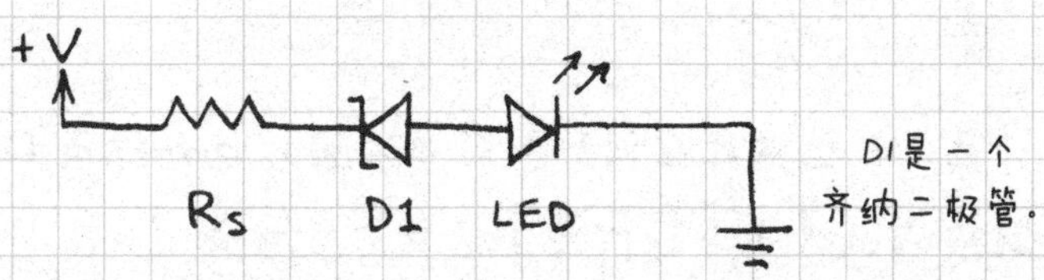
+V
Rs
D1
LED
D1是一个
齐纳二极管.

当 +V 超过齐纳二极管的截止电压时 LED 会发光. 注意 D1 是反向偏置的.

3.4.10 LED 亮度控制

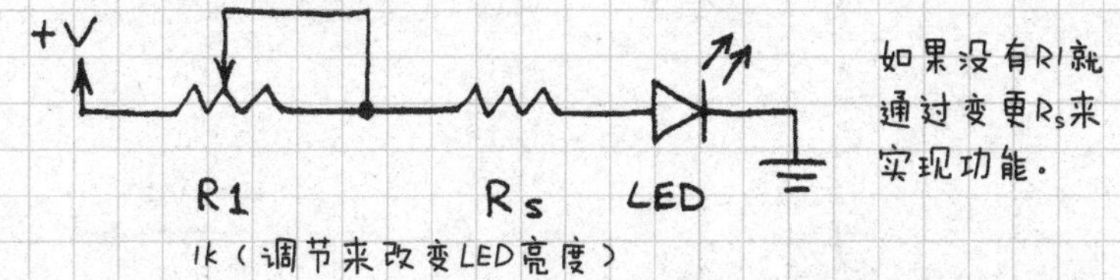
+V
R1
1k（调节来改变LED亮度）
Rs
LED
如果没有R1就
通过变更Rs来
实现功能.

3.4.11 逻辑探针

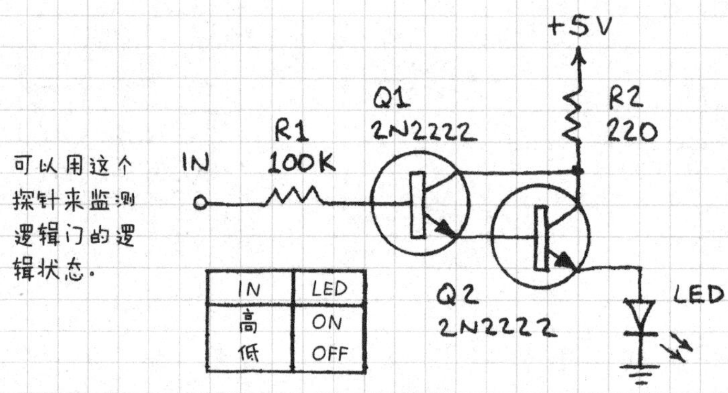
+5V
R2
220
Q1
2N2222
R1
100K
IN
可以用这个探针来监测逻辑门的逻辑状态。
Q2
2N2222
LED

IN	LED
高	ON
低	OFF

3.4.12 三色 LED 的使用方法

三色 LED 是通过在同一封装中安装红色和绿色 LED 芯片而制成的。这两个芯片通常是反向并联的。

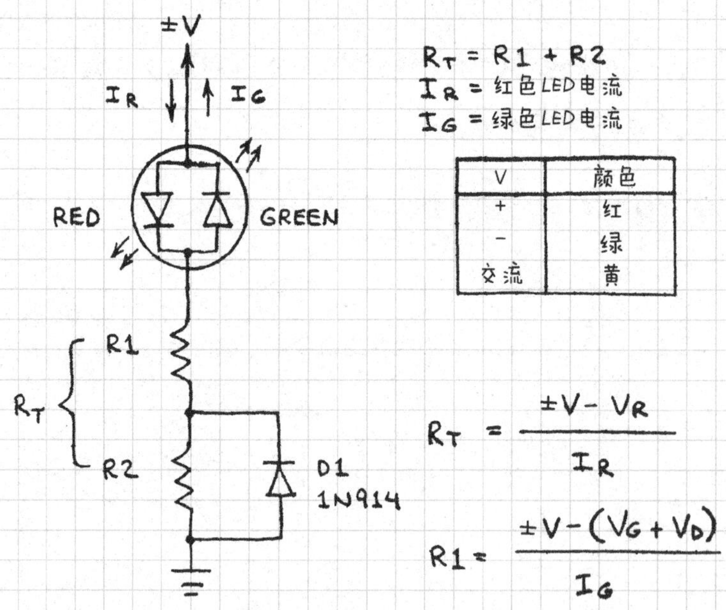
±V
I_R
I_G
RED
GREEN
R1
R_T
R2
D1
1N914

$R_T = R1 + R2$

I_R = 红色LED电流

I_G = 绿色LED电流

V	颜色
+	红
−	绿
交流	黄

$$R_T = \frac{\pm V - V_R}{I_R}$$

$$R1 = \frac{\pm V - (V_G + V_D)}{I_G}$$

V_R = 红色 LED 正向电压（约 2V）

V_G = 绿色 LED 正向电压（约 2V）

V_D = D1 正向电压（0.6V）

样品测定：

假设 ±V = 5V 并且 I_R 和 I_G = 20mA。

$$R_T = \frac{5-2}{0.02} = 150\Omega \qquad R_1 = \frac{5-(2+0.6)}{0.02} = 120\Omega$$

$$R_2 = R_T - R_1 = 30\Omega$$

选择最接近这些阻值的标准电阻。

3.4.13 LED 闪光灯的使用方法

LED 闪光灯在 LED 封装中增加了一个微型集成电路，使 LED 每秒闪烁 2～6 次。使用时可以不用串联电阻。

3.4.14 基本 LED 闪光灯

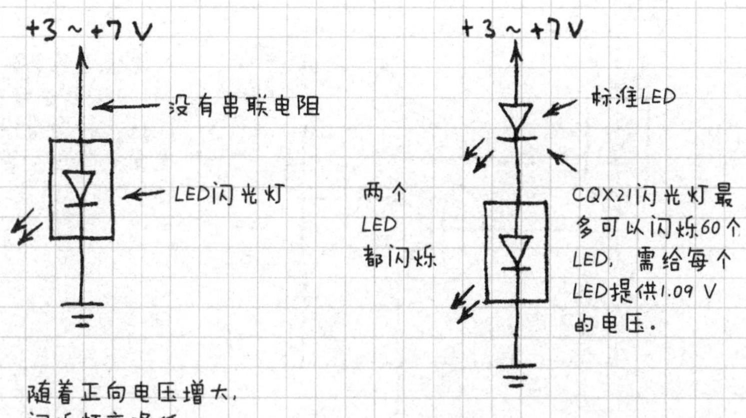
+3～+7 V
没有串联电阻
LED闪光灯
随着正向电压增大，
闪烁频率降低。
+3～+7V
标准LED
两个
LED
都闪烁
CQX21闪光灯最
多可以闪烁60个
LED，需给每个
LED提供1.09 V
的电压。

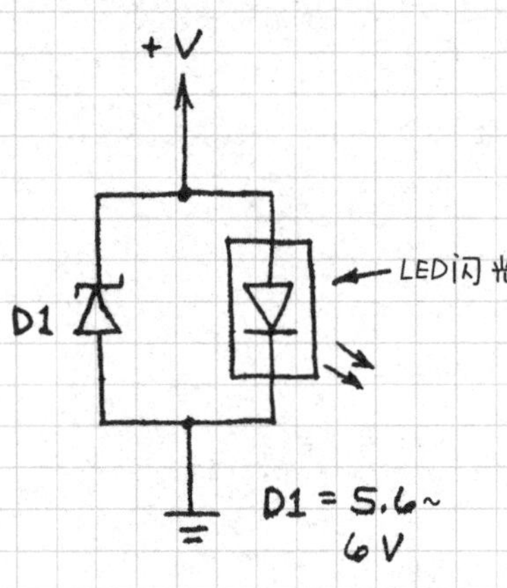
+V
LED闪光灯
D1
D1 = 5.6~
6V

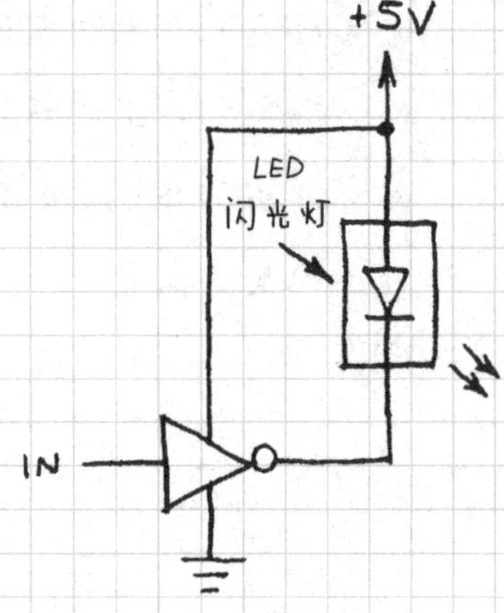
+5V
LED
闪光灯
IN

如果输入电压超过安全电压就用这个电路. D1 是一个齐纳二极管.

该电路展示了怎么通过一个 TTL 门来驱动 LED 闪光灯. 该电路同样可用于高电平输出的 CMOS 电路.

3.4.15 双 LED 闪光灯（1）

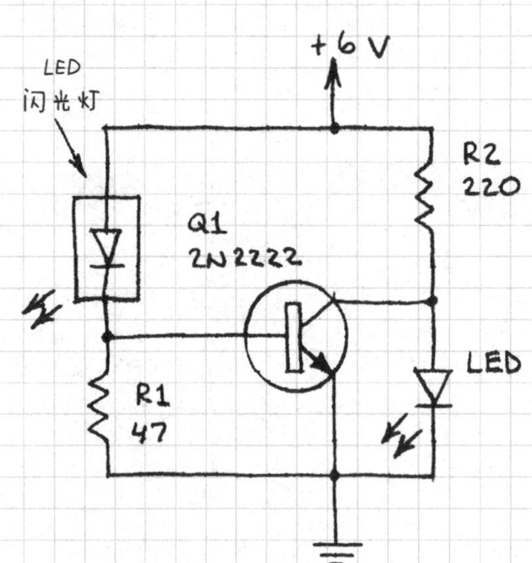
+6V
LED
闪光灯
R2
220
Q1
2N2222
LED
R1
47

当电源电压是6V时, LED会交替闪烁. 如果电源电压小于6V, 普通LED会保持发光.

3.4.16 功率闪光灯

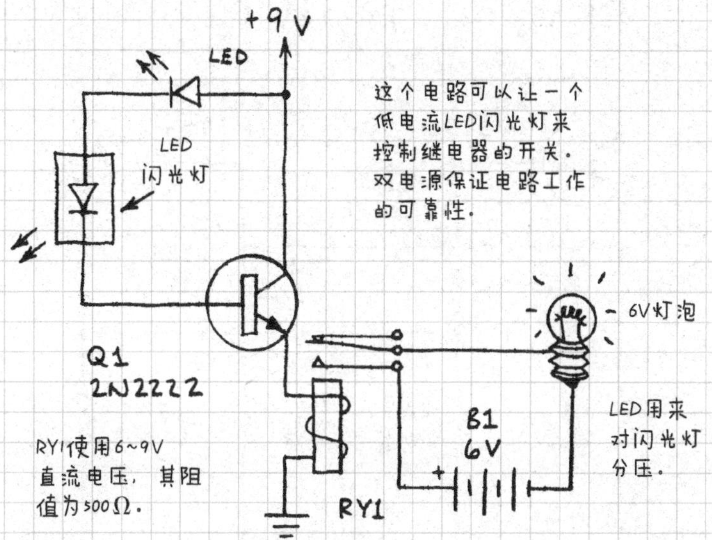
+9V
LED
LED
闪光灯
这个电路可以让一个低电流LED闪光灯来控制继电器的开关。双电源保证电路工作的可靠性。
6V灯泡
Q1
2N2222
B1
6V
LED用来对闪光灯分压。
RY1使用6~9V直流电压，其阻值为500Ω。
RY1

注意：不要使用这个电路来让线性供电的灯闪烁。电路中的电流不要超过继电器触点的额定电流。

3.4.17 单LED闪光灯

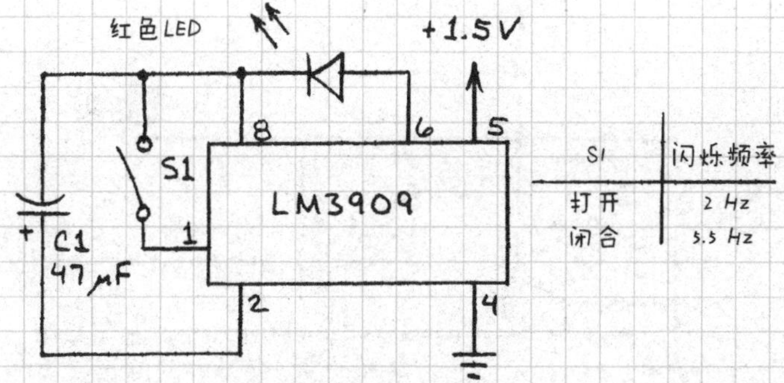
红色LED
+1.5V
8
6
5
S1
LM3909
1
C1
47μF
2
4

S1	闪烁频率
打开	2 Hz
闭合	5.5 Hz

注意这个电路即使在电源电压小于LED的正向电压（约1.7V）时也能驱动LED。

3.4.18 双LED闪光灯（2）

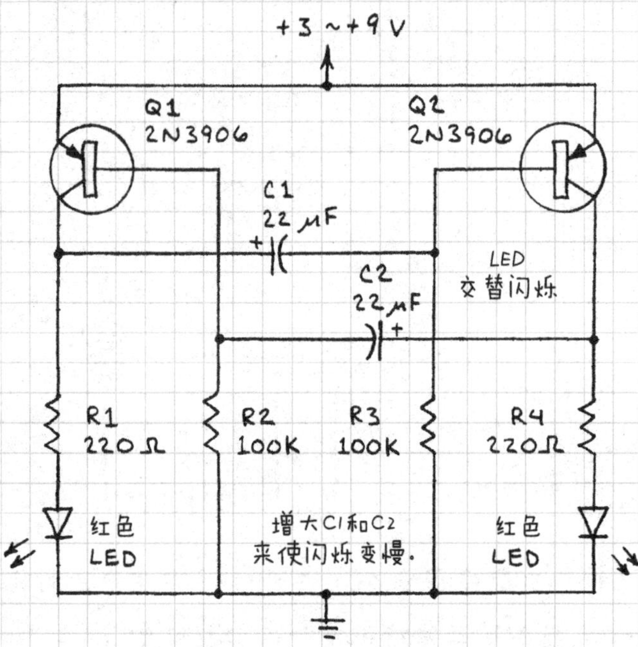
+3～+9V
Q1
2N3906
Q2
2N3906
C1
22μF
C2
22μF
LED
交替闪烁
R1
220Ω
R2
100K
R3
100K
R4
220Ω
红色
LED
增大C1和C2
来使闪烁变慢.
红色
LED

3.4.19 白炽灯闪光灯

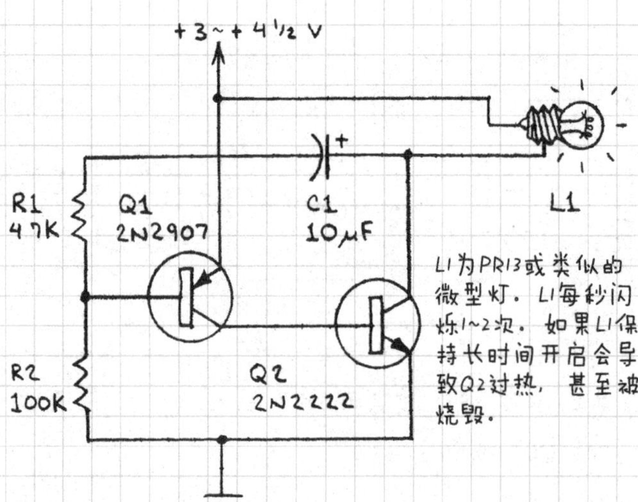
+3～+4½V
R1
47K
Q1
2N2907
C1
10μF
L1
R2
100K
Q2
2N2222
L1为PR13或类似的微型灯. L1每秒闪烁1~2次. 如果L1保持长时间开启会导致Q2过热, 甚至被烧毁.

3.4.20 氖灯闪光灯

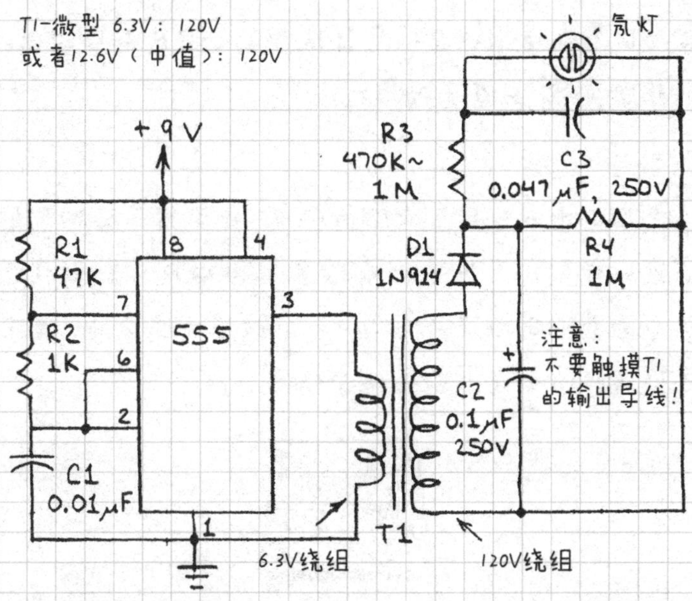
T1-微型 6.3V：120V
或者12.6V（中值）：120V
+9V
R3
470K~
1M
氖灯
C3
0.047μF, 250V
R1
47K
8
4
D1
1N914
R4
1M
7
3
R2
1K
555
6
注意：
不要触摸T1
的输出导线！
C2
0.1μF
250V
2
C1
0.01μF
1
T1
6.3V绕组
120V绕组

3.5 光传感器

许多光传感器都适用于光电电路。最常用的传感器如下。

光敏电阻

暗光光敏电阻的电阻一般很高，可以达到1000000Ω甚至更高，当光敏元件受到光照时，其电阻几乎可以下降到只有几百欧。用于制造光敏电阻的最常见的半导体材料是

硫化镉（CdS）。该材料主要对绿光敏感。光敏电阻具有一定的记忆效应，当光源被移除之后，它需要一定的时间才能返回到高电阻状态。尽管这增加了它的响应时间，但它仍非常灵敏，且易于使用。

太阳电池

太阳电池不仅用于太阳能供电，还可用于检测可见光和近红外辐射。太阳电池有很多不同的尺寸和形状。由于典型的太阳电池可以在 20μm 内响应光强变化，太阳电池还可以检测声音调制的光波信号。

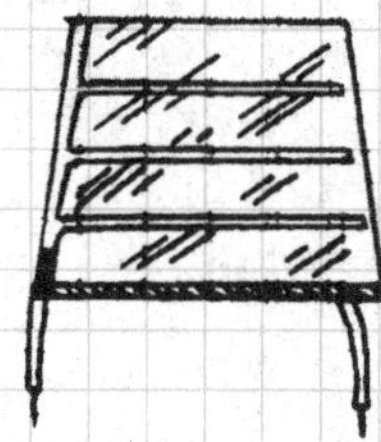

光敏晶体管

所有晶体管对光都是敏感的。光敏晶体管便是为了利用这一现象而设计的。双极型晶体管有三条导线，但光敏晶体管可能没有基极导线。大多数光敏晶体管都是NPN 型器件，其基极区远大于标准 NPN 型晶体管。它们在某些电路中的响应时间为 1μs。达林顿光敏晶体管上有用于放大由光敏晶体管所产生信号的一个片上晶体管。它的灵敏度更高，但是响应比较慢。

3.5.1 传感器光谱响应

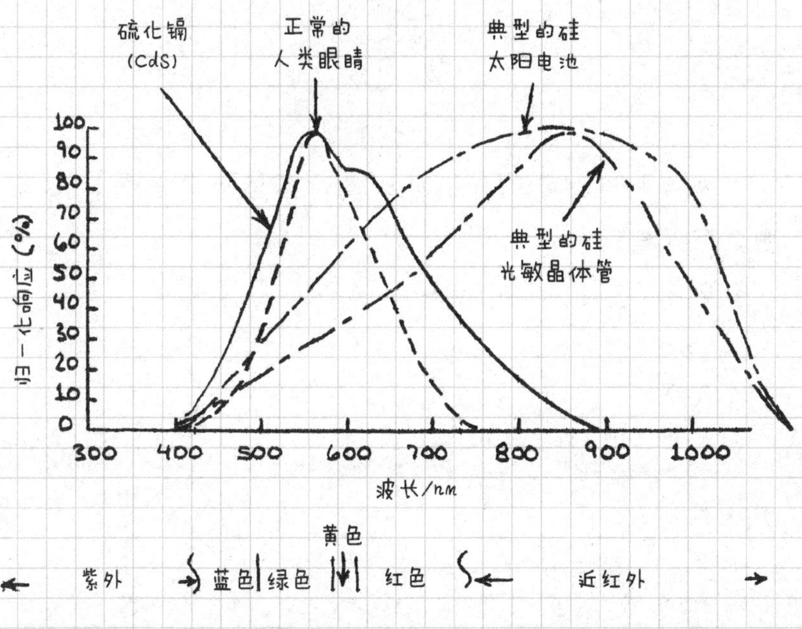
硫化镉
(CdS)
正常的
人类眼睛
典型的硅
太阳电池
典型的硅
光敏晶体管
归一化响应(%)
100
90
80
70
60
50
40
30
20
10
0
300
400
500
600
700
800
900
1000
波长/nm
黄色
紫外
蓝色
绿色
红色
近红外

3.5.2 光探测器

光探测器能够处于以下一个或多个模式中运行：

1. 光敏电阻——探测器的电阻随着光照的变化而变化。

2. 光伏——当光照的时候产生一个电流。

3. 光导——探测器可以通过光线照射来控制来自外部电源所输入的电流。

3.5.3 光敏电阻

光敏电阻是光电检测器。它通常可以替代定值或可变电阻来使现有的电路对光敏感。

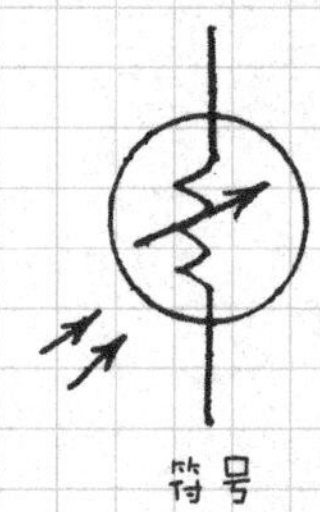

符号

光敏电阻的可调电阻可以通过简单的分压器电路改变为可调电压。

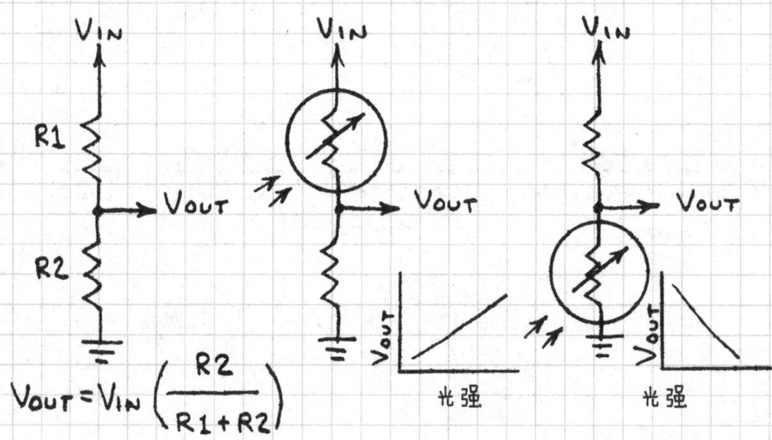
VIN
R1
VOUT
R2
VIN
VOUT
VIN
VOUT
VOUT
光强
VOUT
光强

$$V_{OUT}=V_{IN}\left(\frac{R2}{R1+R2}\right)$$

3.5.4 太阳电池

太阳电池主要作为光伏设备使用，但它有时候会在光电传输模式下使用。可用于为电路或感应灯供电。

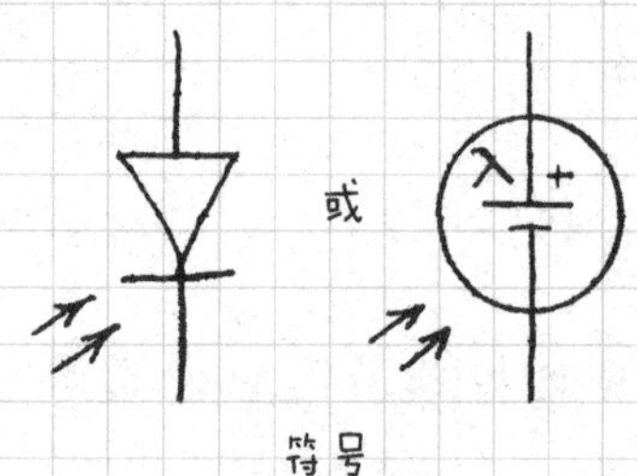
或
λ
+

符号

太阳电池可以有导线也可以无导线。虽然太阳电池较为脆弱，但是将其焊接上引线还是较为容易的。最好使用小功率的焊接电烙铁和包扎线，以获得最佳效果。首先将电池上的电极加热几秒钟。然后在电极上焊上一小块焊料。将一段包裹线的暴露端放在焊料中，并将其固定到位，直到焊料冷却。

3.5.5 光敏晶体管

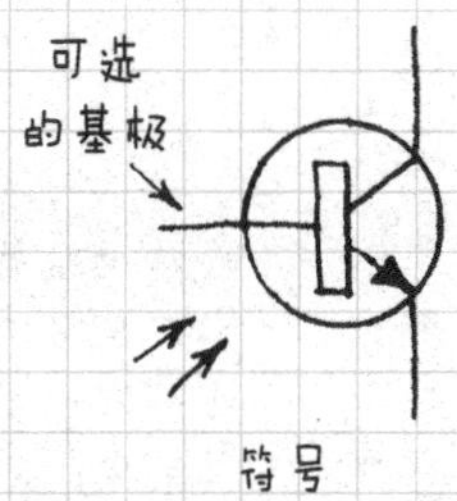
可选
的基极
符号

使用光敏晶体管的最简单方法是将其连接到串联的电阻上。光电探测器就是这么被制作出来。

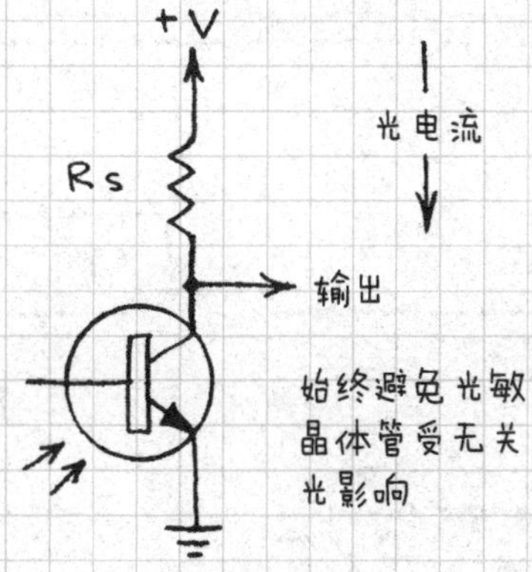
+V
Rs
光电流
输出
始终避免光敏晶体管受无关光影响

使用一个非常大的阻值（约100kΩ~1MΩ）的R_s来提供较高的灵敏度。如果是小信号应使用小阻值（约10kΩ）。

3.5.6 简单的光度计

虽然结构很简单，但这些光度计电路灵敏度非常高。

光敏电阻

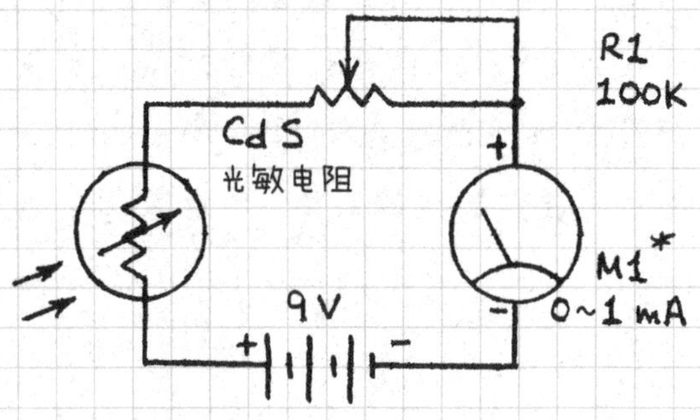
R1
100K
CdS
光敏电阻
+
M1*
9V
+
-
-
0~1 mA

可以尝试其他电源电压。要避免光线瞬间变强毁坏万用表！

*模拟式万用表

太阳电池

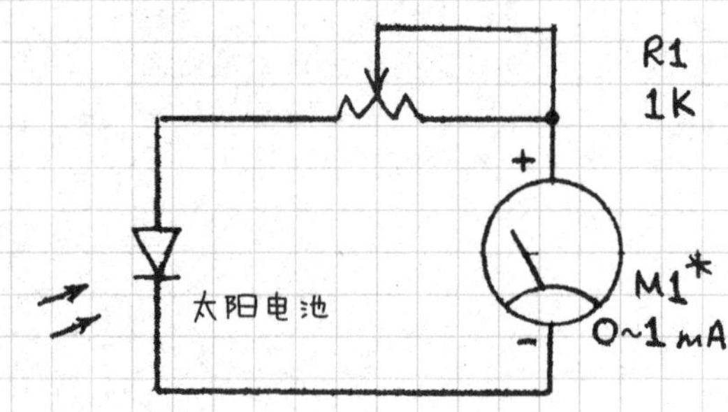
R1
1K
+
太阳电池
M1*
-
0~1 mA

将两个或者更多的太阳电池并联能够提供更高的灵敏度。

光敏晶体管

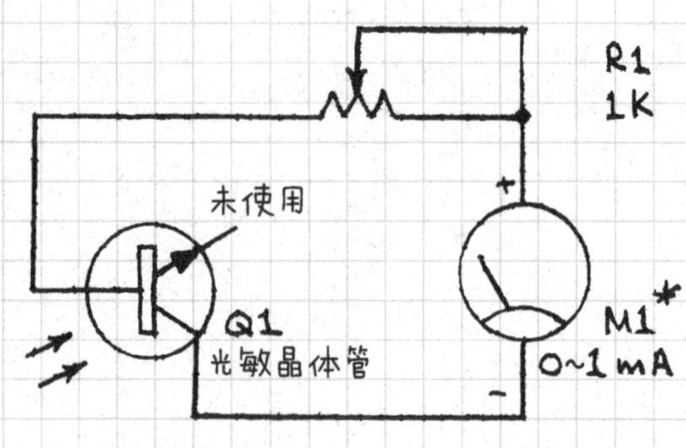
R1
1K
+
未使用
Q1
光敏晶体管
M1*
0~1 mA
-

Q1的集电结来自微型太阳电池的光敏二极管。

3.5.7 超灵敏的光度计

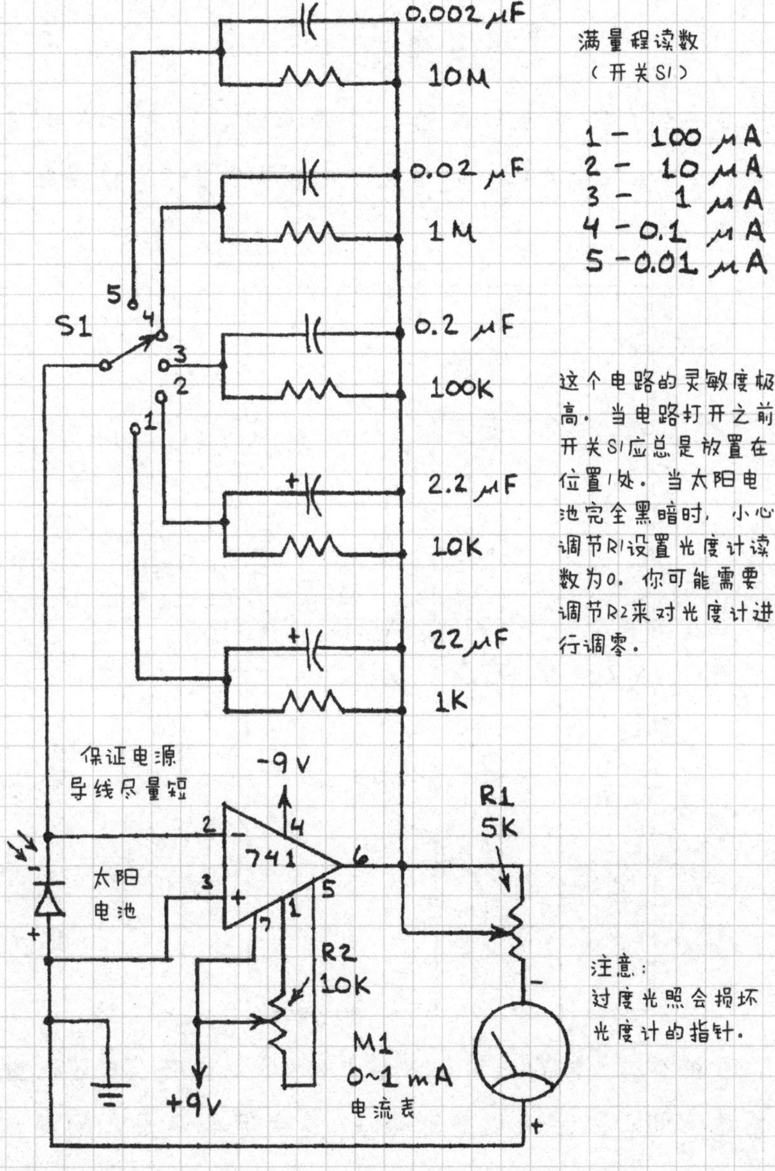
0.002 μF
10M
0.02 μF
1M
0.2 μF
100K
2.2 μF
10K
22 μF
1K
S1
5
4
3
2
1
满量程读数
（开关S1）
1 − 100 μA
2 − 10 μA
3 − 1 μA
4 − 0.1 μA
5 − 0.01 μA
这个电路的灵敏度极高。当电路打开之前开关S1应总是放置在位置1处。当太阳电池完全黑暗时，小心调节R1设置光度计读数为0。你可能需要调节R2来对光度计进行调零。
保证电源导线尽量短
−9V
741
太阳电池
R1
5K
R2
10K
M1
0~1 mA
电流表
+9V
注意：
过度光照会损坏光度计的指针。

如果光度计不需要非常灵敏，省略上面的电阻，只使用下面的两个或三个。

3.5.8 太阳电池充电器

一列太阳电池可以给一个或两个镍镉充电电池充电。例如，九个太阳电池串联可以给两个串联的镍镉电池充电。

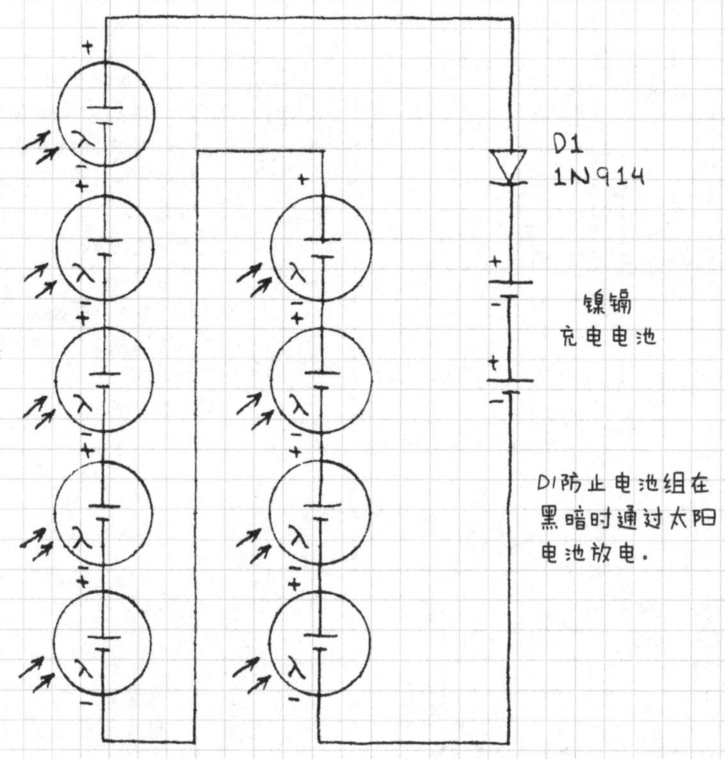
D1
1N914
镍镉
充电电池
D1防止电池组在黑暗时通过太阳电池放电。

单个硅太阳电池可以产生0.45～0.5V的开路电压。单个电池可以产生1A或更大电流，这主要取决于太阳电池的面积和太阳光强度。重点：太阳电池电流不得超过镍镉电池的安全充电上限。串联电池的输出电压是电池电压的总和。太阳电池十分易碎。通过包线将电池连接，并用硅酮密封胶安装。

3.5.9 太阳能供电电路

超简单的光接收器

这三个接收器电路除了接收到的光波信号之外不需要任何电源。它们能把由音频调制的光束直接转换成声音。这个电路可以用来检查红外遥控发射器，也可以用来接收语音或音调光波信号。

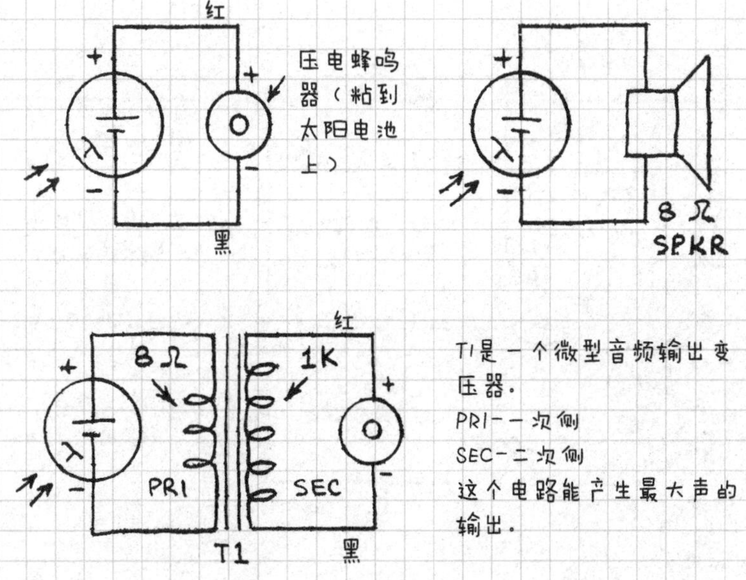
红
+
+
λ
-
-
O
压电蜂鸣器（粘到太阳电池上）
黑
+
λ
-
8 Ω
SPKR
红
+
8 Ω
1K
+
λ
-
PR1
SEC
O
-
T1
黑
T1是一个微型音频输出变压器。
PR1—一次侧
SEC—二次侧
这个电路能产生最大声的输出。

太阳能供电振荡器

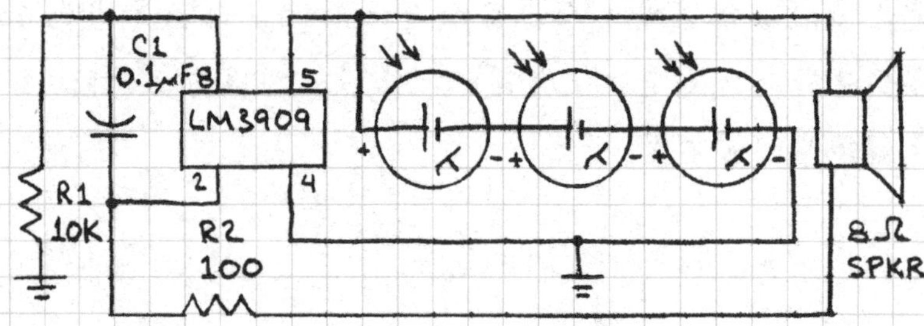
C1
0.1μF
5
LM3909
2
4
R1
10K
R2
100
8Ω
SPKR

3.5.10 光敏振荡器

这个简单的电路有时被称作听光探针。如果电路被调整到传感器处于黑暗状态时振荡才停止，电路将响应距离100ft[⊖]远的蜡烛火焰，并发出咔嗒声。

晶体管

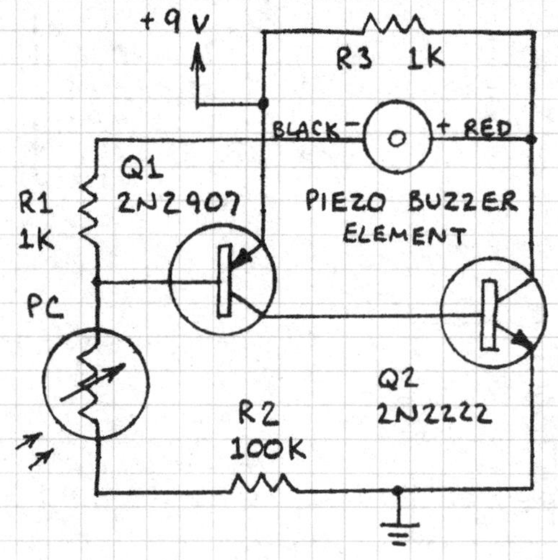
+9V
R3 1K
BLACK
RED
Q1
2N2907
R1
1K
PIEZO BUZZER
ELEMENT
PC
Q2
2N2222
R2
100K

音频随光强增加而增加。

这个电路可以很容易地被安装到一个非常小的塑料封装中。

PC-CdS光电池（光敏电阻）

⊖ 1ft = 0.3048m。

LM3909

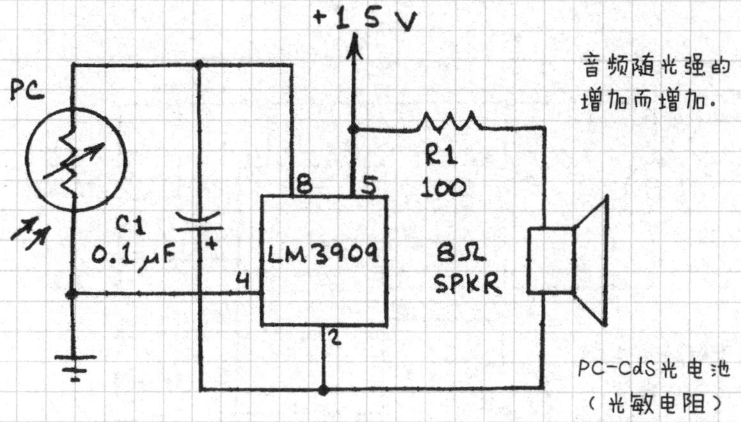
+15V
PC
C1
0.1μF
+
8
5
LM3909
4
2
R1
100
8Ω
SPKR
音频随光强的
增加而增加.
PC-CdS光电池
（光敏电阻）

555(基本振荡器)

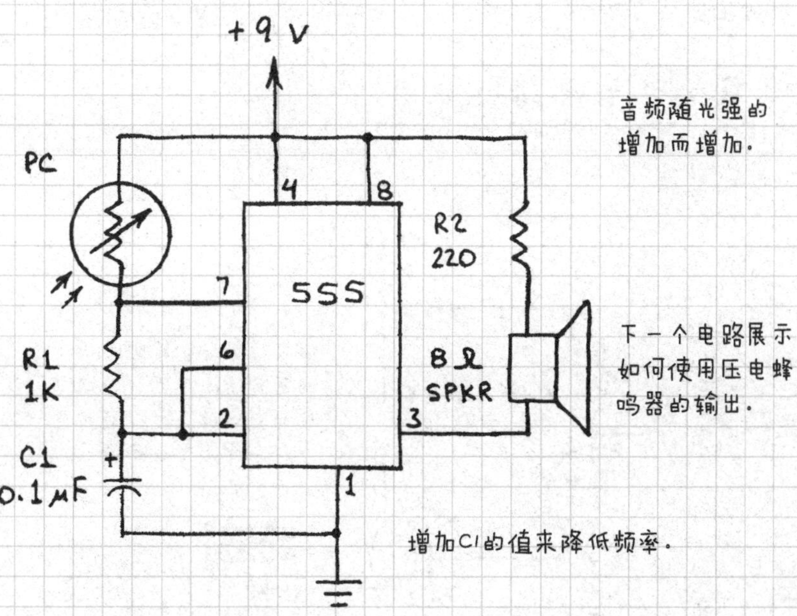
+9V
PC
4
8
555
7
6
2
3
1
R1
1K
C1
0.1μF
+
R2
220
8Ω
SPKR
音频随光强的
增加而增加.
下一个电路展示
如何使用压电蜂
鸣器的输出.
增加C1的值来降低频率.

555(压控振荡器)

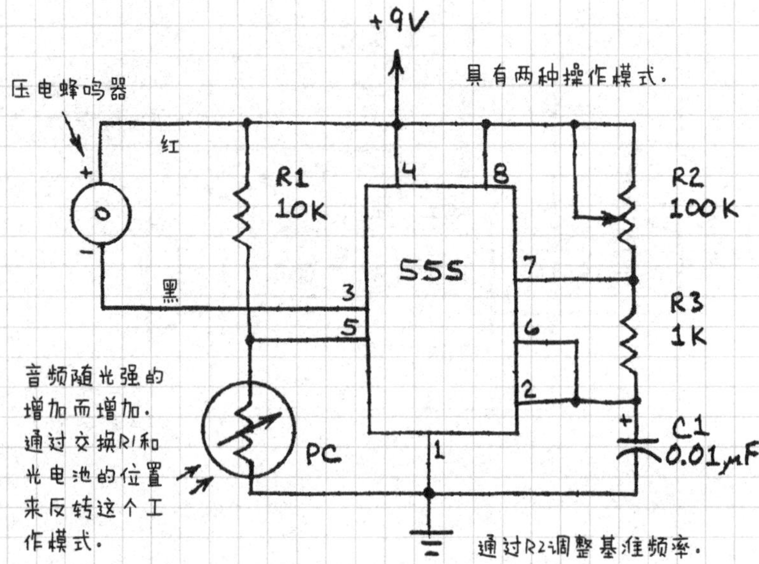
+9V
具有两种操作模式.
压电蜂鸣器
红
+
-
黑
R1
10K
4
8
555
R2
100K
7
3
5
R3
1K
6
2
音频随光强的
增加而增加.
通过交换R1和
光电池的位置
来反转这个工
作模式.
PC
1
C1
0.01μF
通过R2调整基准频率.

3.5.11 光激活继电器

光敏电阻

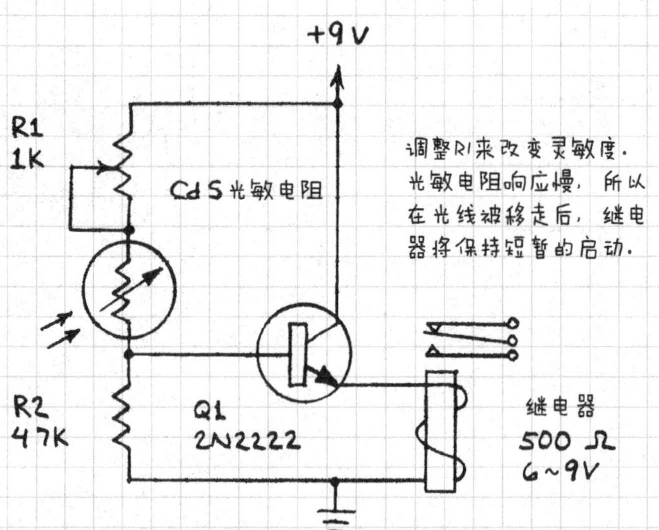
+9V
R1
1K
调整R1来改变灵敏度.
光敏电阻响应慢, 所以
在光线被移走后, 继电
器将保持短暂的启动.
CdS光敏电阻
R2
47K
Q1
2N2222
继电器
500 Ω
6~9V

光敏晶体管

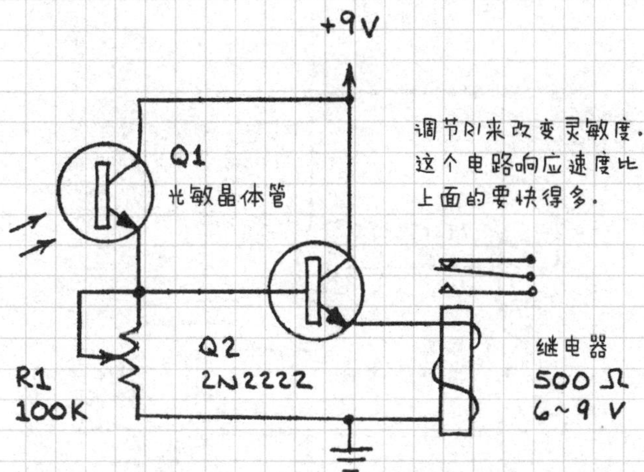
+9V
Q1
光敏晶体管
调节R1来改变灵敏度。
这个电路响应速度比
上面的要快得多。
Q2
2N2222
R1
100K
继电器
500 Ω
6~9 V

注意，在上面两个电路的检测器上使用遮光罩以防止误触发。

3.5.12 暗激活继电器

光敏电阻

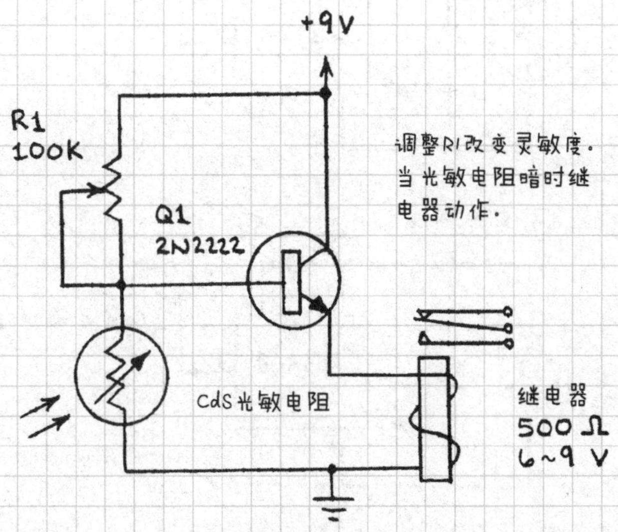
+9V
R1
100K
调整R1改变灵敏度。
当光敏电阻暗时继
电器动作。
Q1
2N2222
CdS光敏电阻
继电器
500 Ω
6~9 V

光敏晶体管

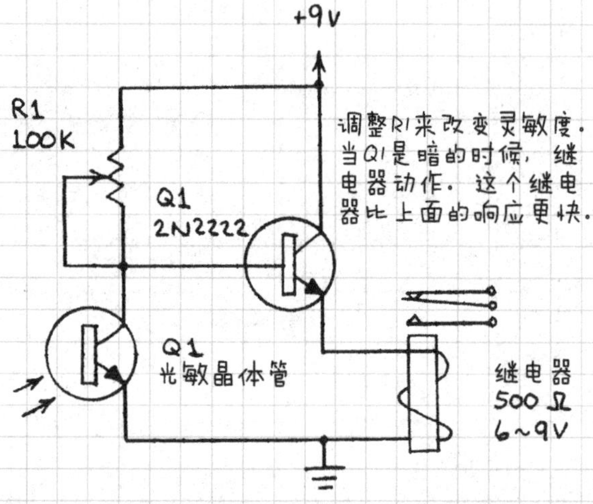
+9V
R1
100K
Q1
2N2222
调整R1来改变灵敏度。当Q1是暗的时候，继电器动作。这个继电器比上面的响应更快。
Q1
光敏晶体管
继电器
500 Ω
6~9V

3.5.13 暗激活 LED 闪光灯

LM3909

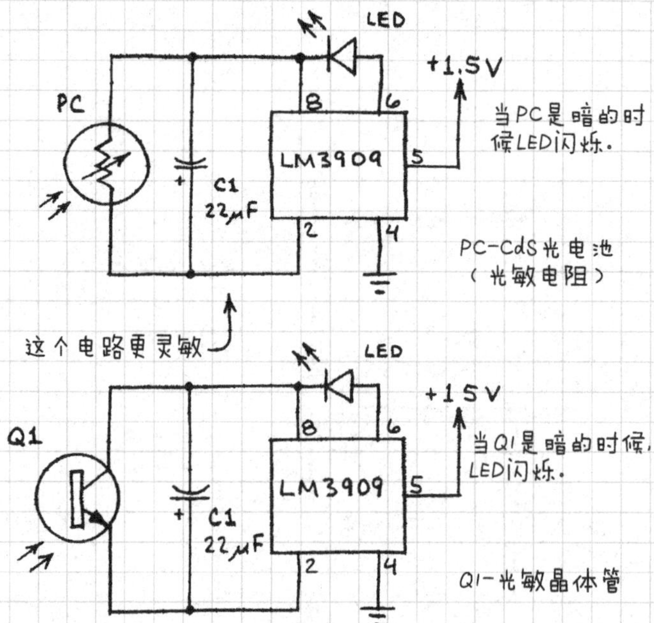
LED
+1.5V
PC
8
6
当PC是暗的时候LED闪烁。
LM3909
5
C1
22μF
2
4
PC-CdS光电池
（光敏电阻）
这个电路更灵敏
LED
+1.5V
Q1
8
6
当Q1是暗的时候，LED闪烁。
LM3909
5
C1
22μF
2
4
Q1-光敏晶体管

LED闪光灯

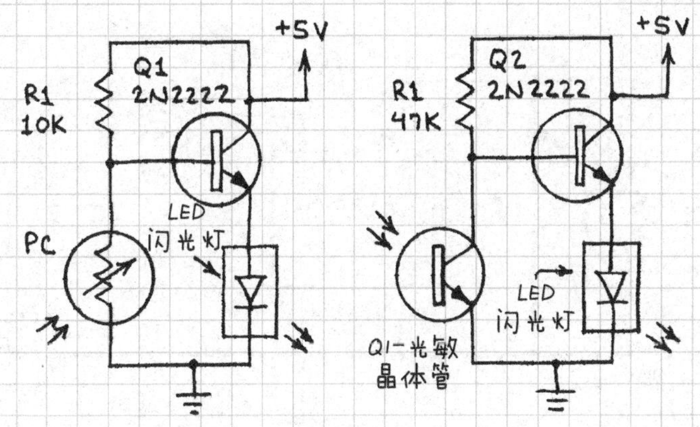
+5V
R1
10K
Q1
2N2222
LED
闪光灯
PC
+5V
R1
47K
Q2
2N2222
LED
闪光灯
Q1—光敏
晶体管

3.5.14 亮/暗激活报警器

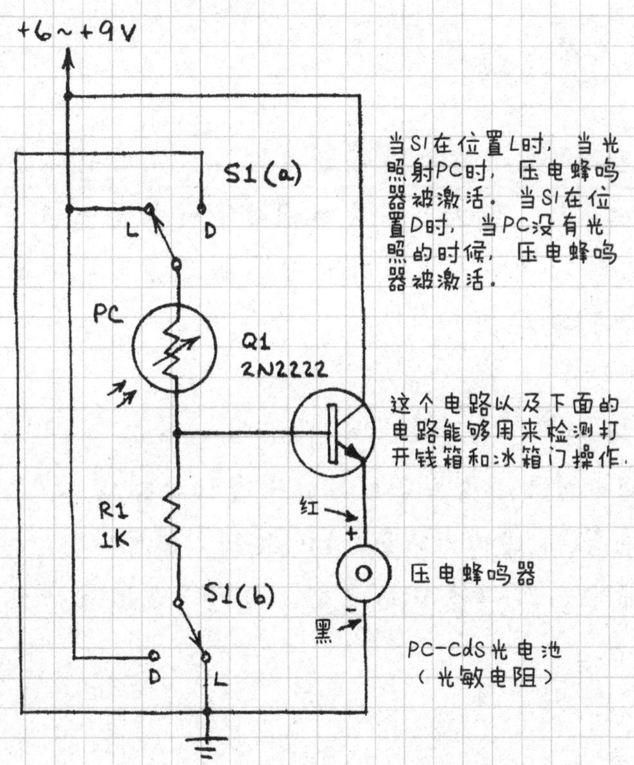
+6~+9V
S1(a)
L
D
PC
Q1
2N2222
R1
1K
S1(b)
D
L
红
+
-
黑
压电蜂鸣器
PC-CdS光电池
(光敏电阻)

当S1在位置L时，当光照射PC时，压电蜂鸣器被激活。当S1在位置D时，当PC没有光照的时候，压电蜂鸣器被激活。

这个电路以及下面的电路能够用来检测打开钱箱和冰箱门操作。

压电蜂鸣器

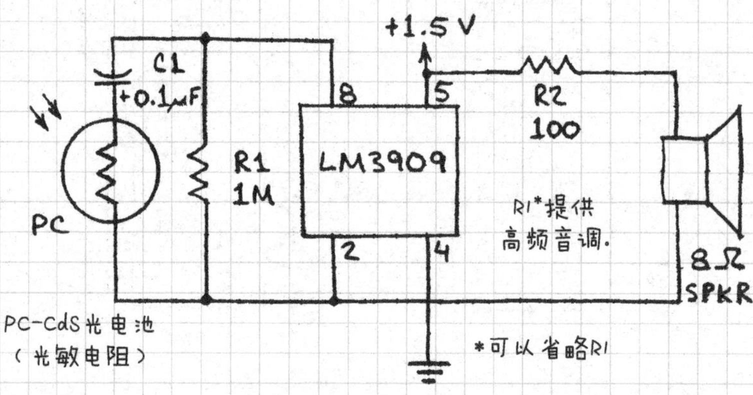
+1.5V
C1
+0.1μF
8
5
R2
100
R1
1M
LM3909
R1*提供
高频音调.
PC
2
4
8Ω
SPKR
PC-CdS光电池
(光敏电阻)
*可以省略R1

3.6 光波通信

通过可见光或红外辐射这种方式来传输语音或信号相对容易。辐射可以直接通过空气或是光纤进行传播。3.6.1~3.6.3节的内容将协助您使用后面的光波通信电路。

3.6.1 适合的组件

可以使用小型白炽灯发送语音和音频信号。为获得最佳效果，应使用大功率近红外发射二极管。

适合的探测器包括光敏二极管、光敏晶体管和太阳电池。

3.6.2 光纤链路

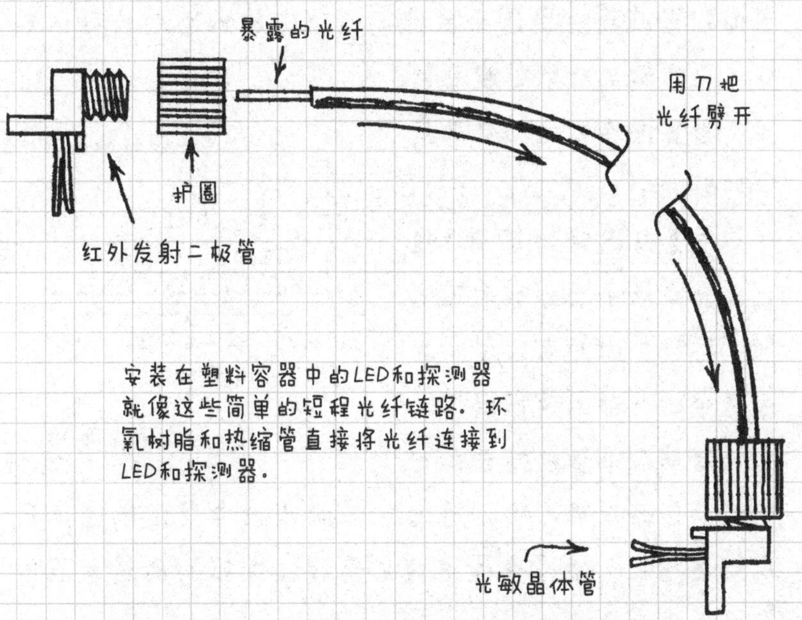
暴露的光纤
用刀把
光纤劈开
护圈
红外发射二极管
光敏晶体管

安装在塑料容器中的LED和探测器就像这些简单的短程光纤链路. 环氧树脂和热缩管直接将光纤连接到LED和探测器.

3.6.3 自由空间链接

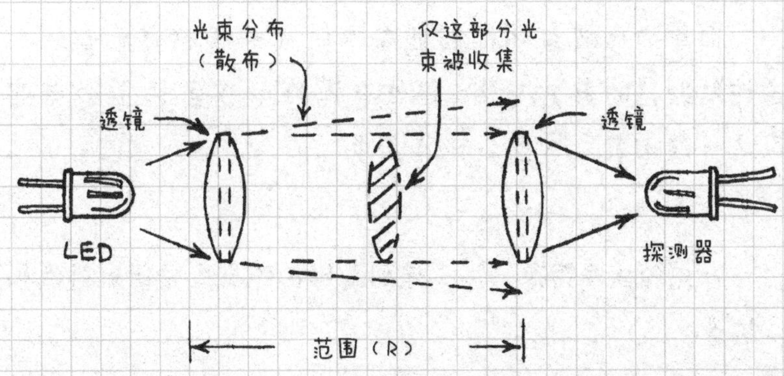
光束分布
（散布）
仅这部分光
束被收集
透镜
透镜
LED
探测器
范围（R）

一副镜片会大大增加光线范围. 使用放大镜的透镜

或从科学产品供应公司订购透镜。

为获得最佳效果将探测器从外部光线屏蔽，应在空心管内衬黑纸或涂黑色平底漆。一片先进彩色胶片可以制成一个很好的近红外滤光片。

首先使用红色 LED 来聚焦红外 LED。

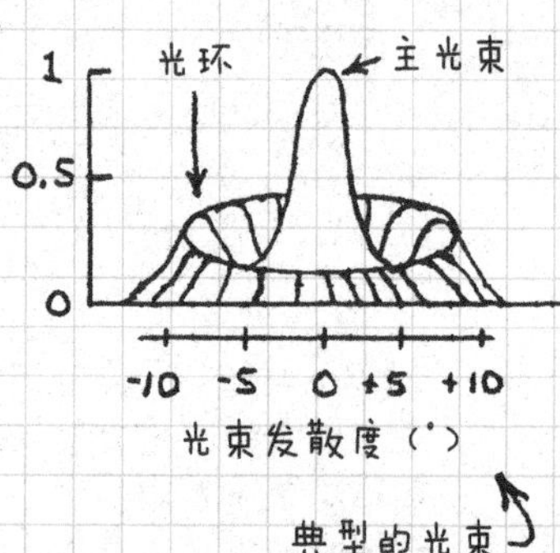

1
0.5
0
光环
主光束
-10 -5 0 +5 +10
光束发散度（°）
典型的光束

注意从透明封装 LED 发出的光束展示出的亮的正方形（芯片）内部有红晕。光环不会被外部的透镜消除。

聚焦与调整红外自由空间链路是棘手的。可以通过在三脚架上安装发射器来获得最佳结果。使接收器透镜的直径翻倍得到的最大范围是原来的近两倍。

3.6.4 光波音调发射器

简单的光波音调发射器在测试光波接收器和编码、遥控发射器时非常有用，这些电路和本书第 97 页的电路可以一起被装入黑色小封装盒中。

555 发射器

R1 控制脉冲频率。为了得到最好的结果应使用红外发射二极管。

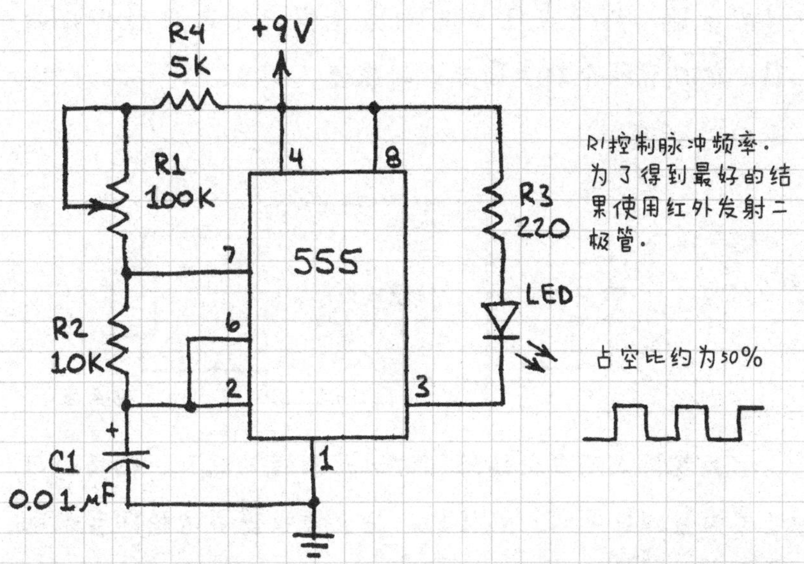
R4
5K
+9V
R1
100K
4
8
555
R3
220
7
LED
R2
10K
6
2
3
C1
0.01μF
1
R1控制脉冲频率.
为了得到最好的结果使用红外发射二极管.
占空比约为50%

LM3909 发射器

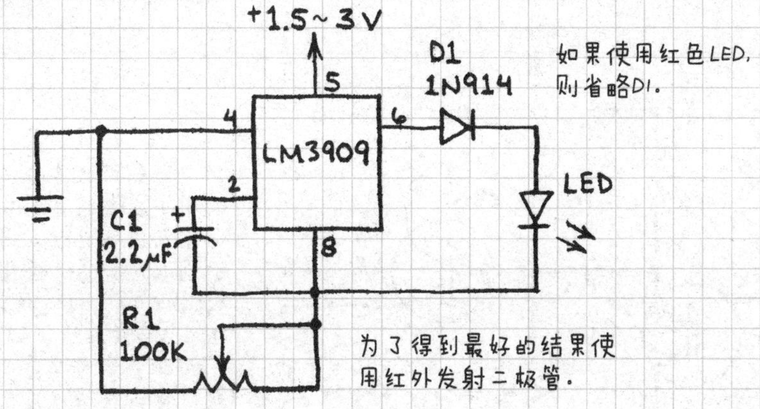
+1.5~3V
5
D1
1N914
4
6
LM3909
2
C1
2.2μF
8
LED
R1
100K
如果使用红色LED,
则省略D1.
为了得到最好的结果使
用红外发射二极管.

3.6.5　简单的光波接收器

我们可以很容易地建立一个能够接收调制的光波信

号的电路。接下来几节我们将介绍三个改良过的接收器。这里有两个非常简单的接收器。

瞬时光波接收器

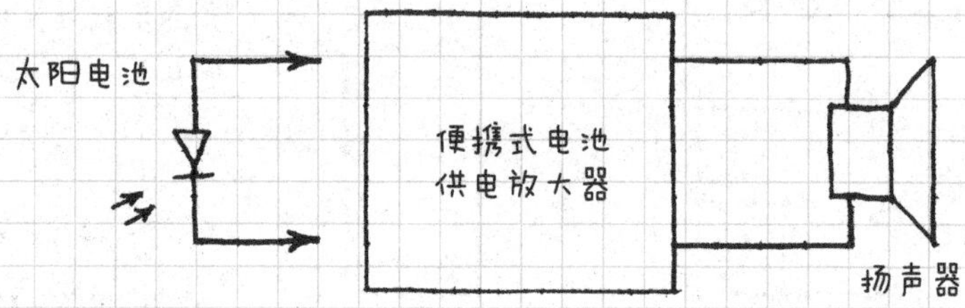
太阳电池
便携式电池
供电放大器
扬声器

直接将太阳电池连接到放大器的输入插孔。扬声器可以是内置的也可以是外接的。这个接收器可以检测音调和语音调制信号。

双晶体管接收器

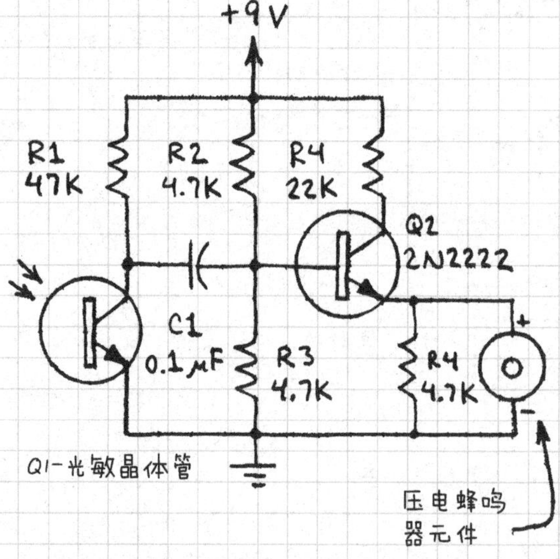
+9V
R1
47K
R2
4.7K
R4
22K
Q2
2N2222
C1
0.1μF
R3
4.7K
R4
4.7K
+
-
Q1—光敏晶体管
压电蜂鸣
器元件

这个电路可以建立在非常小的塑料盒内并且用于监视光波音调或语音发射器。使用8Ω扬声器，可以用1k:8Ω音频变压器的一次侧替代蜂鸣器元件。将扬声器连接到8Ω侧。

3.6.6 光电话

在1880年2月19日，贝尔实验室的助手亚历山大·格雷厄姆·贝尔和萨姆纳·泰因特教授，成为第一批通过电磁辐射发射声音的人。贝尔称他的发明为光电话，并说这是一个比电话更为重要的发明。光电话很容易被复制出来。

光电话发射器

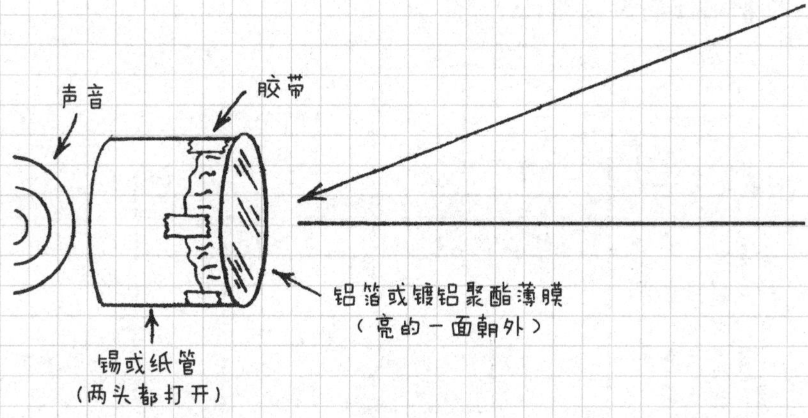
声音
胶带
铝箔或镀铝聚酯薄膜
（亮的一面朝外）
锡或纸管
（两头都打开）

铝箔或镀铝聚酯薄膜应紧紧地依附在罐或管上，并用胶带或橡皮带固定。要确保薄膜的光亮面朝外。通过查看其是否能将阳光反射到墙壁上来测试该薄膜。被反射的阳光应该形成一个明显的点。如果不是，该铝箔或薄膜就不能被使用。为了获得最佳效果，应在摄影师的三脚架上安装发射器来简化瞄准光束。

光电话接收器

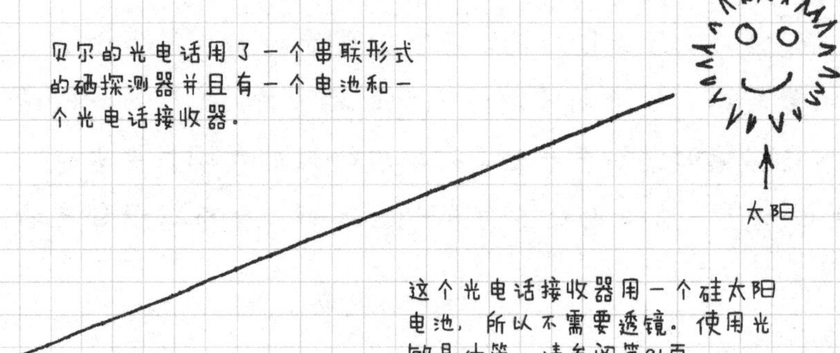
贝尔的光电话用了一个串联形式的硒探测器并且有一个电池和一个光电话接收器。
太阳
这个光电话接收器用一个硅太阳电池，所以不需要透镜。使用光敏晶体管，请参阅第91页。

注意：发射器和接收器操作者必须戴墨镜并且避免盯着被反射来的太阳光！

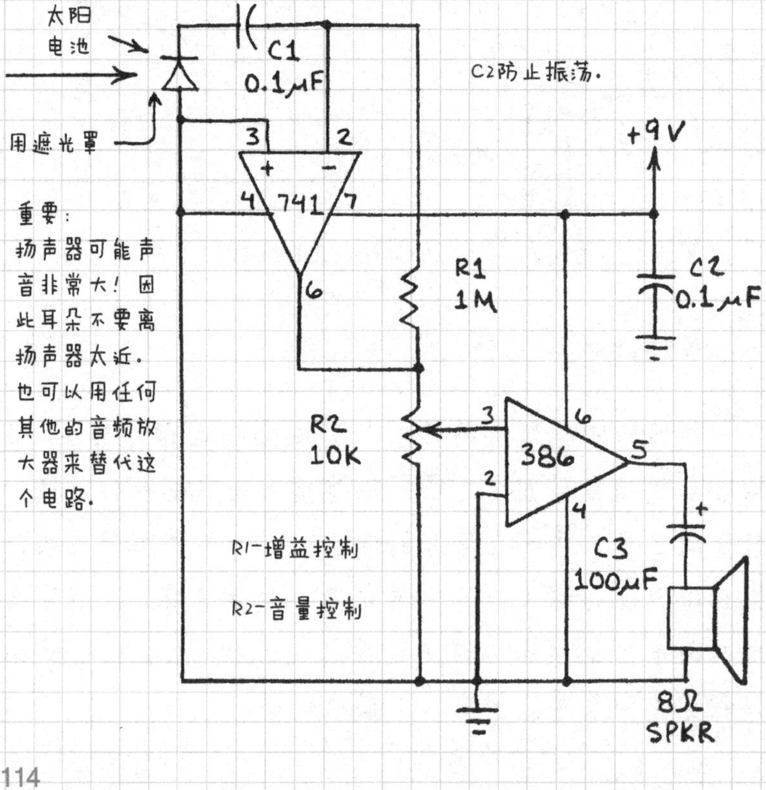

太阳电池

用遮光罩

C1 0.1μF

741

C2防止振荡。

+9V

R1 1M

C2 0.1μF

R2 10K

386

C3 100μF

8Ω SPKR

重要：扬声器可能声音非常大！因此耳朵不要离扬声器太近。也可以用任何其他的音频放大器来替代这个电路。

R1—增益控制

R2—音量控制

3.6.7 AM光波发射器

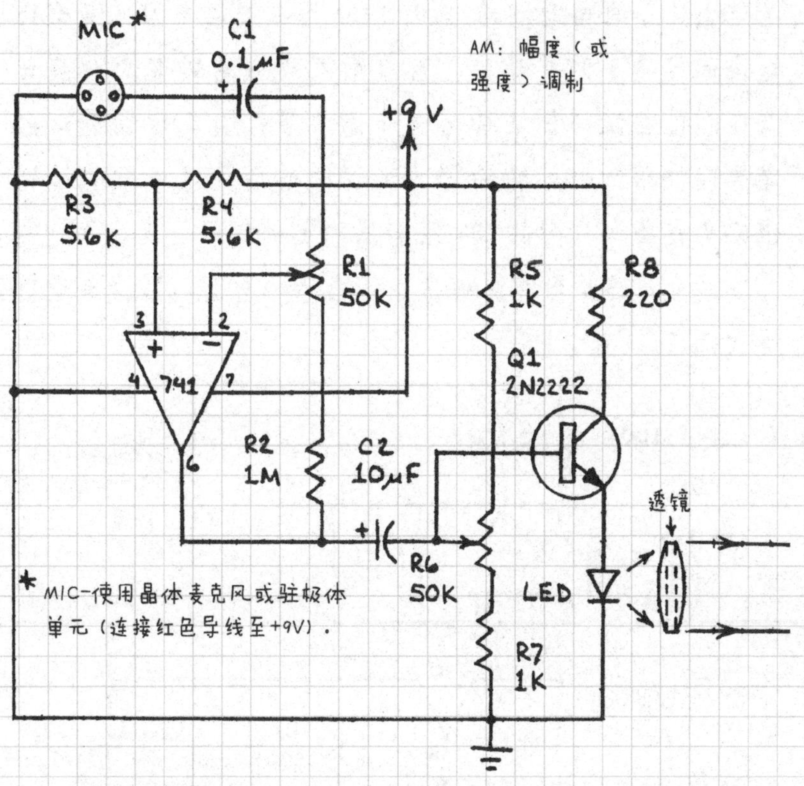
MIC*
C1
0.1μF
+
+9V
AM：幅度（或
强度）调制
R3
5.6K
R4
5.6K
R1
50K
R5
1K
R8
220
3
2
+
−
4
741
7
Q1
2N2222
6
R2
1M
C2
10μF
+
透镜
R6
50K
LED
R7
1K
* MIC−使用晶体麦克风或驻极体
单元（连接红色导线至+9V）.

R1-增益控制.

R6-LED偏置控制. 通过调节R6来获得最好的音质.

R8-限制LED的电流.

741放大来自麦克风的语音信号并通过C2将它们耦合到调制器晶体管Q1. 应使用高亮度红色光或高功率红外线来获得最佳效果. 对于高达1000ft（夜间）的自由空间范围, 请使用透镜来校准LED光束. 也可以将此电路用作光纤发射器.

3.6.8 AM光波接收器

当用于自由空间通信时，这个接收器在周围光线柔和或夜间环境下效果最好。当有太阳光或者较亮的人造光存在时应在探测器上放置一个遮光罩。为了得到更好的结果应使用红外线滤波器（先进的颜色薄膜也可以起到很好的作用），除非LED发射器放出的是可见光。

注意：这个电路能够产生相当大的声音。耳朵不要离得太近。

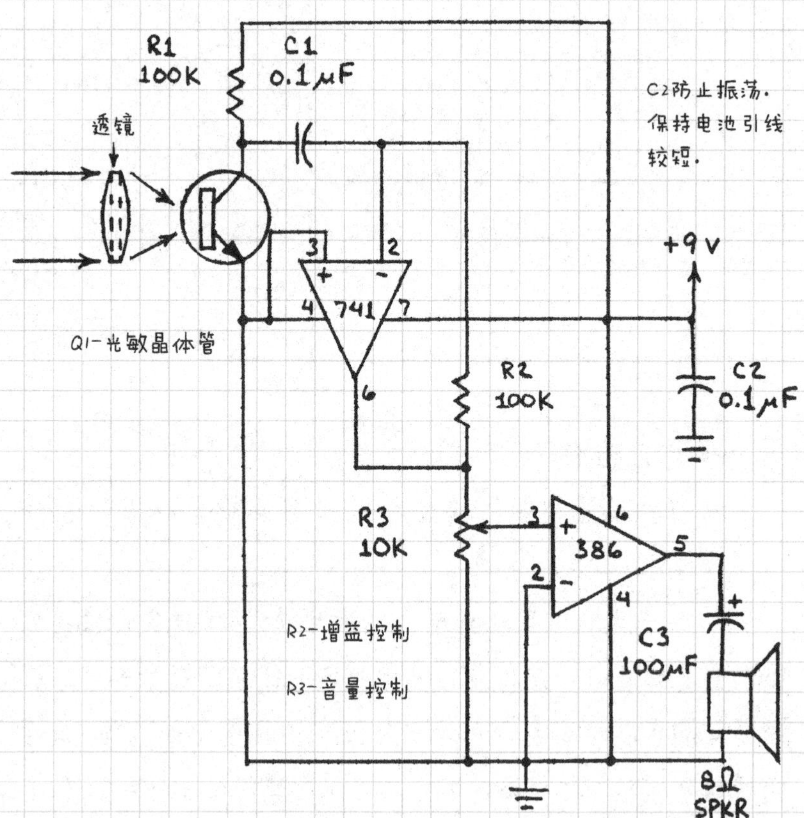
R1
100K
C1
0.1μF
透镜
C2防止振荡。
保持电池引线
较短。
3
2
+
−
4
741
7
+9V
Q1−光敏晶体管
6
R2
100K
C2
0.1μF
R3
10K
3
+
386
6
5
2
−
4
+
C3
100μF
R2−增益控制
R3−音量控制
8Ω
SPKR

3.6.9 断束检测系统

发射器

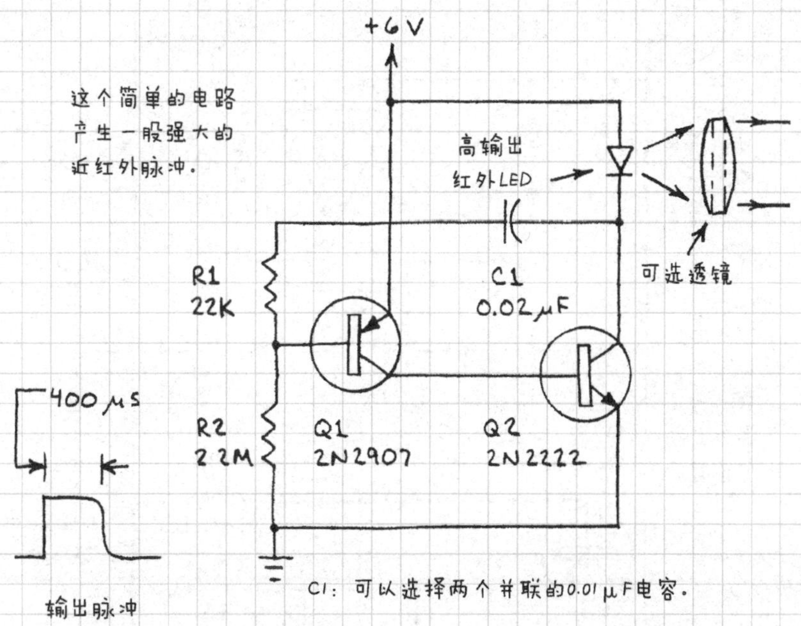

这个简单的电路
产生一股强大的
近红外脉冲.
+6V
高输出
红外LED
可选透镜
R1
22K
C1
0.02μF
R2
22M
Q1
2N2907
Q2
2N2222
400μs
输出脉冲
C1：可以选择两个并联的0.01μF电容.

这是一个非常灵敏的断束检测器系统，可以用它来检测使发射器发出的光束中断的物体或人员。发射器每秒生成约240个脉冲，每个400μs，幅度为400mA。接收器通过光电传感器Q1检测发射器发出的近红外光。由Q1产生的光电流被放大后发送到一个阈值比较器。当红外光束中断时，555制作的缺失脉冲检测器将激活继电器并点亮LED。没有透镜时范围至少有几英尺，使用透镜时范围更大。

接收器

通过屏蔽Q1来消除环境光的影响。调节R3来设置阈值。调节R5来使继电器处于最好的运行状态。为避免误触发，应在柔和的光环境下测试电路。

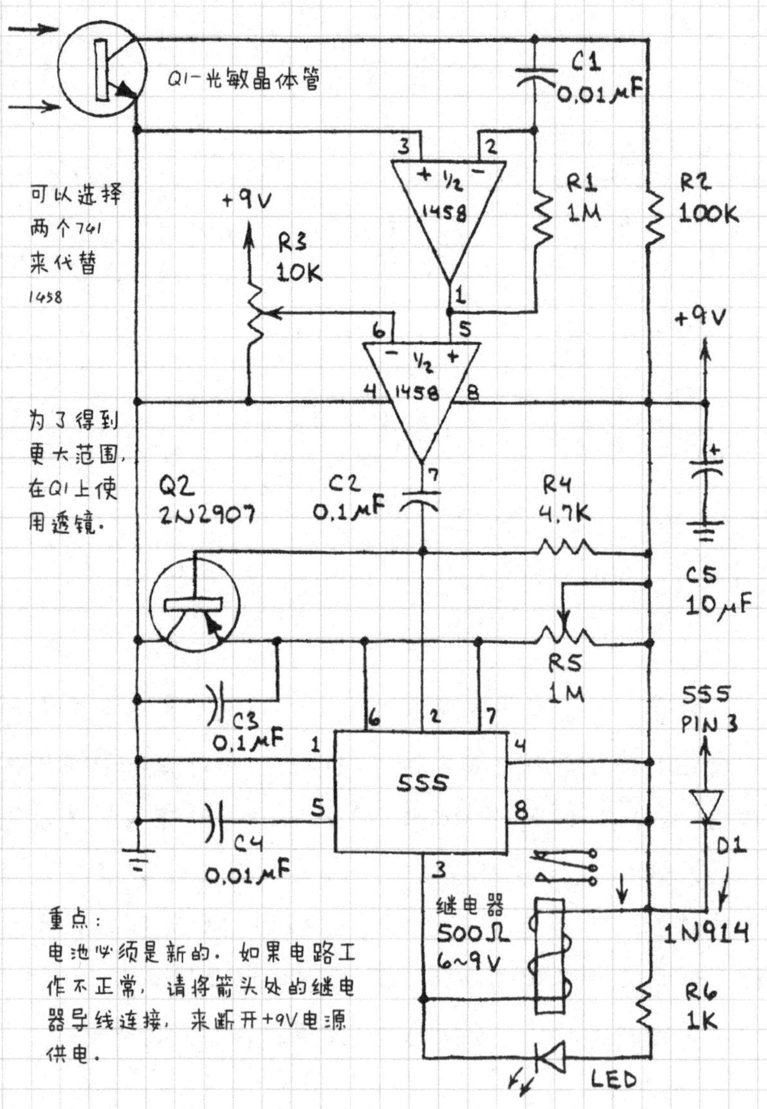

Q1-光敏晶体管
C1
0.01μF
3
2
+ 1/2 −
1458
R1
1M
R2
100K
可以选择两个741来代替1458
+9V
R3
10K
1
5
6
+9V
− 1/2 +
4
1458
8
为了得到更大范围，在Q1上使用透镜。
Q2
2N2907
C2
0.1μF
7
R4
4.7K
+
C5
10μF
R5
1M
C3
0.1μF
6
2
7
555
PIN 3
1
4
555
5
8
C4
0.01μF
3
D1
继电器
500Ω
6~9V
1N914
R6
1K
LED
重点：
电池必须是新的。如果电路工作不正常，请将箭头处的继电器导线连接，来断开+9V电源供电。

3.7 光电子逻辑

这些电路在带有光隔离器时可以独立使用，也可作为光电子计算元件使用。

3.7.1 缓冲器（"是" 电路）

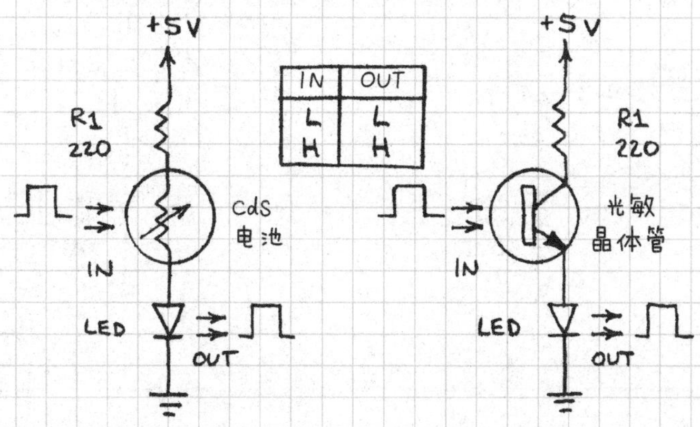
+5V
R1
220
CdS
电池
IN
LED
OUT
光敏
晶体管

IN	OUT
L	L
H	H

3.7.2 反相器（"否" 电路）

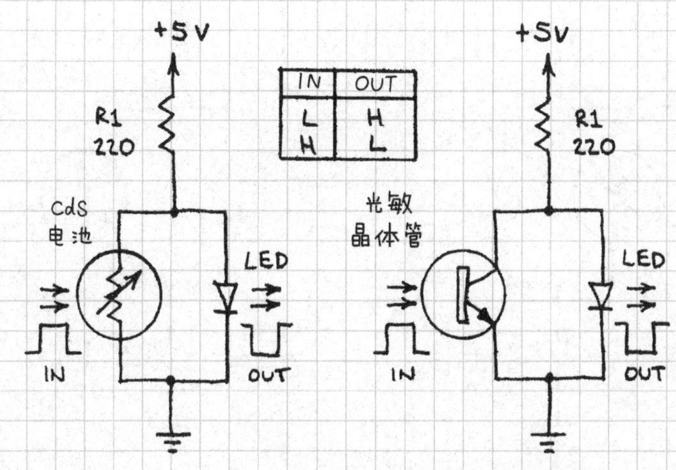
+5V
R1
220
CdS
电池
IN
LED
OUT
光敏
晶体管

IN	OUT
L	H
H	L

3.7.3 与电路

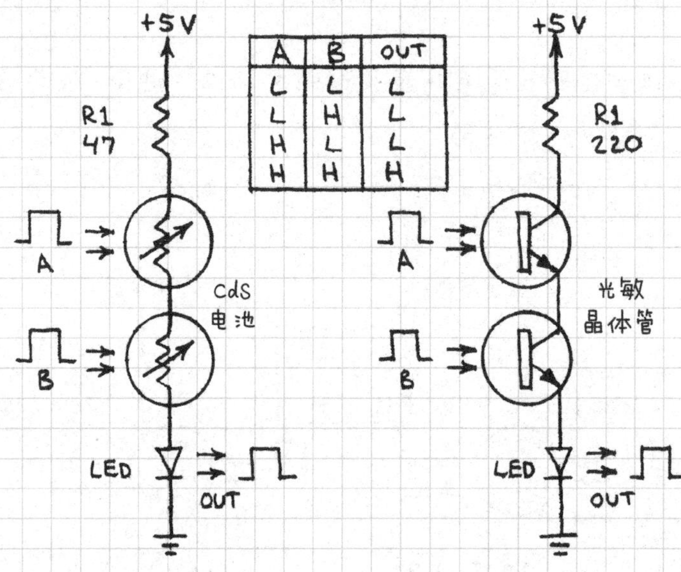

+5V
R1
47
A
B
CdS
电池
LED
OUT
+5V
R1
220
A
B
光敏
晶体管
LED
OUT

A	B	OUT
L	L	L
L	H	L
H	L	L
H	H	H

3.7.4 或电路

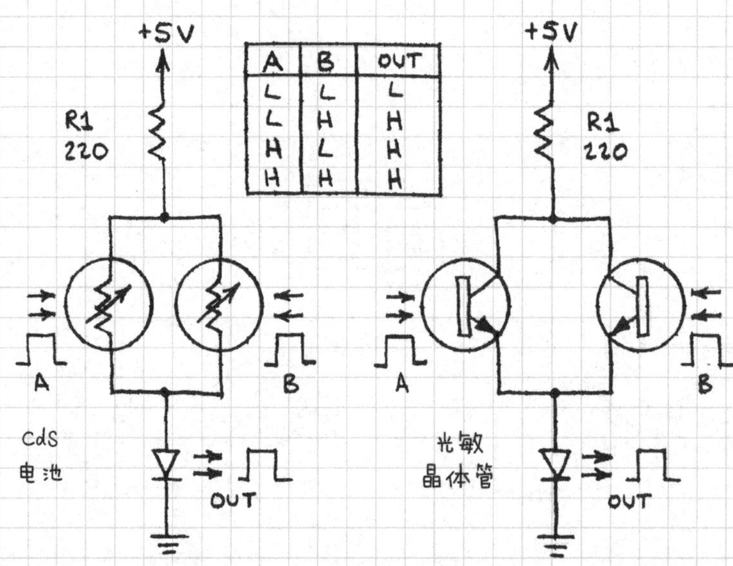

+5V
R1
220
A
B
CdS
电池
OUT
+5V
R1
220
A
B
光敏
晶体管
OUT

A	B	OUT
L	L	L
L	H	H
H	L	H
H	H	H

3.8 源/传感器对

源/传感器对也被称作光隔离器、光耦合器、光隔离耦合器和光子隔离器。它们在电学上有许多重要的应用。它们在提供两个独立电路之间的电隔离方面特别重要。许多种源/传感器对组合能被使用：

LED→光敏晶体管或者光敏二极管

LED→光敏SCR或TRIAC

钨灯→光敏电阻

氖灯→光敏电阻

闭合对

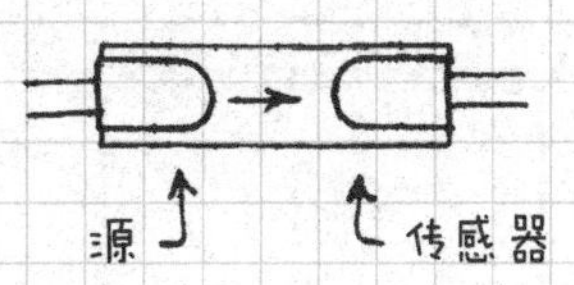
源
传感器

应用：

固态继电器

电绝缘

电平转换

传输/槽对

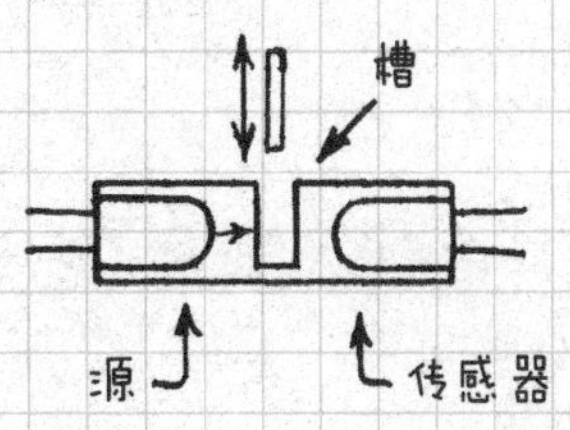
槽
源
传感器

应用：

物体检测

限位开关

无弹跳开关

光电电位

振动检测器

反射对

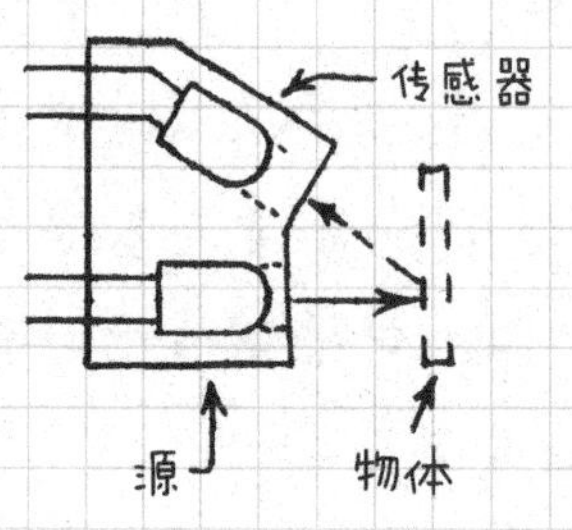
传感器
源
物体

应用：

物体检测

限位开关

反射率监视器

转速表

磁带末端检测器

运动检测器

3.8.1 集成源/传感器

许多种类的源/传感器对都是可以被封装在集成电路的微型结构中的。这里有两个典型的例子：

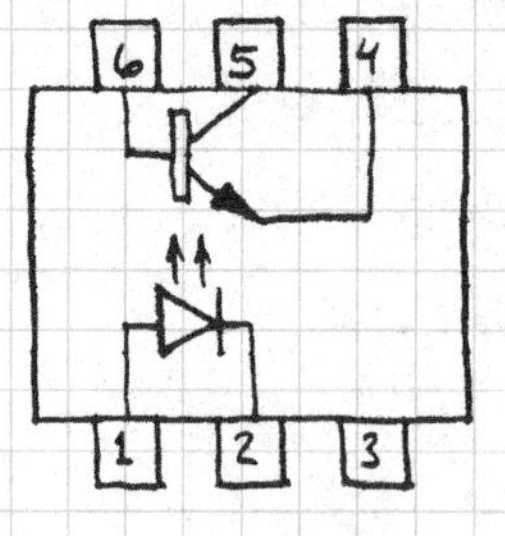
6
5
4
1
2
3
LED/光敏电阻

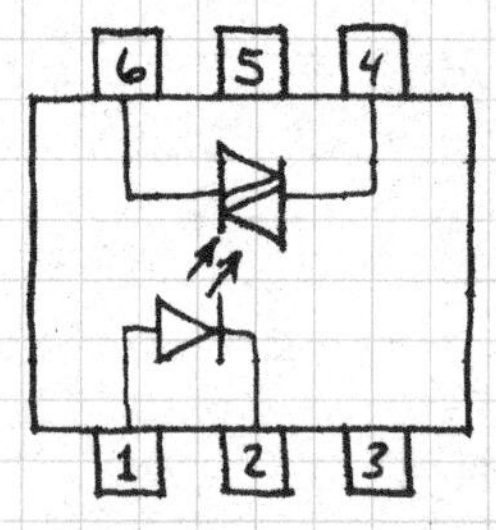
6
5
4
1
2
3
LED/光激活TRIAC

DIY 源/传感器

由单个组件可以很容易地制成源/传感器对。例如，下面是一个简单的LED-光敏晶体管对：

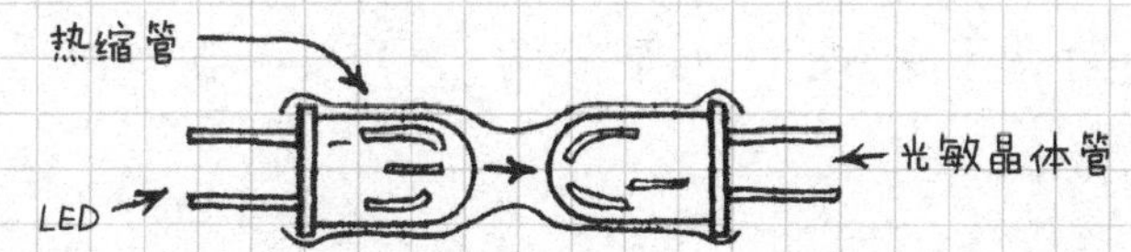
热缩管
光敏晶体管
LED

源和传感器也可以被安装在木头或者塑料块中。下面是众多方案中的两种：

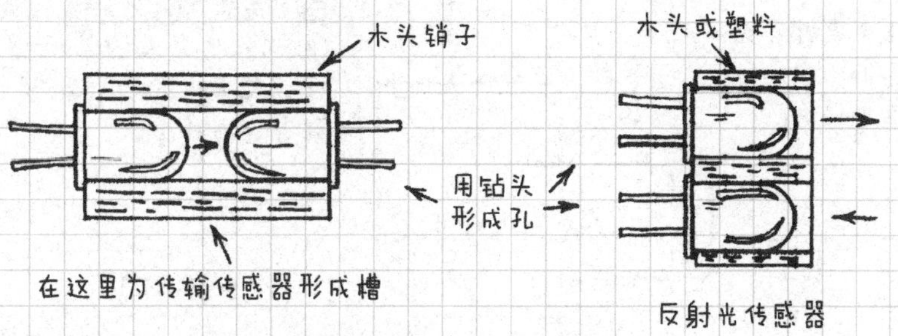
木头销子
木头或塑料
用钻头
形成孔
在这里为传输传感器形成槽
反射光传感器

3.8.2 光耦合电路

示范源/传感器

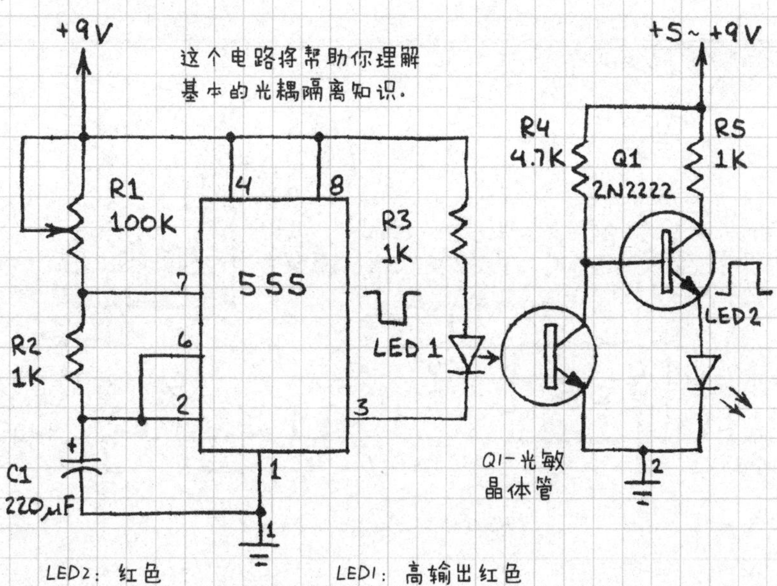
+9V
这个电路将帮助你理解
基本的光耦隔离知识。
+5~+9V
R4
4.7K
Q1
2N2222
R5
1K
R1
100K
4
8
R3
1K
555
7
6
2
3
1
LED 1
LED2
R2
1K
C1
220μF
Q1-光敏
晶体管
LED2：红色
LED1：高输出红色

通过调节 R1 使 LED1 每秒闪 1～2 次。当 LED1 导通时 LED2 将关闭。

光耦合器继电器驱动器

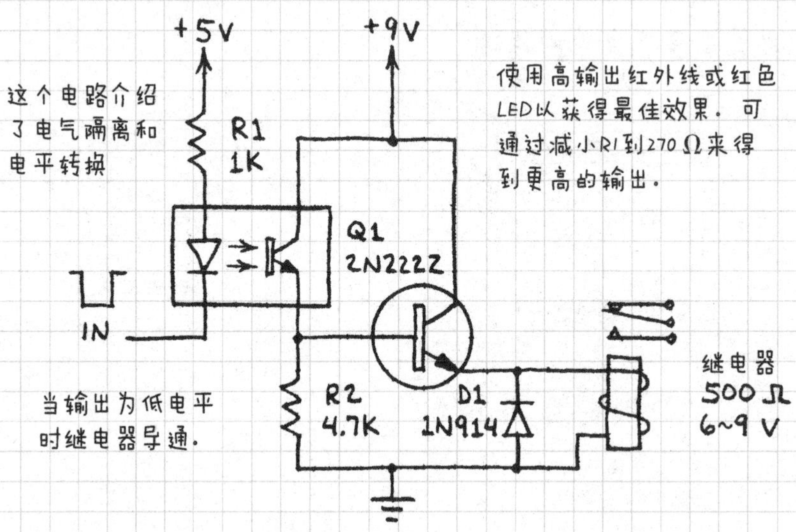
+5V
+9V
这个电路介绍了电气隔离和电平转换
R1
1K
使用高输出红外线或红色LED以获得最佳效果。可通过减小R1到270Ω来得到更高的输出。
Q1
2N2222
IN
继电器
500Ω
6~9 V
当输出为低电平时继电器导通。
R2
4.7K
D1
1N914

基础隔离器/电平移位器

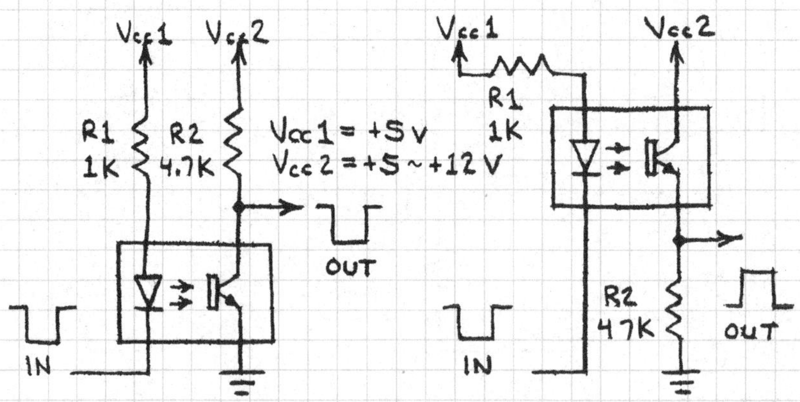
Vcc1
Vcc2
R1
1K
R2
4.7K
Vcc1 = +5V
Vcc2 = +5～+12V
OUT
IN
Vcc1
Vcc2
R1
1K
R2
47K
OUT
IN

TTL→TTL 隔离器

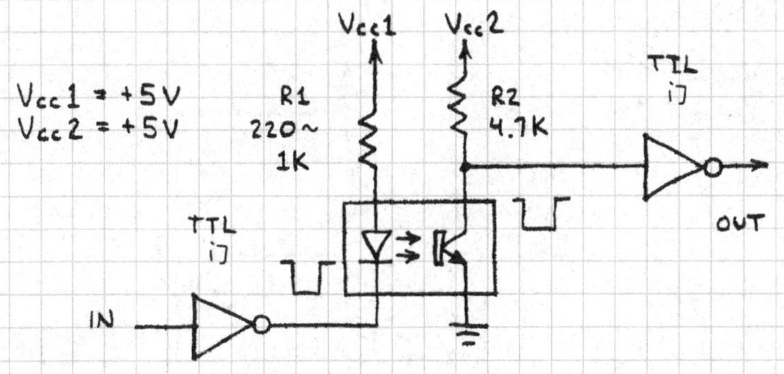
Vcc1
Vcc2
TTL
门
Vcc1 = +5V
Vcc2 = +5V
R1
220~
1K
R2
4.7K
OUT
TTL
门
IN

TTL→CMOS 对/隔离

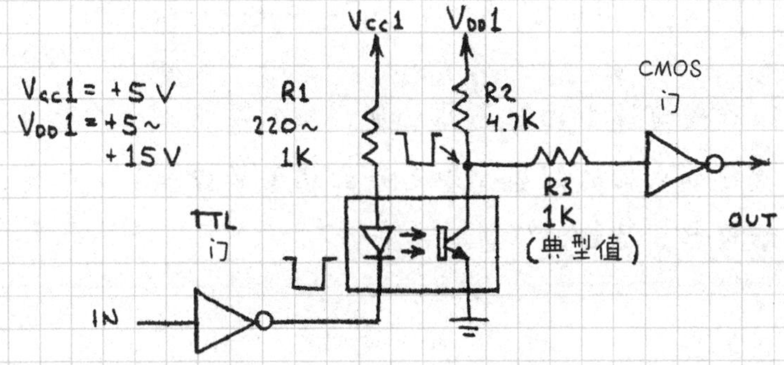
Vcc1
VDD1
CMOS
门
Vcc1 = +5V
VDD1 = +5~
+15V
R1
220~
1K
R2
4.7K
R3
1K
(典型值)
OUT
TTL
门
IN

光耦合器和升压器

反相输出

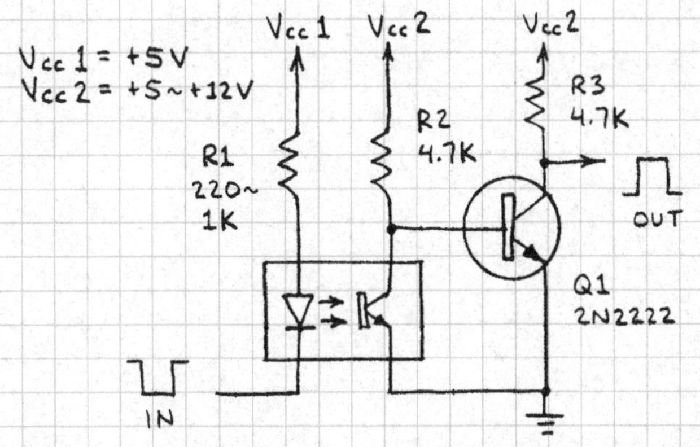
Vcc1
Vcc2
Vcc2
Vcc1 = +5V
Vcc2 = +5~+12V
R3
4.7K
R2
4.7K
R1
220~
1K
OUT
Q1
2N2222
IN

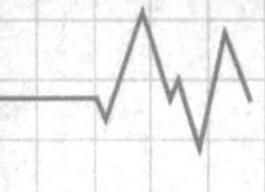

正相输出

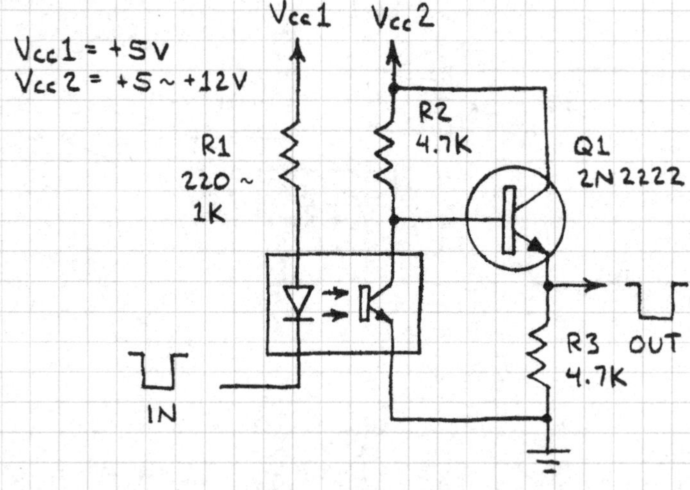
Vcc1 = +5V
Vcc2 = +5 ~ +12V
Vcc1
Vcc2
R1
220 ~
1K
R2
4.7K
Q1
2N2222
R3
4.7K
OUT
IN

这些电路中的升压晶体管（Q1）具有比大多数商用光耦合器中的光敏晶体管更强的功率处理能力。R3可以用继电器等负载来代替。

4 科学项目

4.1 概述

科学是通过有组织的观察、实验和学习获得的知识。下面的这些项目展示了基本的科学原理和技术，一些可以让你测量温度、风速、光线和位置，其他的能让你探测到雨、移动和地球运动。通过尝试这些项目，你可以学到很多东西。你甚至可以为实现其他目的来组合这些项目，这样可以学到更多的东西。在这里有一些建议：

1. 计划好你的项目，决定你想要建立、测量或检测的东西。设定好目标并完成它。

2. 准备好一个笔记本，准确无误地记录你的电路、测量和观察结果，笔记本的每页都做好标记并注明日期。（本丛书就是从作者的实验笔记中演变出来的。）

3. 多做实验，例如，用光敏传感器代替热敏电阻来测量光线而不是温度。

4. 想要了解本话题的更多内容吗？阅读本丛书的其他分册。你也可以去图书馆查找书籍或者阅读电子杂志。

给学生，家长和老师的特别提示：

许多后续项目可用于科学展览中去。例如，在晴朗、局部多云和阴天测量温度和光照并绘制结果。用不同光源验证反平方律，并绘制结果。

4.2 验电器

验电器是一种检测静电荷和核辐射的简单装置。你可以用一些常见的家用材料来组装一个验电器。例如：

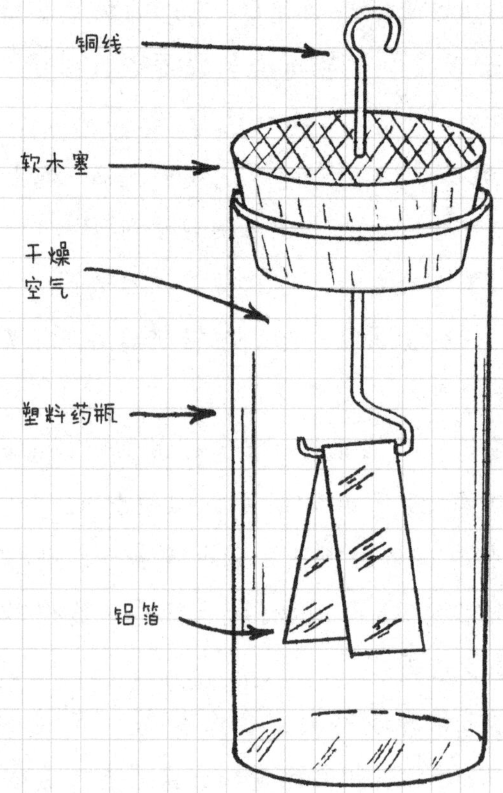
铜线
软木塞
干燥
空气
塑料药瓶
铝箔

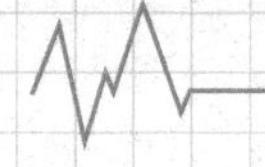

你可以使用多种不同的瓶子，但是瓶子必须是玻璃或塑料的。塞子可以是木塞或塑料塞，但是不能用金属塞。箔片应该是薄规格铝箔。瓶子里的空气应该尽可能干燥。

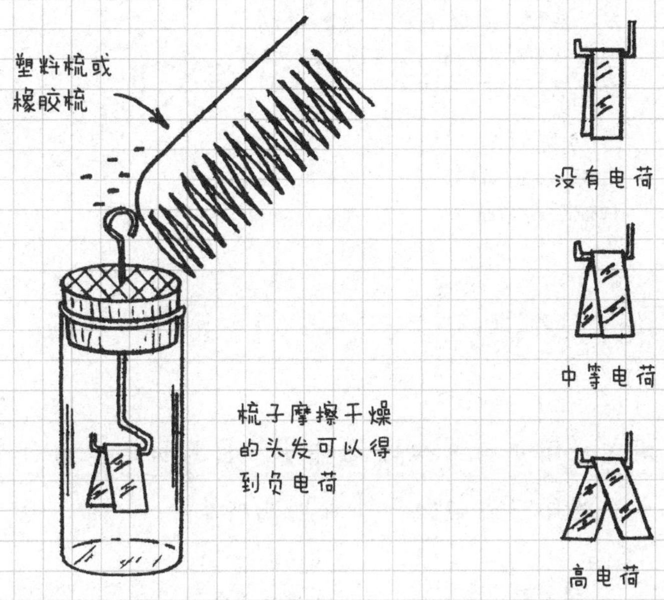
塑料梳或
橡胶梳
没有电荷
中等电荷
梳子摩擦干燥
的头发可以得
到负电荷
高电荷

为获得最佳的实验结果，验电器的箔片应该保持平整，用锋利的剪刀剪下箔片磨损的边缘。当带电物体与箔片接触而箔片不能分开时，请检查箔片是否粘在一起。当空气干燥时效果最好。辐射会使空气发生电离，导致箔片折叠。

4.2.1 电子验电器

正常情况下LED灯会发光。用塑料梳子或笔摩擦干燥头发，当梳子和笔靠近电极时，LED灯会熄灭。

Q1-使用2N3819或相似的N沟道场效应晶体管

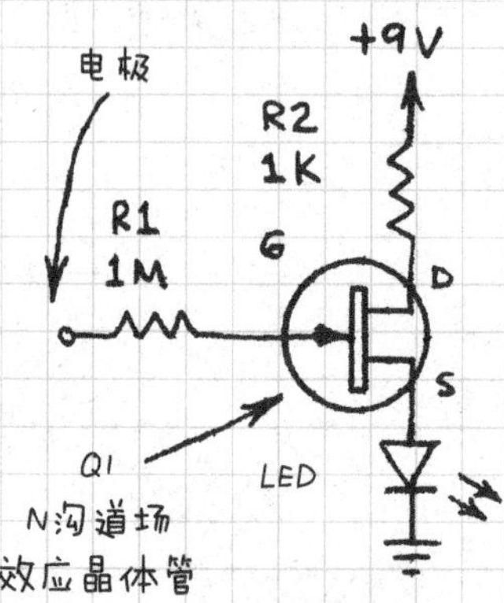

+9V
电极
R2
1K
R1
1M
G
D
S
Q1
N沟道场效应晶体管
LED

4.3 电流计

电流计用于测量电流的流量。最简单的电流计是通过在一个指南针上缠绕一个线圈制成的：

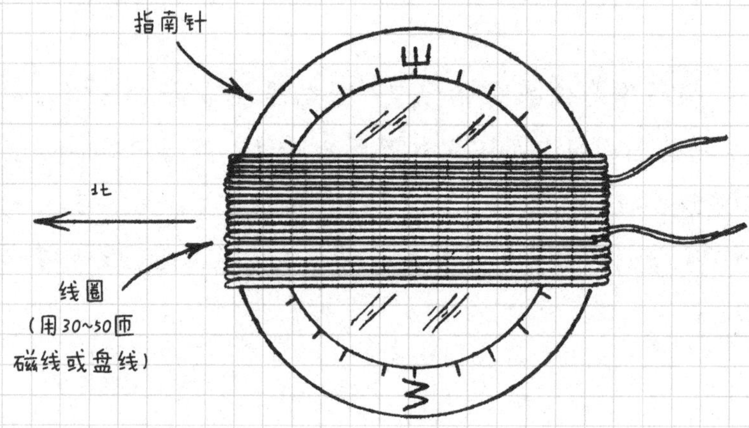

指南针
北
线圈
(用30~50匝
磁线或盘线)

用胶带或热熔胶将线圈固定到位。电流计放置在平坦的表面上。首先将线圈和指南针对齐指向北，然后将线圈的引线接出到与 1.5V 电池的末端接触。此时指南针的指针会立即摆动到东西方向。

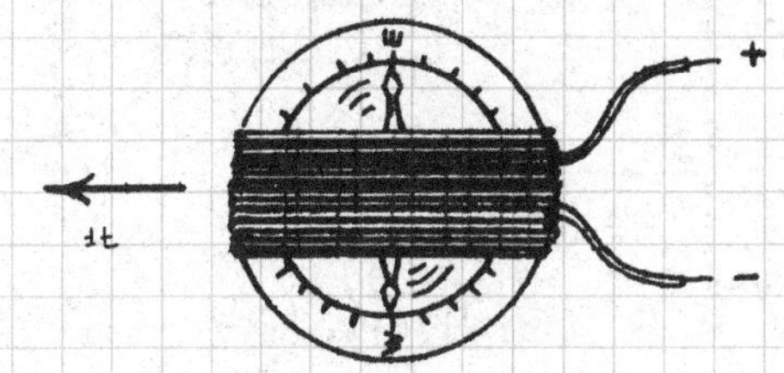
+
−
北
反转电池的极性会使指针摆动。短暂使用，以防止过多的电流损失。

你可以使用指南针和外部线圈制作电流计。

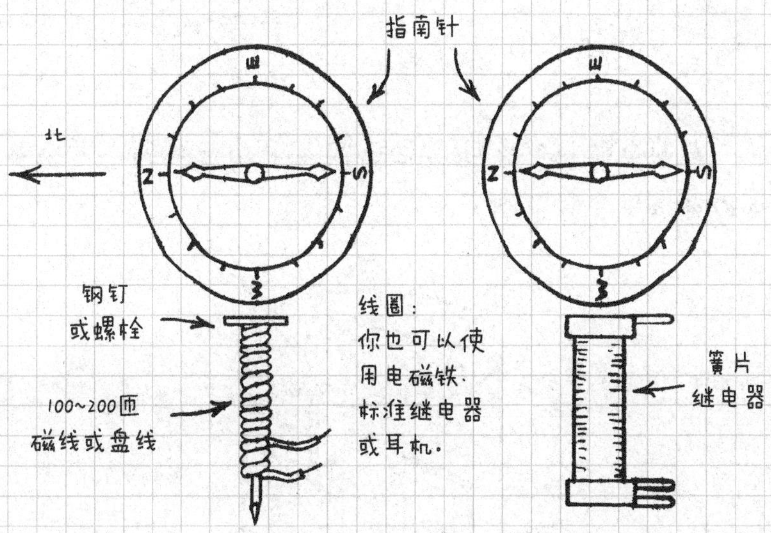
指南针
北
钢钉
或螺栓
100~200匝
磁线或盘线
线圈：
你也可以使用电磁铁、标准继电器或耳机。
簧片
继电器

下面的电路将脉冲施加在电流计线圈上，使指南针表盘像钟摆一样水平摆动。

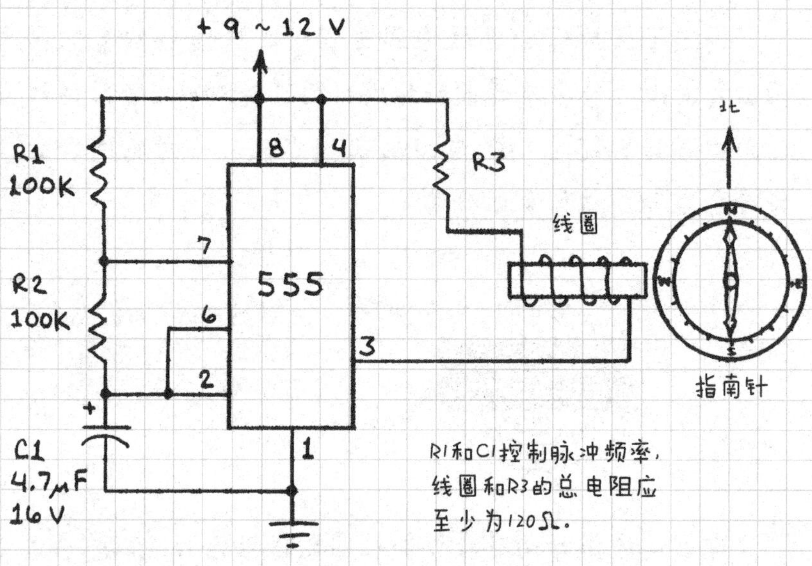
+9~12V
R1
100K
R2
100K
C1
4.7μF
16V
555
8
4
7
6
2
3
1
R3
线圈
北
指南针
R1和C1控制脉冲频率，
线圈和R3的总电阻应
至少为120Ω。

4.4 自制电池

自制电源和电池可应用于许多低功率电路。一个基本的电池包含以下要素：

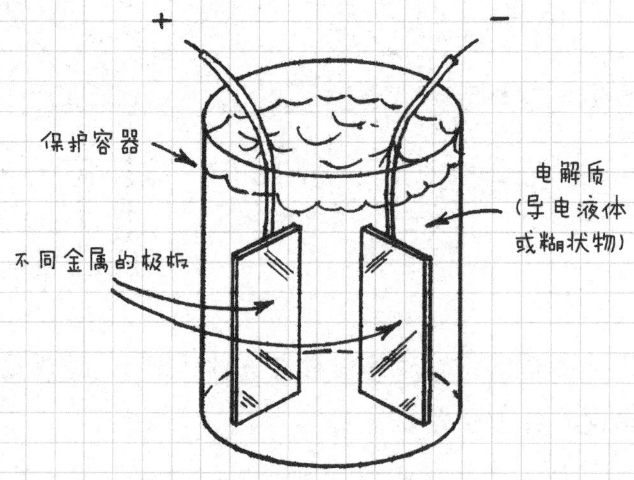
+
-
保护容器
电解质
(导电液体
或糊状物)
不同金属的极板

这里有很多制作实用电池的方法。下面是一个例子：

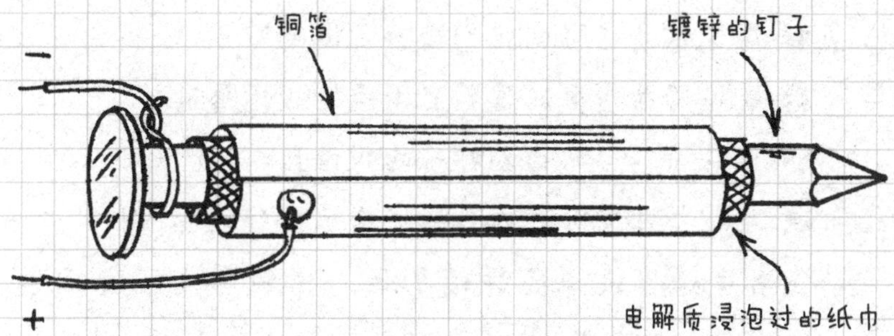
铜箔
镀锌的钉子
−
+
电解质浸泡过的纸巾

电解质可以是食盐水或溶有粉状柠檬（必须含有柠檬酸）的饮料。将纸巾浸于溶液中后让其干燥，使用时用水激活电池。当电池停止工作时，清洁电极可重新使用。

用不同金属电极和电解质制作电池测得的电压：

	电极		电解质	
			盐	酸*
1.	铜（+）	锌（−）	0.759	1.000
2.	铜（−）	银（+）	0.200	0.131
3.	铜（+）	镁（−）	1.400	1.489
4.	铜（+）	铝（−）	0.570	0.720
5.	锌（−）	银（+）	0.720	0.820
6.	锌（+）	镁（−）	0.622	0.546
7.	锌（−）	铝（+）	0.248	0.350
8.	铝（+）	镁（−）	0.778	0.820
9.	铝（−）	银（+）	0.395	0.450
10.	银（+）	镁（−）	1.242	1.231

* 在水中加入柠檬酸饮料。

在哪里可以找到电极材料：

铜-在爱好者商店或覆铜电路板上可以得到铜箔片。

锌-在五金商店可以得到镀锌金属和钉子。

铝-在爱好商店可以得到家用铝箔或铝薄片。

银-在珠宝店可以得到银币或银薄片。

镁-在化学供应公司或爱好商店可以得到镁薄片。

上表中给出的电压数值是用一个数字电压表测出的。在大多数情况下，电压数值几乎会立刻下降，在某些情况下，电压数值会在20s左右或其他时间段增加到初始值的两倍。上表中给出的数值为各种情况下的峰值。

4.5 石墨电阻

电阻对电流流动有阻碍作用。你可以通过用石墨铅笔在纸上拓印来制作一个电阻。

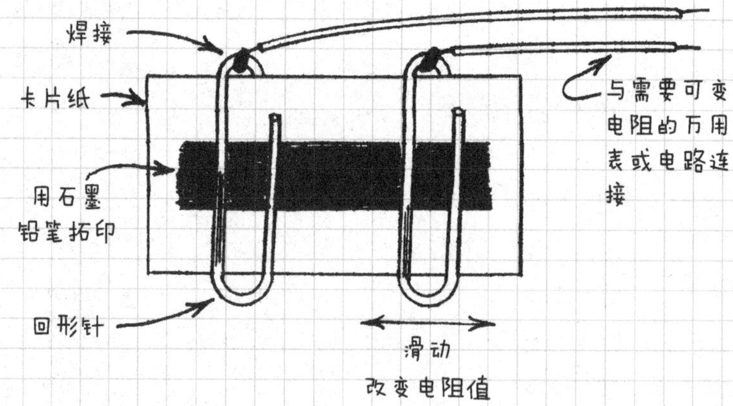
焊接
卡片纸
用石墨
铅笔拓印
回形针
与需要可变
电阻的万用
表或电路连
接
滑动
改变电阻值

4.6 液体电阻

这里介绍如何用导电液体（电解质）制作电阻.

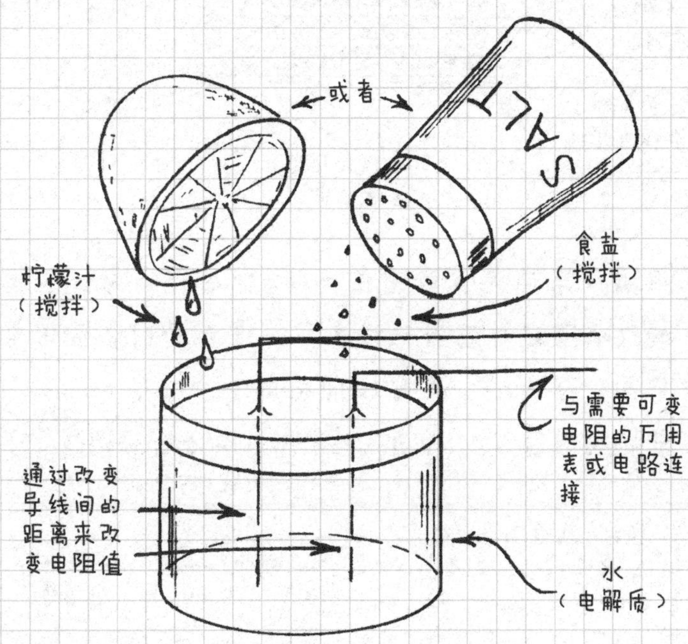
或者
SALT
食盐
（搅拌）
柠檬汁
（搅拌）
与需要可变
电阻的万用
表或电路连
接
通过改变
导线间的
距离来改
变电阻值
水
（电解质）

4.7 超级电容

超级电容可以存储比普通电容更多的能量. 这里是制作它的方法:

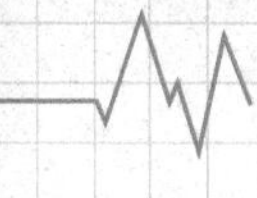

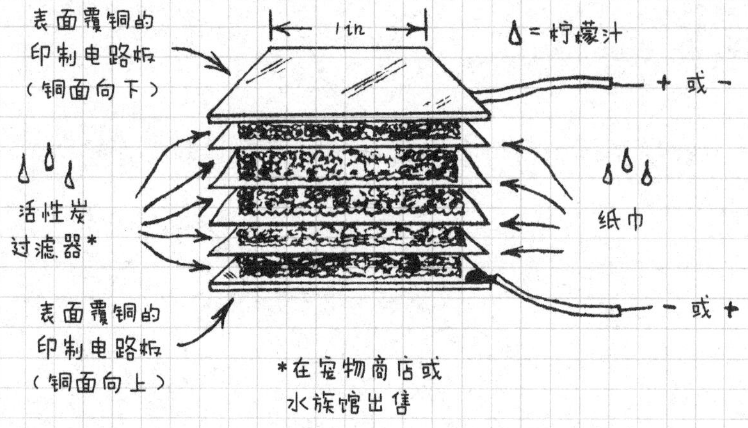

1in
表面覆铜的
印制电路板
(铜面向下)
= 柠檬汁
+ 或 -
活性炭
过滤器*
纸巾
表面覆铜的
印制电路板
(铜面向上)
- 或 +
*在宠物商店或
水族馆出售

用橡皮筋将电容束缚在一起，然后用柠檬汁(电解质)浸透活性炭过滤器和纸巾层。增大面积会获得更大的电容值。增加纸巾层可以增加电压(每层1.2V)。每层不要施加超过1.2V的电压，否则电解质会分解。

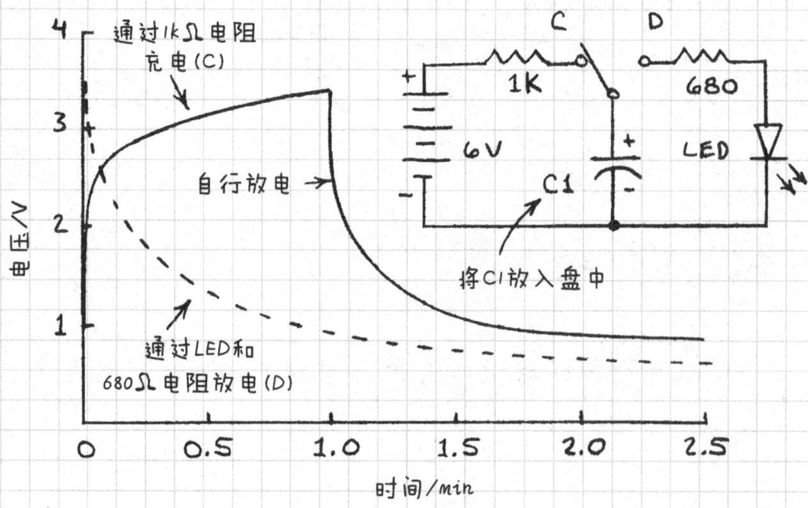

通过1kΩ电阻
充电(C)
自行放电
通过LED和
680Ω电阻放电(D)
电压/V
4
3
2
1
0
0.5
1.0
1.5
2.0
2.5
时间/min
C
D
1K
680
6V
LED
C1
将C1放入盘中

4.8 热电偶

热电偶是通过在两根金属线之间连接一根不同材料的金属导线制成的。如果两根线中的一个比另一个温度高，那么热电偶将产生一个小电压。一些金属和合金在热电偶中的工作效果比其他金属和合金好得多。你可以用一个回形针和一些铜线制作一个简单的热电偶：

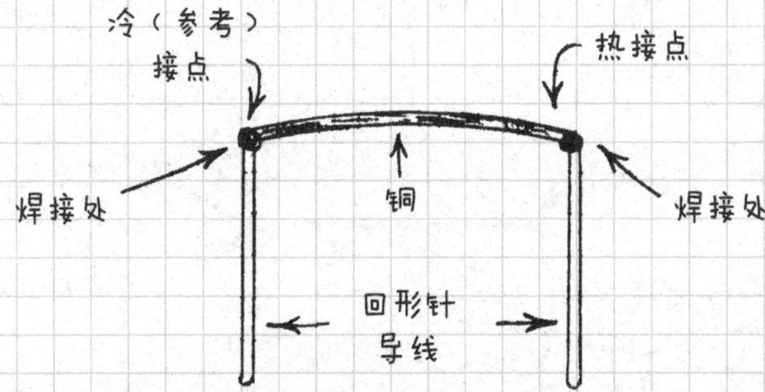
冷（参考）
接点
热接点
焊接处
铜
焊接处
回形针
导线

将这个简单的热电偶连接到数字万用表。当用火柴给热接点加热时，它会产生达1mV的电压。

热电堆是一连串的热电偶，可以比单个热电偶产生更多的电压：

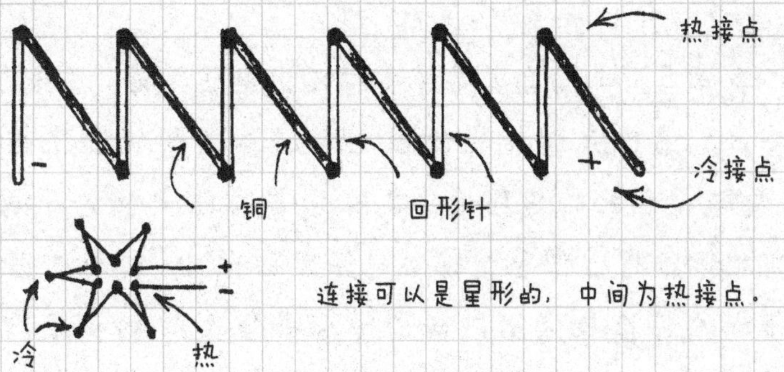
热接点
-
+
冷接点
铜
回形针
+
-
冷
热
连接可以是星形的，中间为热接点。

4.8.1 热电偶放大器

热电偶放大器可以放大由热电偶产生的微小电压。

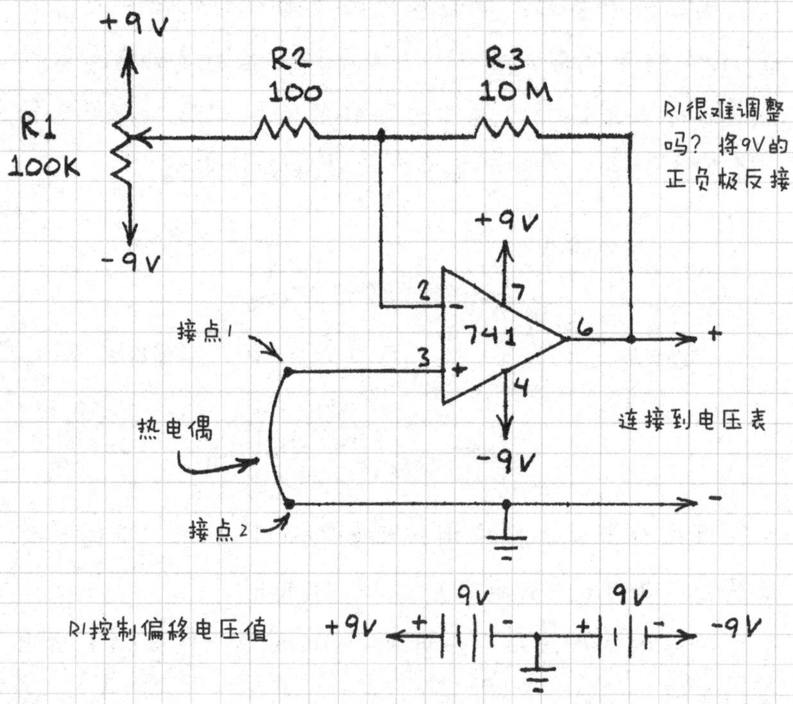
+9V
R2
100
R3
10M
R1
100K
R1很难调整吗？将9V的正负极反接
-9V
+9V
2
7
741
6
+
接点1
3
4
热电偶
连接到电压表
-9V
-
接点2
9V
9V
R1控制偏移电压值
+9V
-9V

当接点1比接点2温度高时输出电压下降，当接点2比接点1温度高时输出电压上升。为了最好的工作效果，首先使用模拟电压表，将R1设置为几十分之一伏特的输出。这将让你看到输出电压来回摆动，输出电压取决于哪个接点是温的。当你学会调整R1（耐心等待）

后，你可以使用数字电压表。注意，通过加热其中一个连接点引起的上升或下降电压会突然停止并开始向相反的方向移动。当热传导到冷接点时，就会发生这种情况。

4.9 小型直流电动机电路

使用这些简单的电路来控制小型低功率直流电动机的旋转速度和方向。

4.9.1 电动机换向器

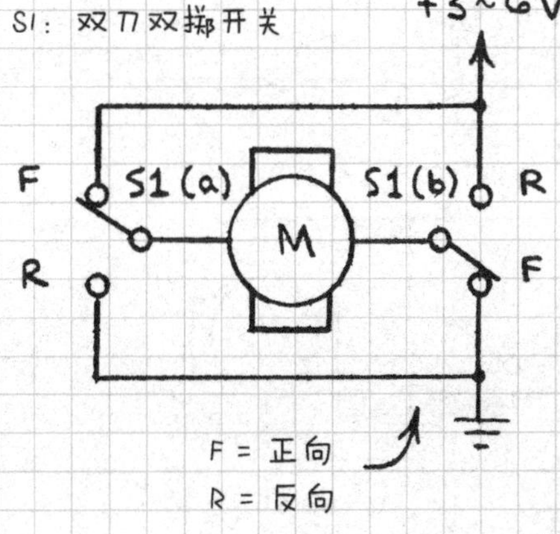
S1：双刀双掷开关
+3~6V
F
S1(a)
S1(b)
R
M
R
F
F = 正向
R = 反向

这些电路通过手动或逻辑信号控制电动机的旋转方向。

重要提醒：
电动机功率不能超过MOSFET的额定功率

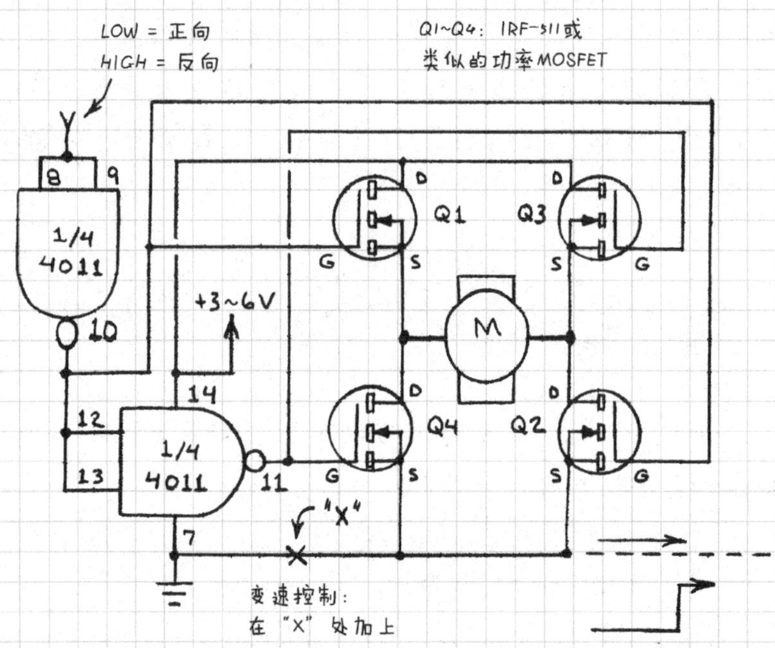
LOW = 正向
HIGH = 反向
Q1~Q4：IRF-511或
类似的功率MOSFET
8
9
1/4
4011
10
+3~6V
14
12
13
1/4
4011
11
7
"X"
D
Q1
D
Q3
G
S
S
G
M
D
Q4
D
Q2
G
S
S
G
变速控制：
在"X"处加上

4.9.2 电动机速度控制器

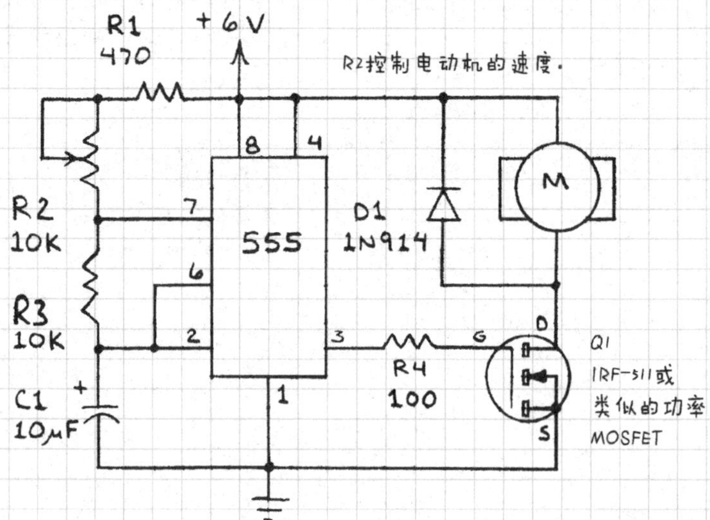
R1
470
+6V
R2控制电动机的速度.
8
4
R2
10K
7
555
D1
1N914
M
6
R3
10K
2
3
R4
100
G
D
Q1
IRF-511或
类似的功率
MOSFET
C1
10μF
1
S

555 和 Q1 向电动机输送脉冲流，增加脉冲频率会提高转动速度。D1 保护 555 免受电动机产生的电压尖峰的影响。

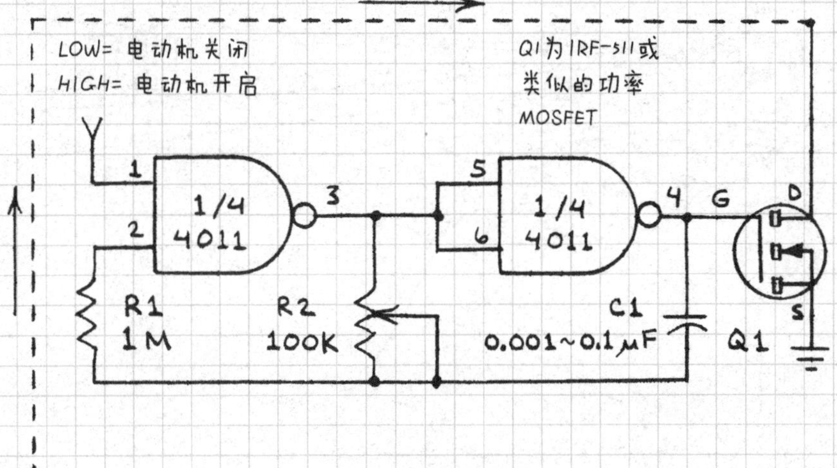
LOW= 电动机关闭
HIGH= 电动机开启
Q1为IRF-511或
类似的功率
MOSFET
1
2
1/4
4011
3
5
6
1/4
4011
4
G
D
S
R1
1M
R2
100K
C1
0.001~0.1μF
Q1

该电路使用上一页上的 4011 门电路实现对电动机进行变速和方向控制。R2 控制电动机的速度，如果电动机无法转动，请重新调整 R2。

4.10 反平方律

当声波离开声源后，声波会向外传播，电磁波如光波和无线电波也是如此。波在传播时强度与波源距离的平方成反比。换句话说，如果距离是 3，那么强度是距离为 1 时的 1/9。

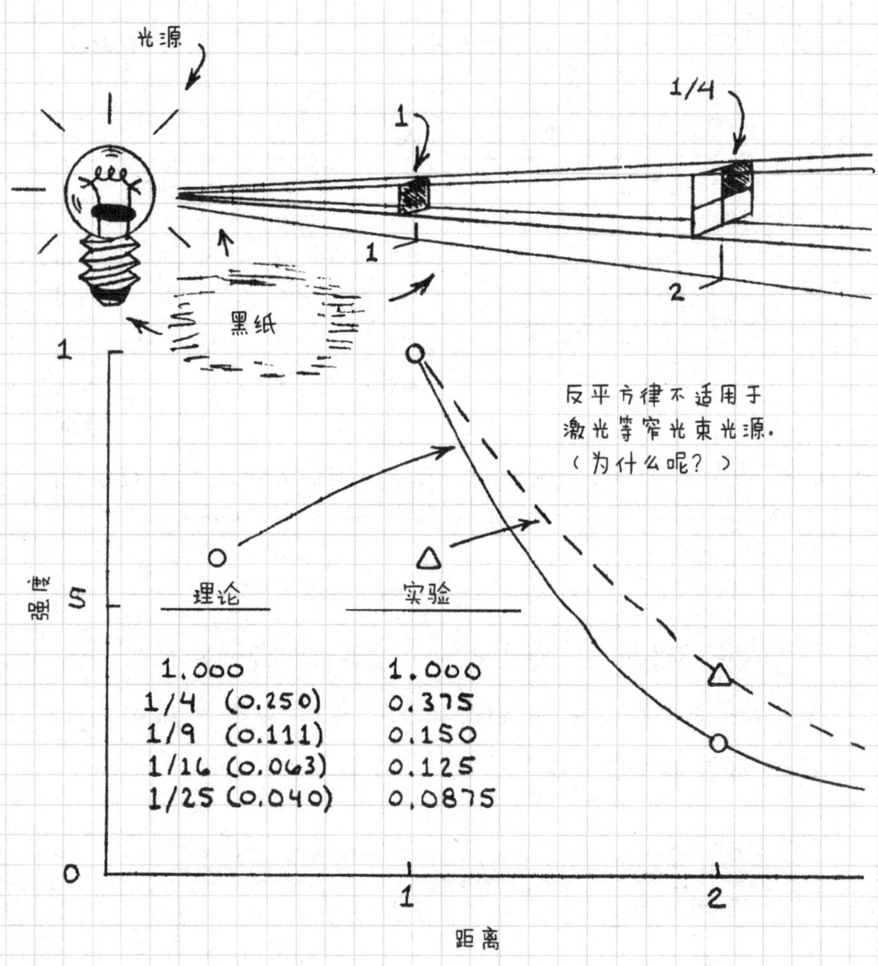

光源
1
1/4
1
2
黑纸
1
5
0
强度
理论
实验
反平方律不适用于
激光等窄光束光源.
（为什么呢？）
1.000
1/4 (0.250)
1/9 (0.111)
1/16 (0.063)
1/25 (0.040)
1.000
0.375
0.150
0.125
0.0875
1
2
距离

你可以借助硅太阳电池和一个用于测量电流的标准万用表来验证反平方律.

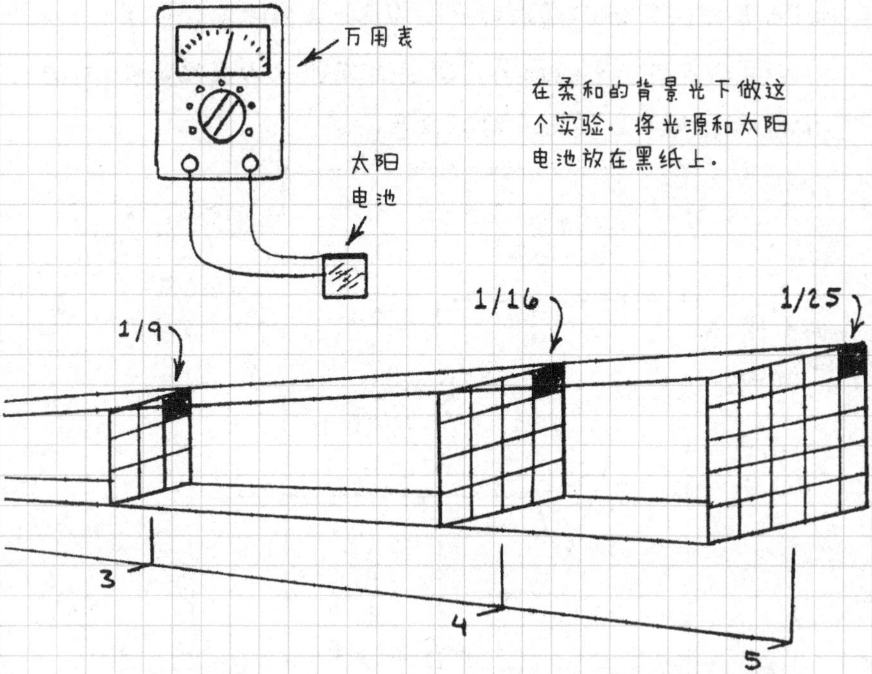

万用表

太阳电池

在柔和的背景光下做这个实验。将光源和太阳电池放在黑纸上。

1/9　1/16　1/25

3　4　5

为什么实验曲线与理论曲线有所不同呢？反平方律假定光源在所有方向上均匀发射。真正的光源不一定满足这个假设。为获得最佳效果，光源与第一个测量点的距离应至少为光源尺寸的10~20倍。

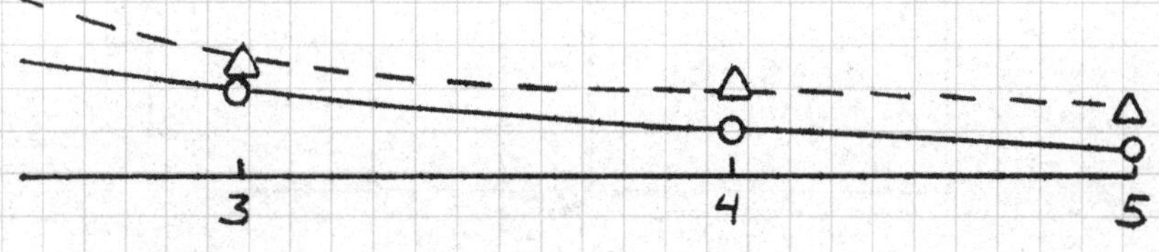
3
4
5

4.11 光监听器

人眼的视觉持续时间约为0.02s，而人耳的听觉持续时间要比约50Hz闪烁的灯光快得多，其能响应频率高达约2000Hz的声音。光监听器将眼睛无法辨认的光线的脉动和闪烁转化为耳朵可以听到的声音。

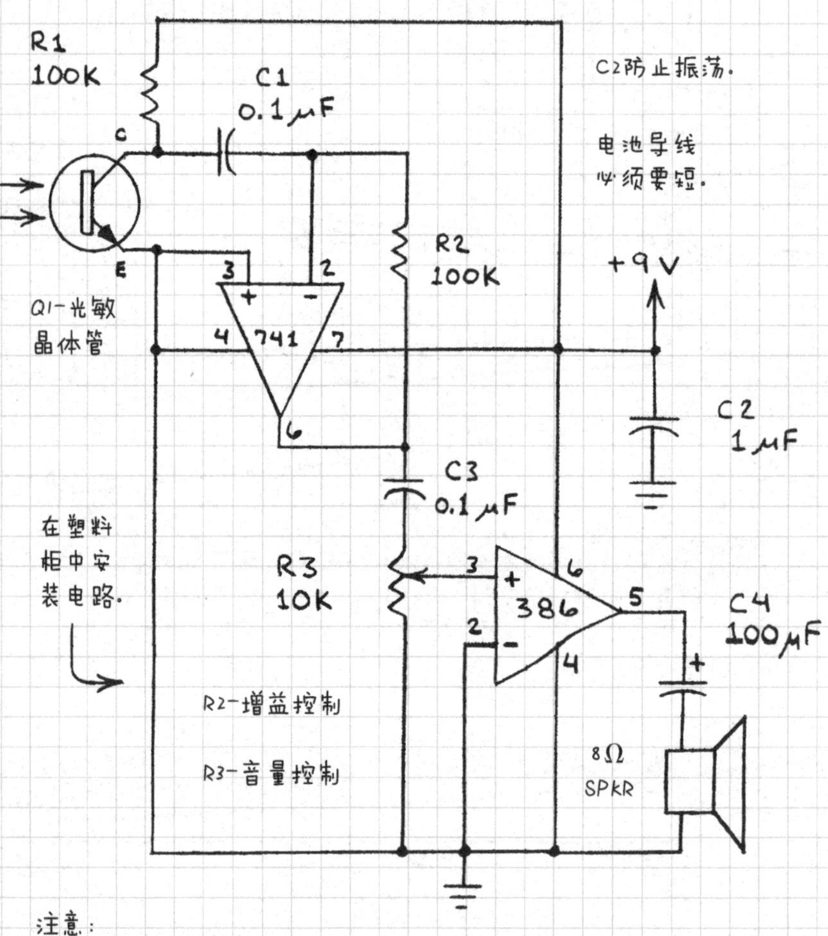
R1
100K
C1
0.1μF
C
E
Q1－光敏
晶体管
3
2
741
4
7
6
R2
100K
C2防止振荡。
电池导线
必须要短。
+9V
C2
1μF
C3
0.1μF
在塑料
柜中安
装电路。
R3
10K
3
2
386
6
5
4
C4
100μF
R2－增益控制
R3－音量控制
8Ω
SPKR

注意：
这个电路能发出很响的声音，你的耳朵不要靠近扬声器！

通过将Q1指向人造光源来测试光监听器。一个由电路供电的白炽灯会产生哼哼声。一盏荧光灯会产生一个响亮的嗡嗡声。红外电视遥控器会产生一个脉冲音。相机闪光灯会产生一个爆音。

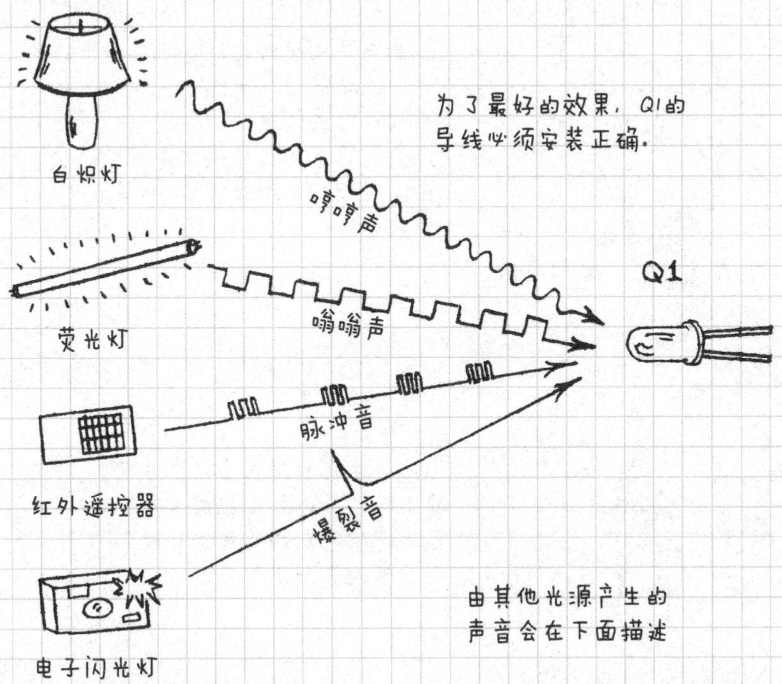
白炽灯
为了最好的效果，Q1的
导线必须安装正确。
哼哼声
Q1
荧光灯
嗡嗡声
脉冲音
红外遥控器
爆裂音
由其他光源产生的
声音会在下面描述
电子闪光灯

光敏晶体管Q1可以用一个太阳电池代替。电池的正极（+）与C1相连，负极（-）接地，去掉R1。

"即时"光监听器——连接太阳电池到电池供电的音频放大器的麦克风输入。

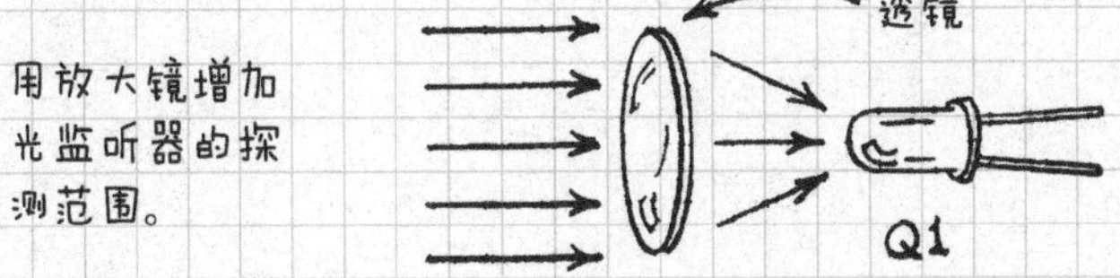
透镜
用放大镜增加
光监听器的探
测范围。
Q1

4.11.1 监听自然光

你
光监听器

闪电会产生尖锐的咔嗒声和爆音。晚上效果最好，系统会检测到一些白天错过的闪电。
注意：在室内或车内探测闪电！站在闪电和雷之间秒数的1080倍英尺距离外。

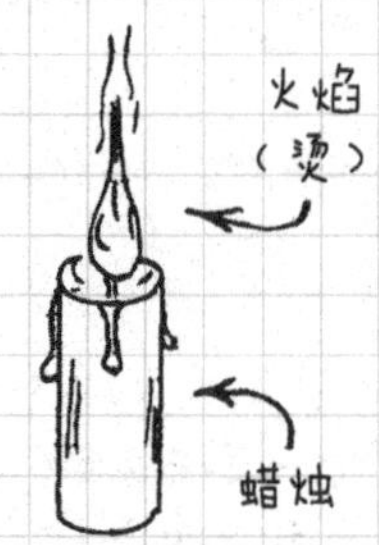
火焰
（烫）
蜡烛

火焰产生许多种声音。当空气静止时，会听到柔和的冲击声。当火焰被移动的空气扰动时，听到噼啪声和爆裂声。

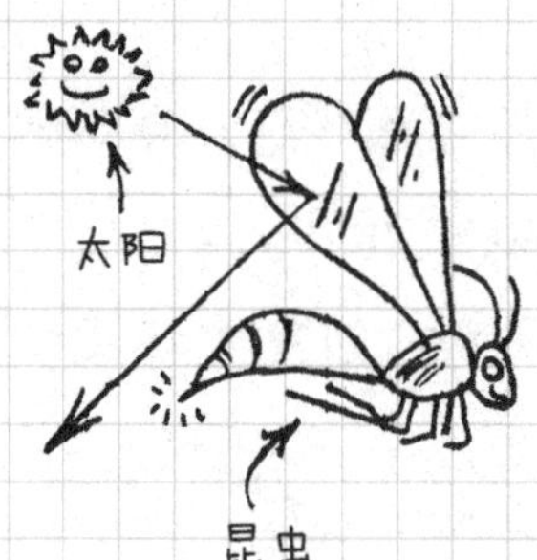
太阳
昆虫

将光监听器的探测器指向在阳光下飞行的昆虫。当它们的翅膀向探测器反射光线时，就会听到嗡嗡声或哼哼声。黄昏时，附近的萤火虫会为每一次闪光发出柔和的声音。

太阳

在阳光明媚的日子走向户外，透过叶子的光线产生各种声音，从窗户反射的阳光也是如此。阳光穿过栅栏产生爆裂声。

4.11.2 监听人造光

光束

用手电筒的光束扫过光监听器的探测器。轻缓扫过时产生柔和的嗖嗖声。快速扫过时会产生爆声。用铅笔轻敲手电筒，当灯丝振动时会听到铃声。

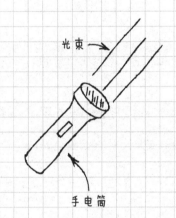

手电筒

汽车、卡车和摩托车在崎岖的道路上行驶时，前灯会产生独特的铃声。

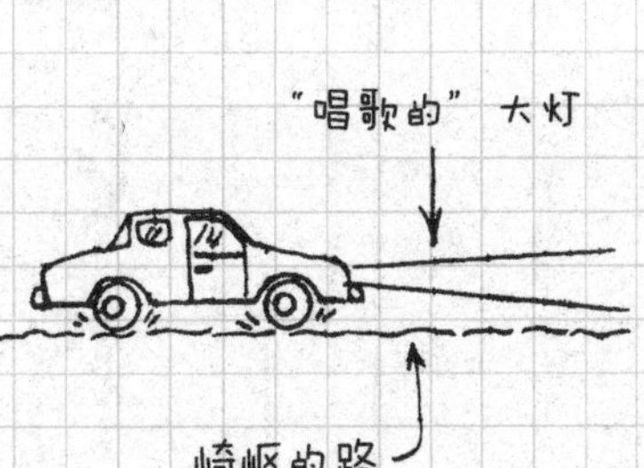
“唱歌的”大灯
崎岖的路

电子显示屏通常由快速的电流脉冲供电。由于眼睛的缓慢响应，闪光合并为连续的光线。但是这些闪光会被光监听器听到，听起来像是轻微的蜂鸣声或嗡嗡声。

电视机和计算机的显示器的显示图像是通过控制电子束轰击磷光涂层形成的。光监听器将脉动的荧光转变为嗡嗡声。

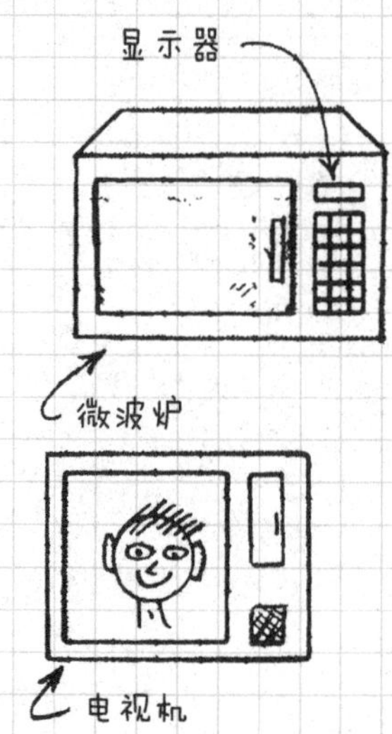
显示器
微波炉
电视机

4.12 监测阳光

通过监测阳光可以了解地球的大气层。

4.12.1 太阳光谱

某些气体吸收特定波长的阳光

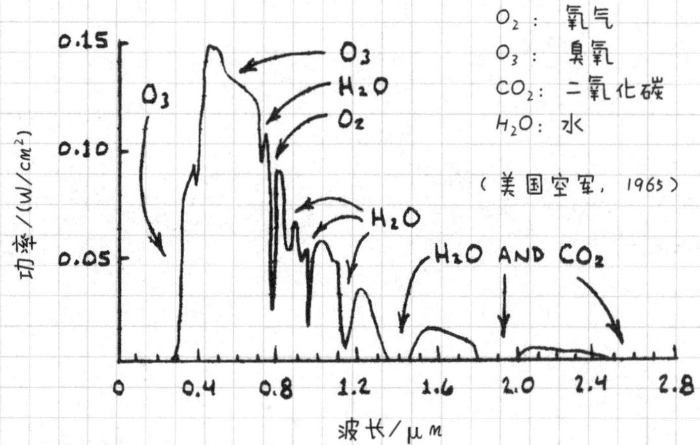
O_2：氧气
O_3：臭氧
CO_2：二氧化碳
H_2O：水
（美国空军，1965）
0.15
0.10
0.05
功率/（W/cm²）
O_3
O_3
H_2O
O_2
H_2O
H_2O AND CO_2
0
0.4
0.8
1.2
1.6
2.0
2.4
2.8
波长/μm

4.12.2 太阳日

地球表面的太阳能受到大气（云、尘埃、烟雾等）和太阳的角度（一天中的时间和季节）的影响。下面是得克萨斯州中部的一个夏季晴朗日子里的太阳能量变化图：

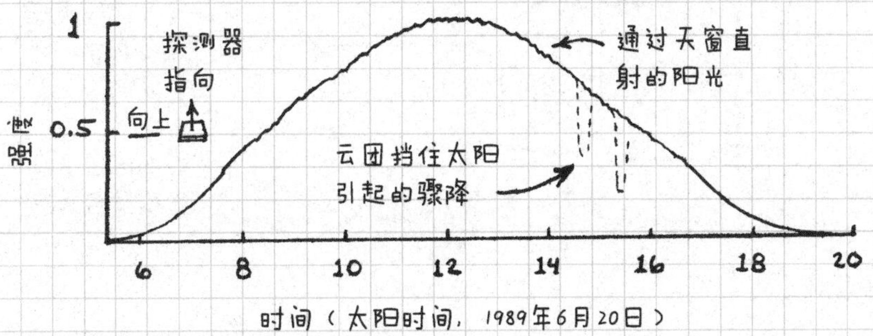
1
0.5
强度
探测器
指向
向上
通过天窗直
射的阳光
云团挡住太阳
引起的骤降
6
8
10
12
14
16
18
20
时间（太阳时间，1989年6月20日）

4.12.3 简易的太阳能电表

你可以用太阳电池和设置为读取电流的万用表制作一个太阳能电表。太阳电池的电流将代表日照强度在太阳电池上引起的光谱响应。使用数字万用表进行精确读数。

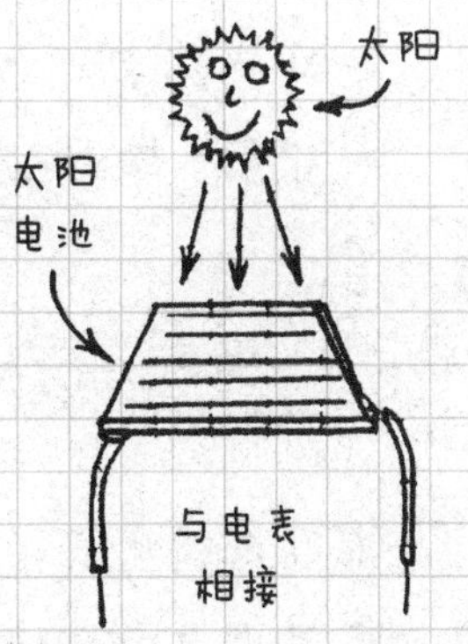
太阳
太阳
电池
与电表
相接

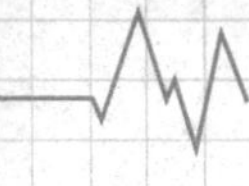

4.12.4 太阳能电表运算放大器

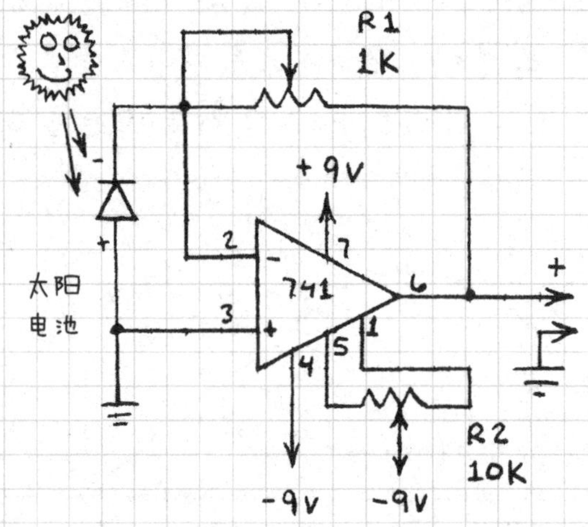
R1
1K
+9V
2
7
741
6
3
1
5
4
+
太阳
电池
R2
10K
-9V
-9V

在晴天中午设置R1使输出电压由2V放大到5V。

与设置为读取电压的万用表相连。

当太阳电池被遮住时设置R2使读数为0V。

4.12.5 监测太阳实验

1. 记录一天内每半小时的太阳光照，绘制你的测量图。
2. 研究不同云层对太阳光的影响。
3. 研究烟雾对太阳光的影响。
4. 记录一年内每天中午的太阳光照，绘制你的测量图。

4.13 电磁探头

振荡电路或开关电流会产生电磁场。这个电路将脉动或振荡的电磁场转变成声音。

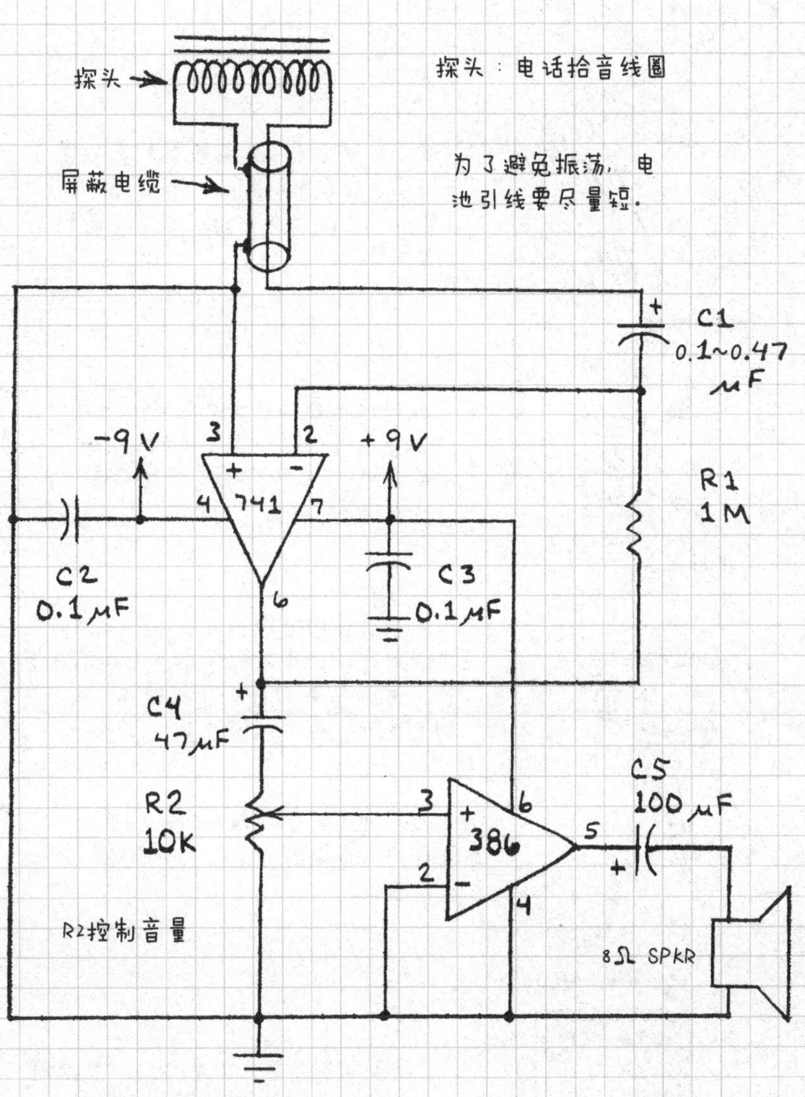
探头
屏蔽电缆
探头：电话拾音线圈
为了避免振荡，电池引线要尽量短。
C1
0.1~0.47
μF
R1
1M
-9V
+9V
3
2
+
-
4
741
7
6
C2
0.1μF
C3
0.1μF
C4
47μF
R2
10K
R2控制音量
3
+
6
386
5
2
-
4
C5
100μF
+
8Ω SPKR

注意：这个电路会发出很大的声音。不要把耳机或扬声器放在耳边！

4.13.1 使用探头

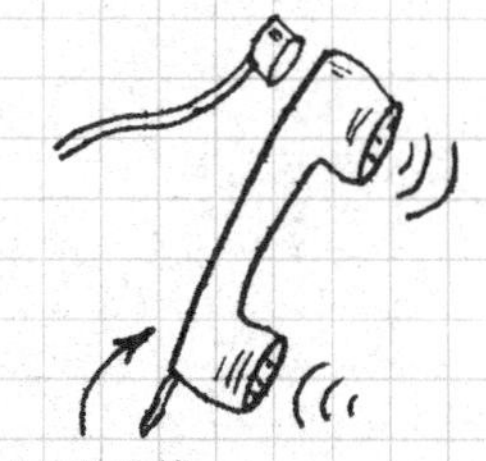

电话听筒

通过在电话听筒的接收器附近放置拾音线圈来测试探头。当电话听筒处于“挂起状态”时，你应该听到拨号音。

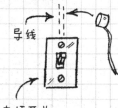

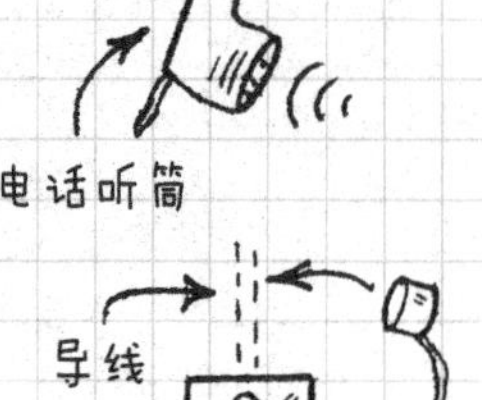

导线

电灯开关

使用探头寻找载有交流电的电线，当电流流动时，你可以找到墙内的导线。打开开关，听到“砰”的一声。

磁铁

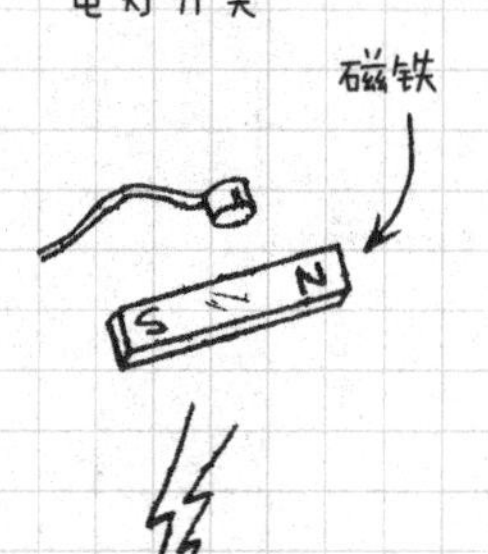
S
N

对着拾音线圈摩擦磁铁，你会听到哗哗的声音。如果放大器发出尖锐的声音，减小音量（R2）。通过减小R1的阻值也可以减小741的增益。

附近的闪电会产生噼啪声和爆裂声，直流电动机电刷的火花会产生嗡嗡声或呜咽声。

10 PRINT "HI"
20 GOTO 10
RUN
HI
TANDY

许多电子设备产生电磁场，尝试用拾音线圈靠近计算机、收音机、电视机、荧光灯、无线电遥控发射器和红外遥控器。

4.14 风速指示器

一个小型直流电动机在其电枢旋转时会产生一个电压，根据这个原理可以用来制作一个简易的风速指示器。制造这种指示器最困难的方面是将空气收集杯安装到电动机的轴上，最好的方法是将杯架焊接到轴上。这里有一种可以将空气收集杯连接到电动机上以临时使用的方法：

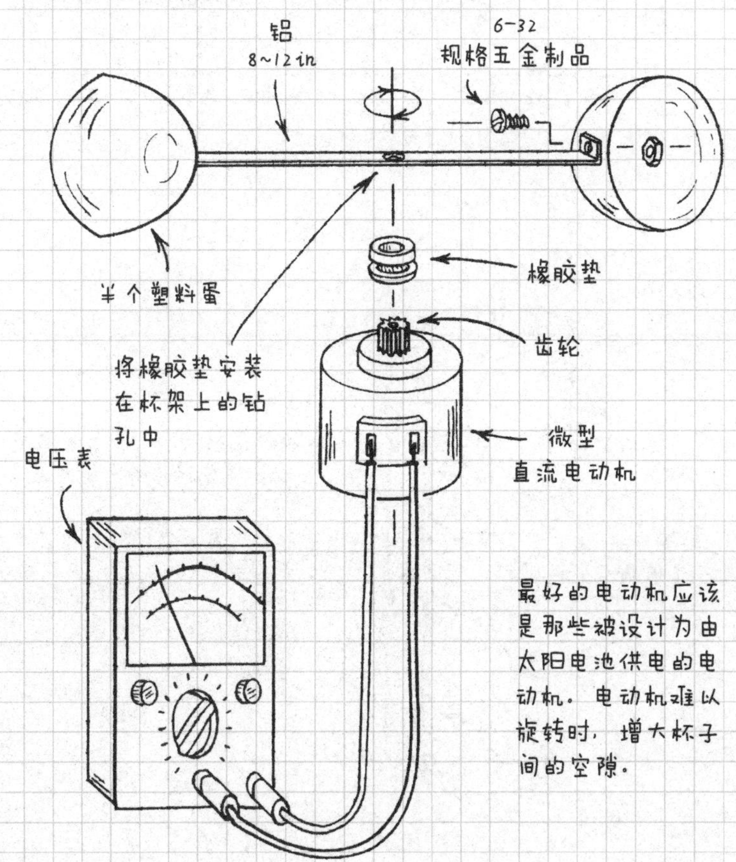
铝
8~12 in
6-32
规格五金制品
半个塑料蛋
橡胶垫
齿轮
将橡胶垫安装
在杯架上的钻
孔中
微型
直流电动机
电压表

最好的电动机应该是那些被设计为由太阳电池供电的电动机。电动机难以旋转时，增大杯子间的空隙。

用商用风速表校准风速指示器，或者让朋友开车载你到乡间道路，将桅杆装置从乘客侧窗伸出，以不同速度记录电动机电压，并绘制一个像下图的校准图。

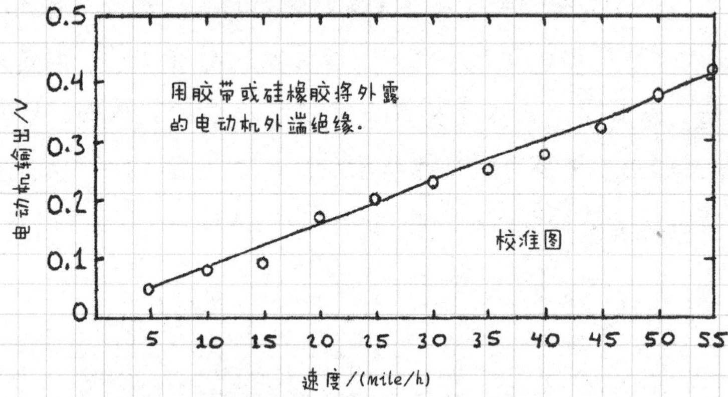
用胶带或硅橡胶将外露
的电动机外端绝缘。
校准图
电动机输出/V
速度/(mile/h)
0.5
0.4
0.3
0.2
0.1
0
5 10 15 20 25 30 35 40 45 50 55

4.14.1 桅杆安装

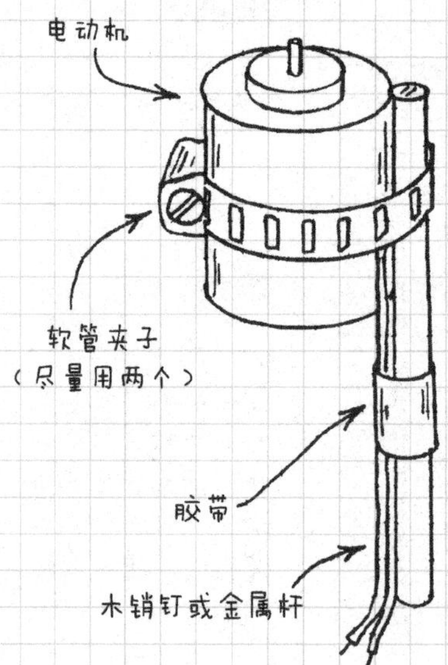
电动机
软管夹子
（尽量用两个）
胶带
木销钉或金属杆

注意：

1. 当杯子转动时，千万不要把装置放在眼睛的水平面上！
2. 不要在靠近电源线的位置安装设备！
3. 从移动的汽车上校准设备时要格外小心！

4.15 雨水传感器

雨水是导电的，这意味着可以用两个相距很近的电极制作一个简易的雨水探测器，通过增加电极的面积来增加探测单个雨滴的概率。这里有几种制作雨水传感器的方法。

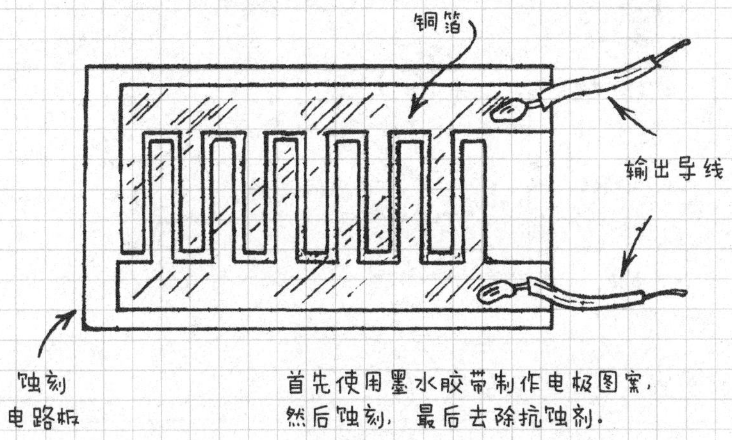
铜箔
输出导线
蚀刻
电路板
首先使用墨水胶带制作电极图案，
然后蚀刻，最后去除抗蚀剂。

注意：铜在焊接之前一定要表面光洁！

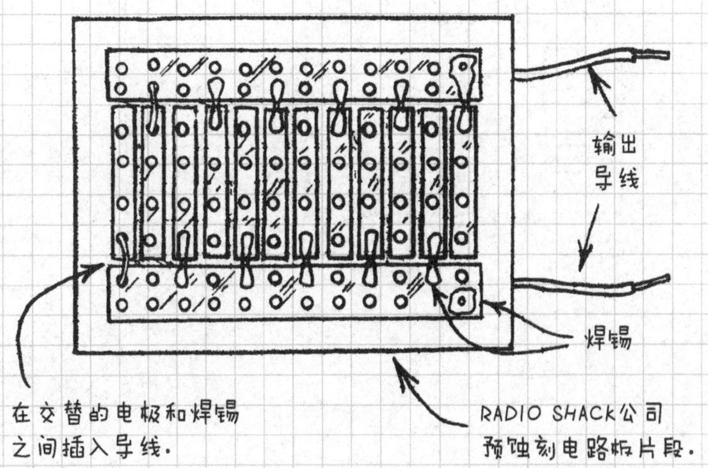
输出
导线
焊锡
在交替的电极和焊锡
之间插入导线。
RADIO SHACK公司
预蚀刻电路板片段。

4.15.1 雨激活报警器

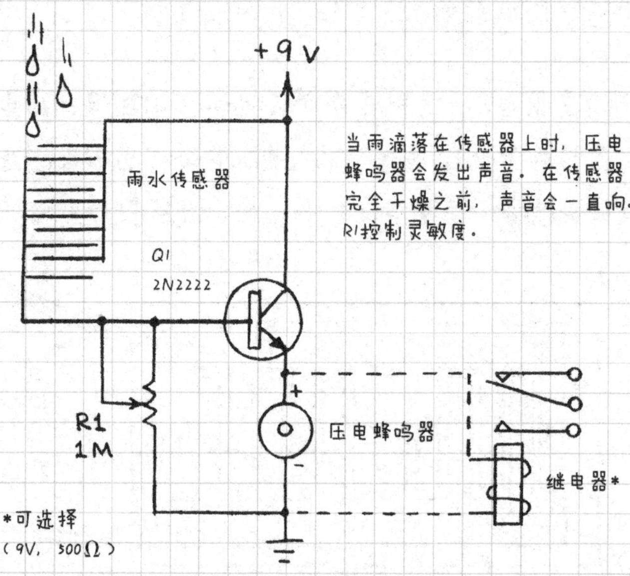
+9V
雨水传感器
当雨滴落在传感器上时，压电蜂鸣器会发出声音。在传感器完全干燥之前，声音会一直响。R1控制灵敏度。
Q1
2N2222
R1
1M
压电蜂鸣器
继电器*
*可选择
（9V，500Ω）

4.15.2 雨激活逻辑

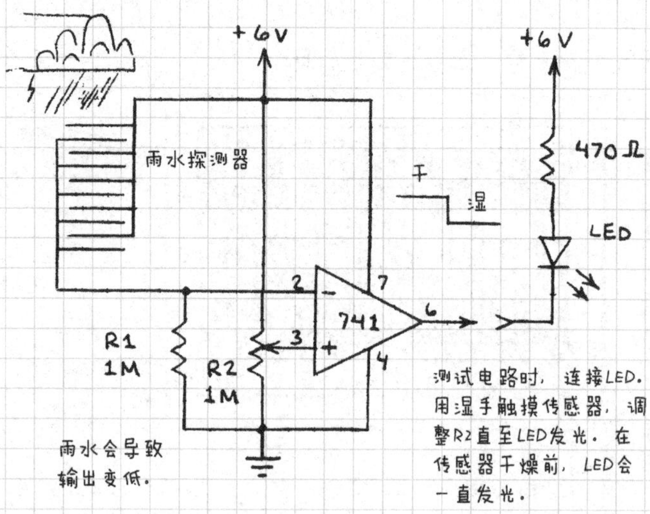
+6V
+6V
雨水探测器
470Ω
干
湿
LED
741
R1
1M
R2
1M
测试电路时，连接LED。用湿手触摸传感器，调整R2直至LED发光。在传感器干燥前，LED会一直发光。
雨水会导致输出变低。

4.16 电子温度计

热敏电阻是一种与温度相关的电阻。可以用热敏电阻来制造各种电子温度计。

4.16.1 热敏电阻电路

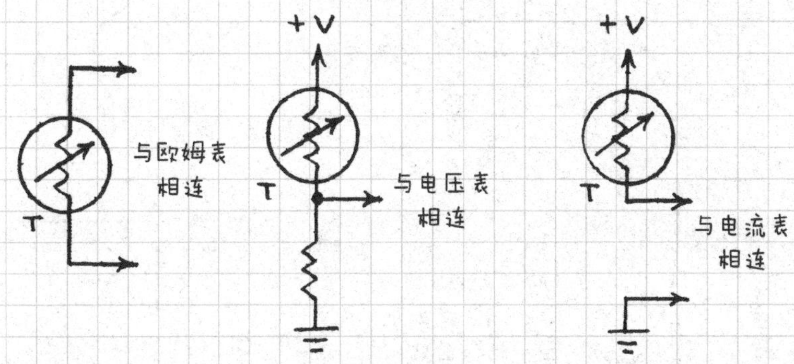
+V
+V
与欧姆表相连
T
与电压表相连
T
T
与电流表相连

4.16.2 热敏电阻放大器

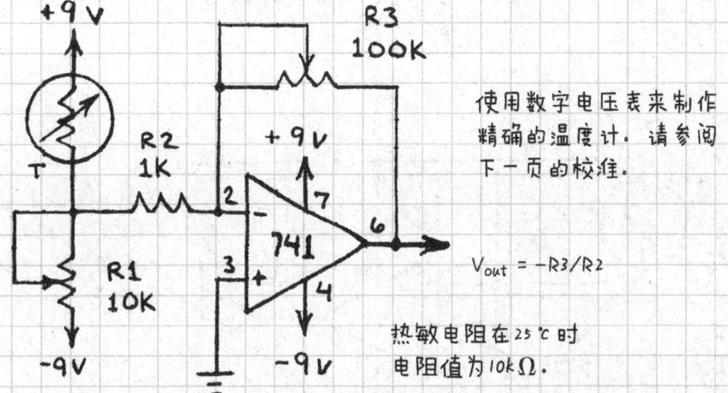
+9V
R3
100K
T
R2
1K
+9V
7
2
-
6
741
3
+
4
R1
10K
-9V
-9V
使用数字电压表来制作精确的温度计。请参阅下一页的校准。
Vout = -R3/R2
热敏电阻在25℃时电阻值为10kΩ。

增大R3的阻值来提高小温度范围内的灵敏度，降低R3的阻值会在大温度范围内降低灵敏度。R1不用调整。

4.16.3 热敏电阻的校准

用硅密封胶给热敏电阻做防水处理。将热敏电阻浸入热水中，记录下电阻、电压或电流随着水温下降引起的变化。可以通过加冰块加速冷却。

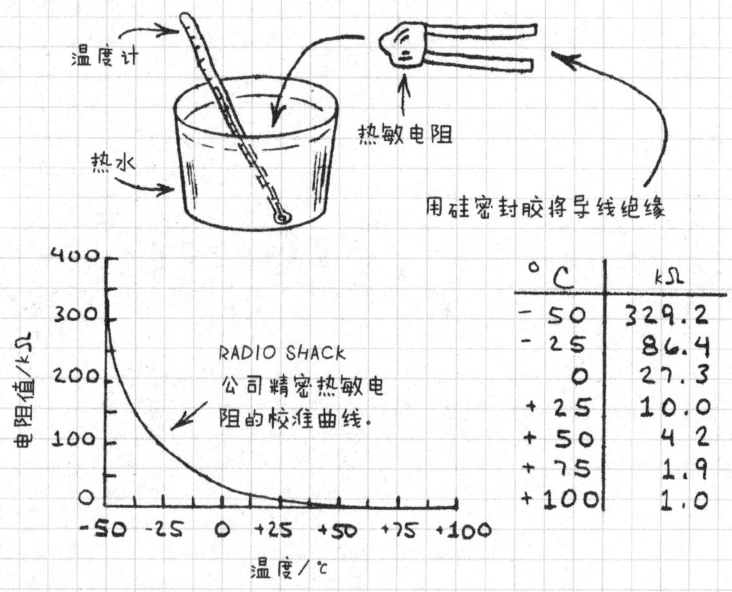
温度计
热水
热敏电阻
用硅密封胶将导线绝缘
400
300
200
100
0
电阻值/kΩ
RADIO SHACK
公司精密热敏电
阻的校准曲线。
-50 -25 0 +25 +50 +75 +100
温度/℃

°C	kΩ
-50	329.2
-25	86.4
0	27.3
+25	10.0
+50	4 2
+75	1.9
+100	1.0

4.16.4 温度开关

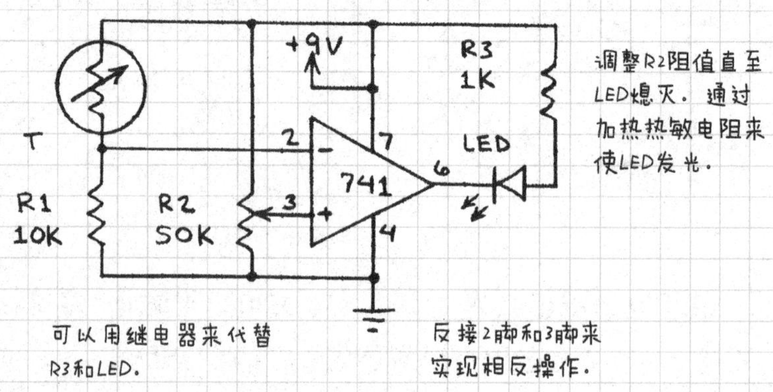
+9V
R3
1K
调整R2阻值直至
LED熄灭。通过
加热热敏电阻来
使LED发光。
T
2
7
LED
741
6
R1
10K
R2
50K
3
4
可以用继电器来代替
R3和LED。
反接2脚和3脚来
实现相反操作。

4.17 移动探测器

经过适当调整，这个简单的电路将检测物体在其视野内的移动。监测范围可达几十英尺。

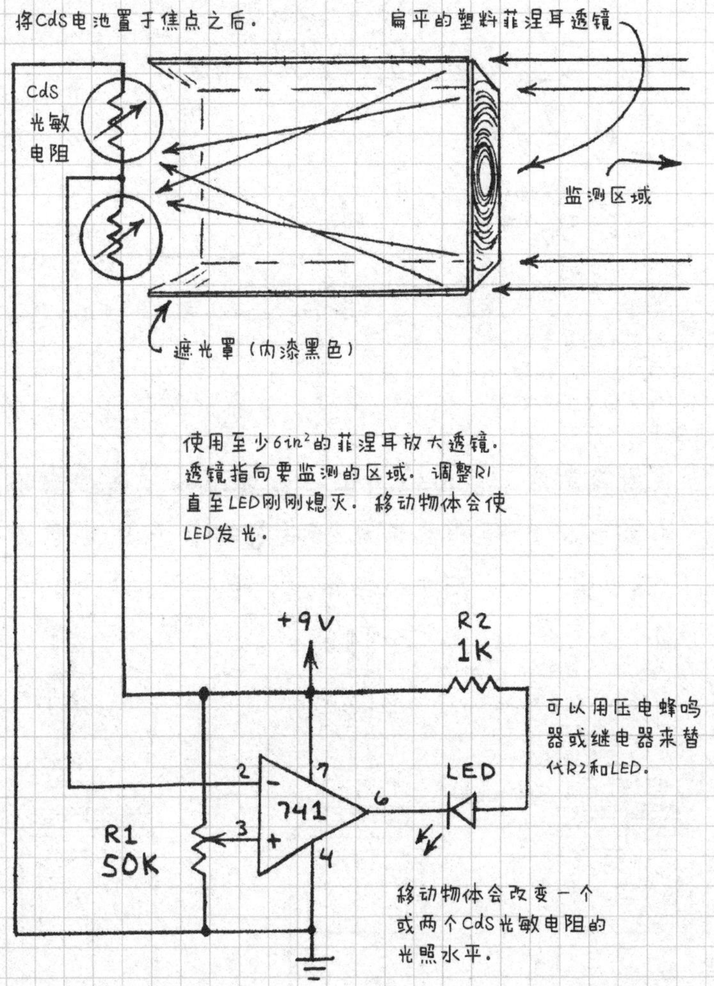
将CdS电池置于焦点之后。
扁平的塑料菲涅耳透镜
CdS
光敏
电阻
监测区域
遮光罩（内漆黑色）
使用至少6in²的菲涅耳放大透镜。透镜指向要监测的区域。调整R1直至LED刚刚熄灭。移动物体会使LED发光。
+9V
R2
1K
可以用压电蜂鸣器或继电器来替代R2和LED。
2
7
741
6
LED
3
4
R1
50K
移动物体会改变一个或两个CdS光敏电阻的光照水平。

4.18 位置探测器

使用此电路来指示落在两个相邻太阳电池上的光束的位置。

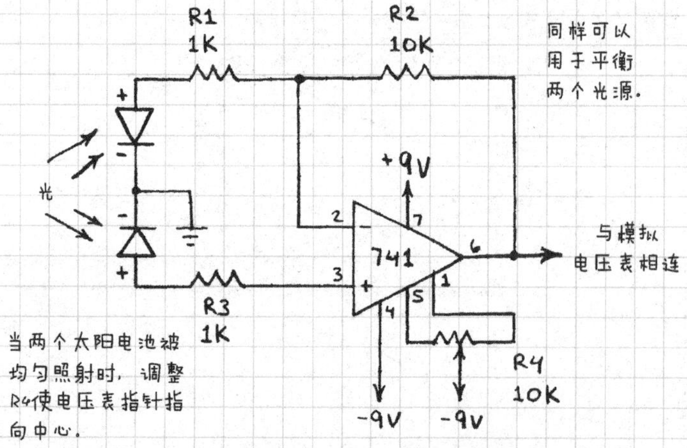
R1
1K
R2
10K
同样可以
用于平衡
两个光源。
+9V
光
2
7
741
6
与模拟
电压表相连
3
1
5
4
R3
1K
当两个太阳电池被
均匀照射时，调整
R4使电压表指针指
向中心。
R4
10K
-9V
-9V

采用超高亮 LED 进行测试。光束结构可能会影响读数。如果一个太阳电池在光照平衡时会产生更多的电压，则减少另一个太阳电池的输入电阻（R1 或 R3）。

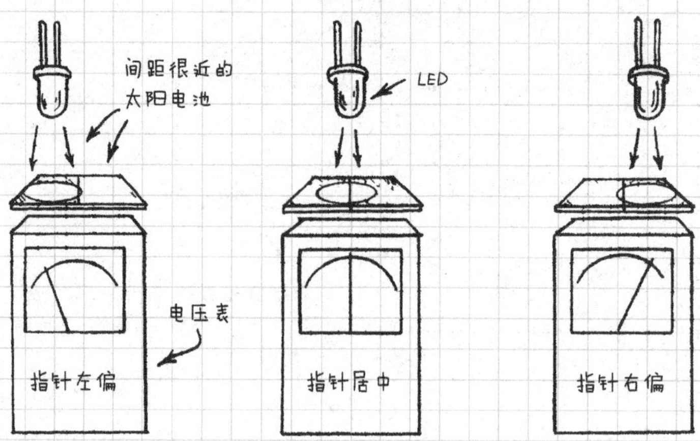
间距很近的
太阳电池
LED
电压表
指针左偏
指针居中
指针右偏

4.19 压力传感器

插入静电敏感元件引线的导电塑料泡沫，可用于制作压敏电阻。你可以使用一对这样的电阻来制造压敏电脑游戏杆。压敏电阻也可以用来制作电子秤。可以通过在压敏电阻的可动触点上接上一个捕鱼吊坠制作一个简单的加速度计。

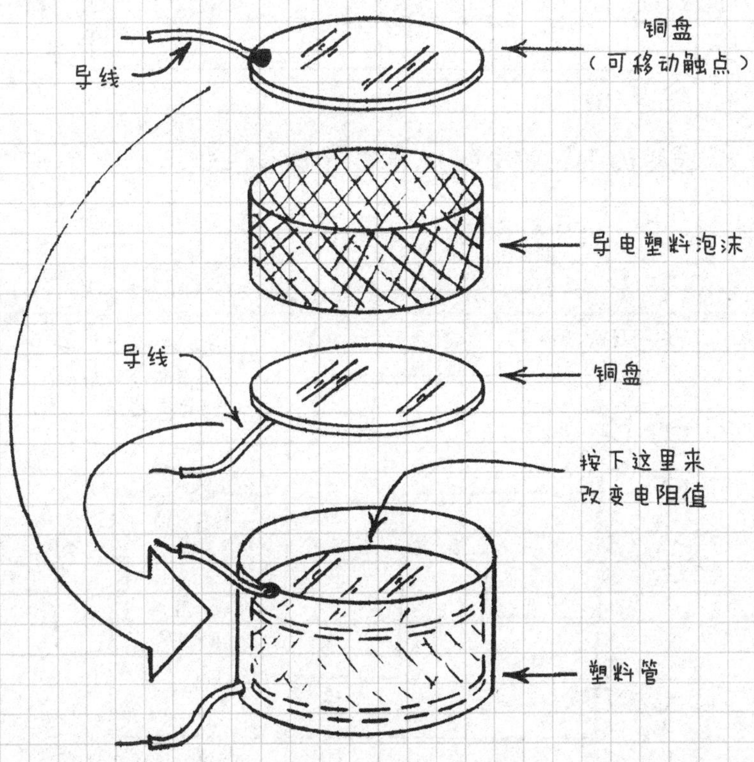
导线
铜盘
（可移动触点）
导电塑料泡沫
导线
铜盘
按下这里来
改变电阻值
塑料管

铜盘可以是铜币、铜箔或覆铜电路板。焊接前要先打磨铜。

4.19.1 压敏开关

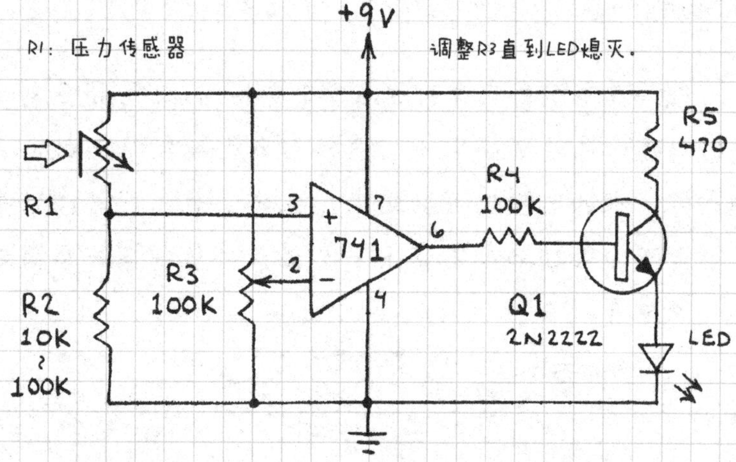
+9V
R1：压力传感器
调整R3直到LED熄灭.
R1
R2
10K
~
100K
R3
100K
3
2
7
4
6
741
R4
100K
R5
470
Q1
2N2222
LED

通过按下压敏电阻R1来打开Q1和LED.

4.19.2 压敏音调

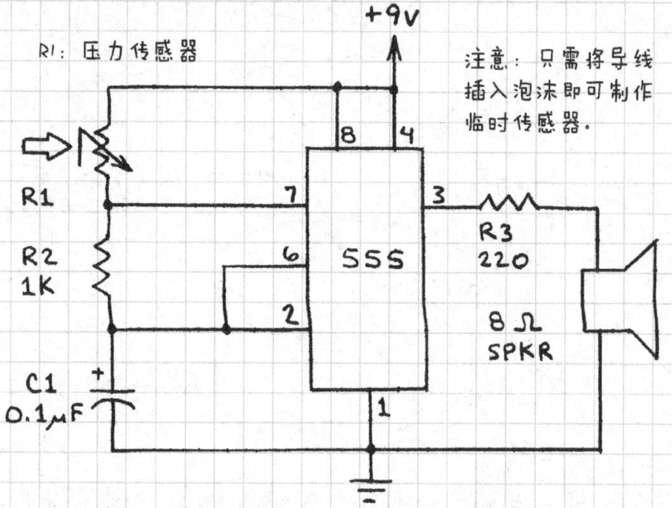
+9V
R1：压力传感器
注意：只需将导线
插入泡沫即可制作
临时传感器.
R1
R2
1K
C1
0.1μF
8
4
7
6
2
3
1
555
R3
220
8 Ω
SPKR

通过按下压敏电阻R1来增加音调的频率.

4.20 地震检波器

地震检波器是检测由地震引起的地球运动的仪器。一个简单的地震检波器可以检测出几千英里远的地震。地震会引起几种地球内部的地震波。

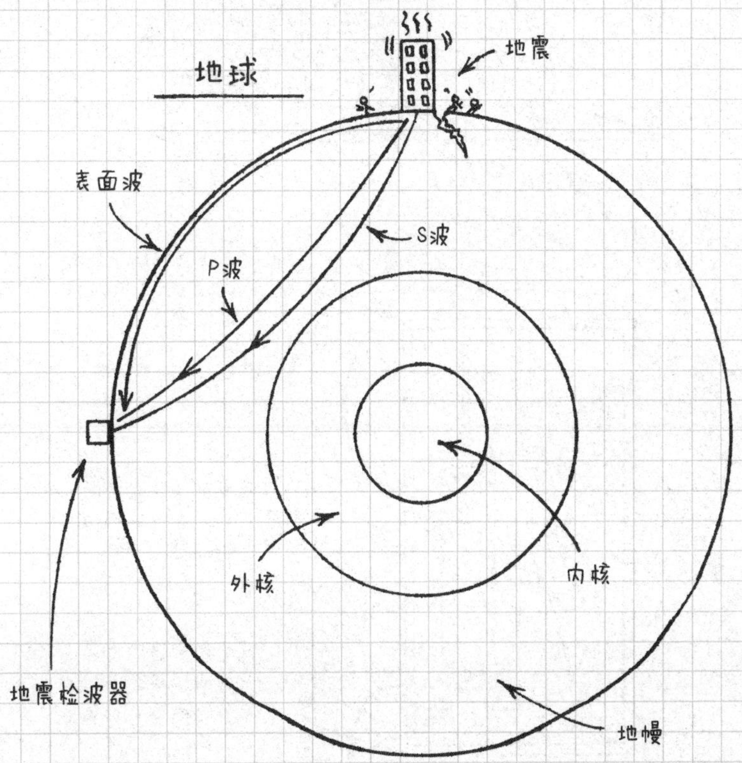
地球
地震
表面波
S波
P波
外核
内核
地震检波器
地幔

地震图是一种绘制地壳运动产生运动的图。

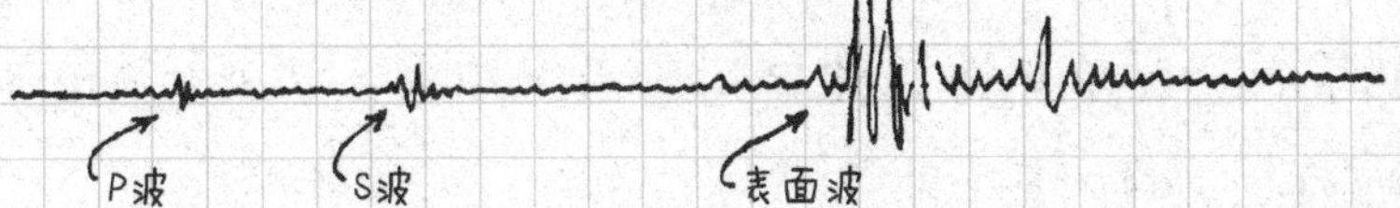
P波
S波
表面波

P波首先到达。

有很多不同种类的地震检波器可以应用，下面是两个例子：

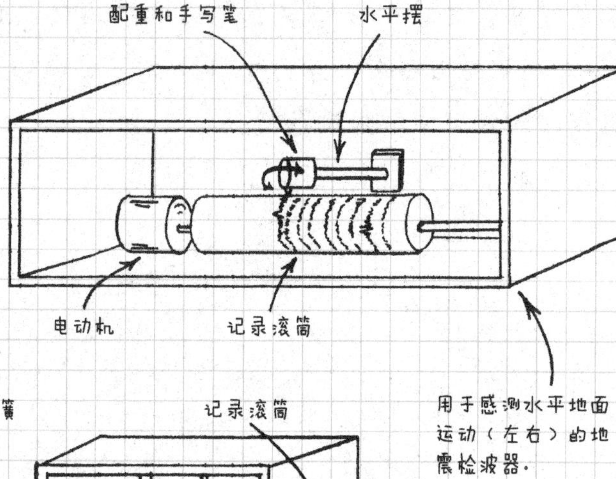

配重和手写笔
水平摆
电动机
记录滚筒

用于感测水平地面运动（左右）的地震检波器。

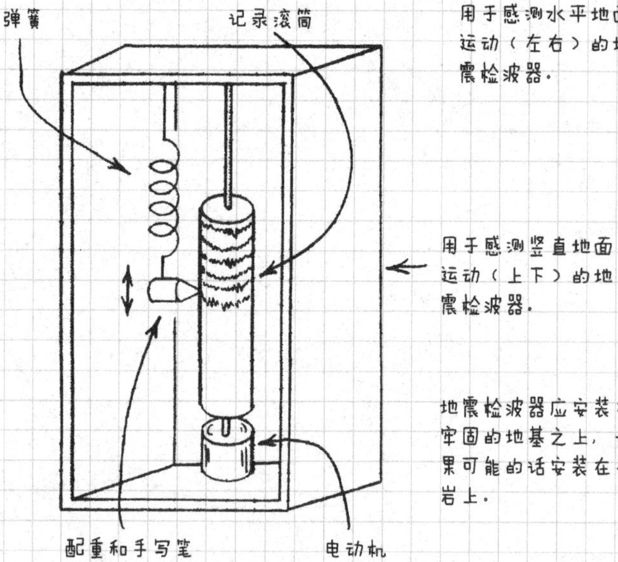

弹簧
记录滚筒
配重和手写笔
电动机

用于感测竖直地面运动（上下）的地震检波器。

地震检波器应安装在牢固的地基之上，如果可能的话安装在基岩上。

欲了解更多关于地震检波器的信息，可以去图书馆查找资料。由布鲁斯．波尔特写的《地震》（W H. Freeman and co.，1988）是一本好书。

4.21 地球运动传感器

这个简单的地震传感器可以检测到1mile以外的火车。

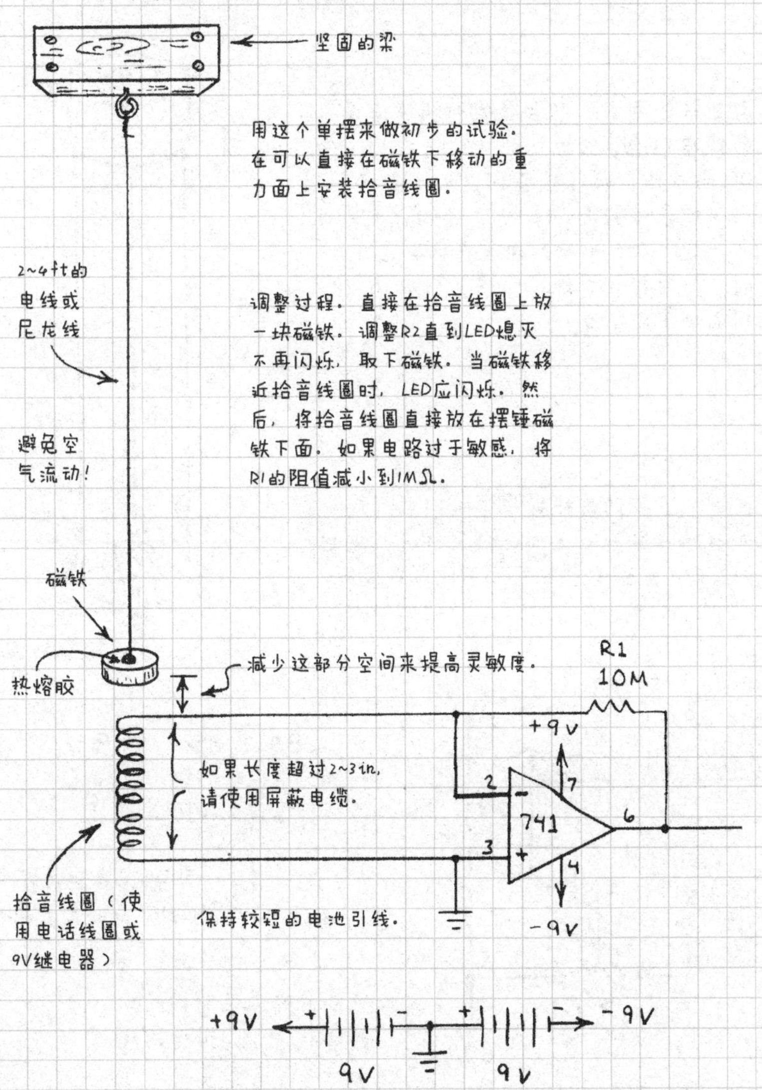

坚固的梁
用这个单摆来做初步的试验。
在可以直接在磁铁下移动的重
力面上安装拾音线圈。
2~4ft的
电线或
尼龙线
调整过程。直接在拾音线圈上放
一块磁铁。调整R2直到LED熄灭
不再闪烁，取下磁铁。当磁铁移
近拾音线圈时，LED应闪烁。然
后，将拾音线圈直接放在摆锤磁
铁下面。如果电路过于敏感，将
R1的阻值减小到1MΩ。
避免空
气流动！
磁铁
热熔胶
减少这部分空间来提高灵敏度。
R1
10M
+9V
如果长度超过2~3in，
请使用屏蔽电缆。
2
7
741
6
3
4
-9V
拾音线圈（使
用电话线圈或
9V继电器）
保持较短的电池引线。
+9V
9V
9V
-9V

这个传感器是非常敏感的！如果LED无法停止闪烁，则降低电路灵敏度。重新调整R2，或者增加磁铁与拾音线圈之间的距离。

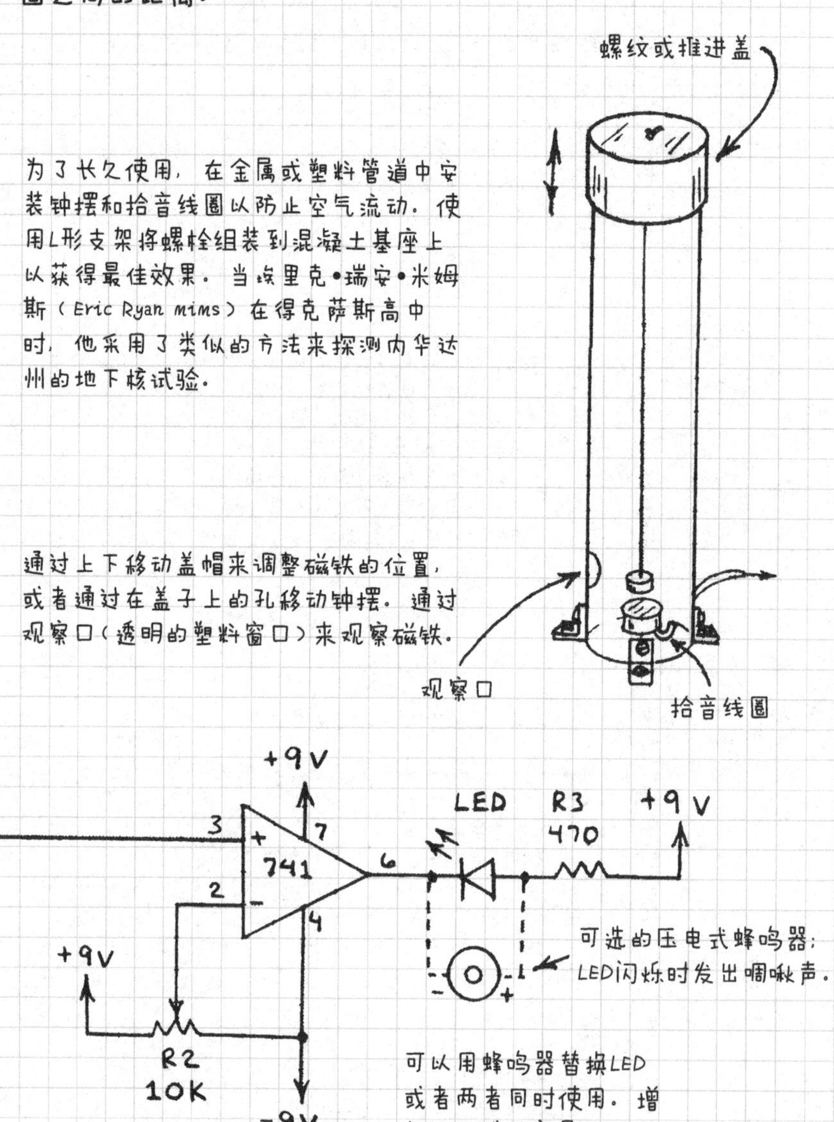
螺纹或推进盖
为了长久使用，在金属或塑料管道中安装钟摆和拾音线圈以防止空气流动。使用L形支架将螺栓组装到混凝土基座上以获得最佳效果。当埃里克•瑞安•米姆斯（Eric Ryan mims）在得克萨斯高中时，他采用了类似的方法来探测内华达州的地下核试验。
通过上下移动盖帽来调整磁铁的位置，或者通过在盖子上的孔移动钟摆。通过观察口（透明的塑料窗口）来观察磁铁。
观察口
拾音线圈
+9V
3
+
7
741
6
2
−
4
LED
R3
470
+9V
+9V
R2
10K
−9V
可选的压电式蜂鸣器；LED闪烁时发出啁啾声。
可以用蜂鸣器替换LED或者两者同时使用。增加R3以减小音量。

4.22 射频遥测发射器

这种简易的低功率射频（RF）发射器用一系列的嚓嚓声来广播温度，其频率在收音机调幅（AM）广播波段上端附近。

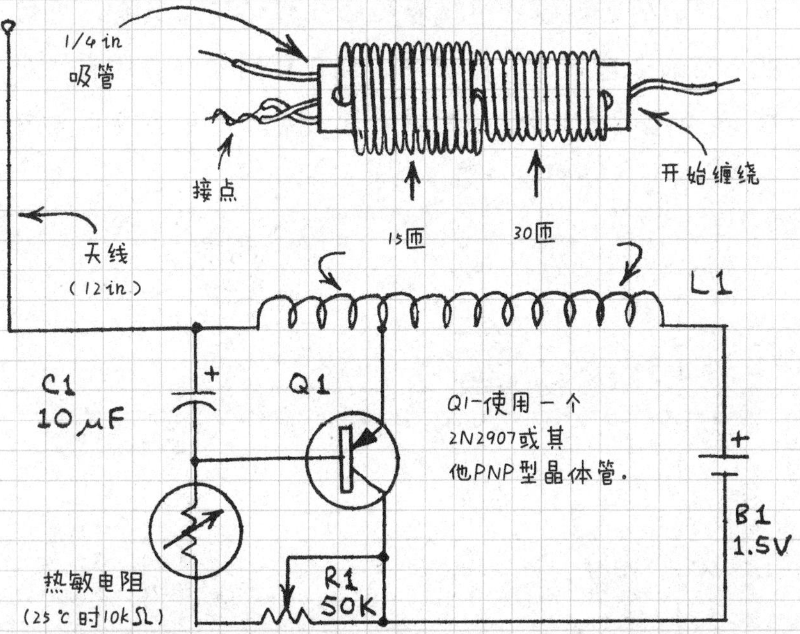
1/4 in
吸管
接点
开始缠绕
15匝
30匝
天线
（12 in）
L1
C1
10μF
Q1
Q1-使用一个
2N2907或其
他PNP型晶体管.
B1
1.5V
热敏电阻
(25℃时10kΩ)
R1
50K

L1使用30规格的缠绕线或磁线（使用磁线时线圈更小，从导线两端开始烤漆，用砂纸轻轻擦掉烧焦的清漆）。在吸管的一端附近打一个小洞，通过洞口插入2in的导线并缠绕30圈。在吸管上打孔，通过孔洞插入2in电线（触点处）。在第一次缠绕的地方缠绕15圈。通过绕线穿孔并插入导线末端。包好导线：切掉回路的接点并

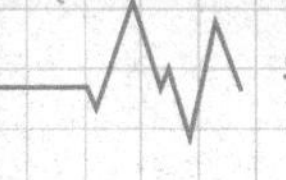

绞合裸露的导线。

C1：增加值可以减缓脉冲频率。

R1：调整它会改变脉冲频率。

B1：使用 AA 型笔形手电筒的电池。

4.22.1 简单的校准图

用硅酮密封胶给热敏电阻的导线做防水处理。将热敏电阻和温度计浸入温水中。打开发射器和接收器。记录 15s 内嚓嚓声次数，并记录计数和温度。水变冷后重复实验，加入冰块降温。简单的校准图如下：

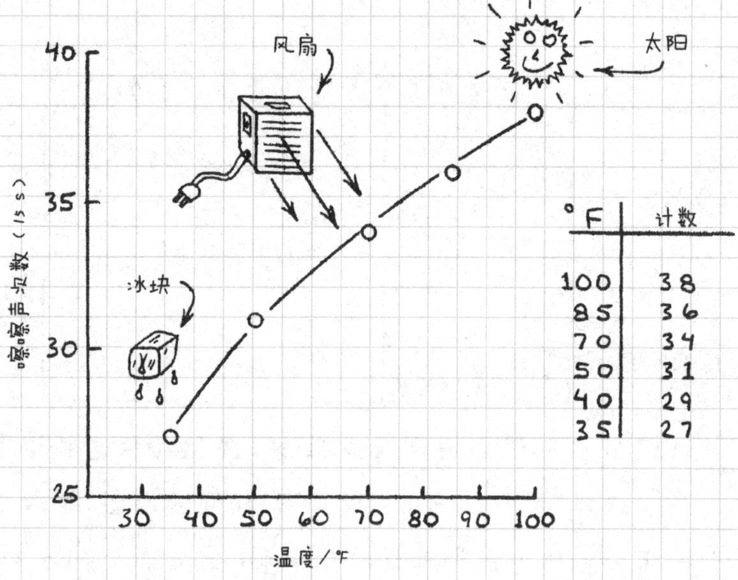

风扇
太阳
冰块
嚓嚓声次数（15s）
40
35
30
25
30 40 50 60 70 80 90 100
温度/°F
°F
计数
100 38
85 36
70 34
50 31
40 29
35 27

如果 R1 重新调整，校准将会改变。可以使用电阻固定的 R1。在室温（25℃）阻值为 10kΩ 的热敏电阻组成的电路效果最好。

4.23 LED遥测发射器

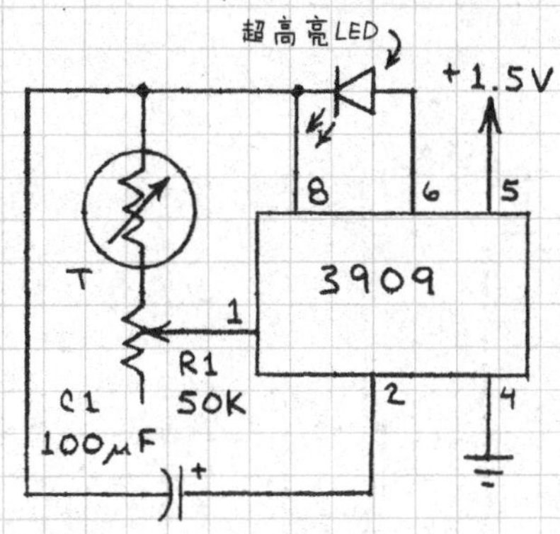
超高亮LED
+1.5V
8
6
5
3909
T
1
R1
50K
2
4
C1
100μF
+

这个LED闪光灯会在任何你可以看到的地方告诉你闪光灯位置处的温度。你在室内可以检查温室、花园等地方的温度。最好工作在柔和的光线下。

4.23.1 简单的校准图

调节R1达到所需的室温闪光频率。然后按照上一页所述方法校准发射器。这里有一个校准曲线图。

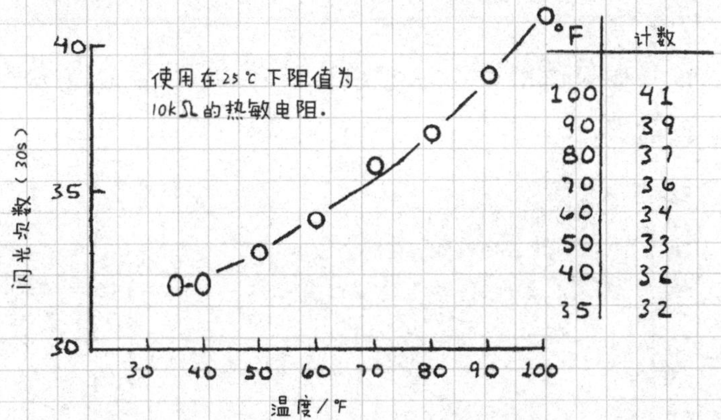
使用在25℃下阻值为10kΩ的热敏电阻。
闪光次数（30s）
温度/℉
40
35
30
30
40
50
60
70
80
90
100

℉	计数
100	41
90	39
80	37
70	36
60	34
50	33
40	32
35	32

需要校准的是LED在30s内闪烁的次数。你可以通过在60s内记录闪烁次数来制作更精确的图。R1可以是固定电阻。

4.24 电子蟋蟀

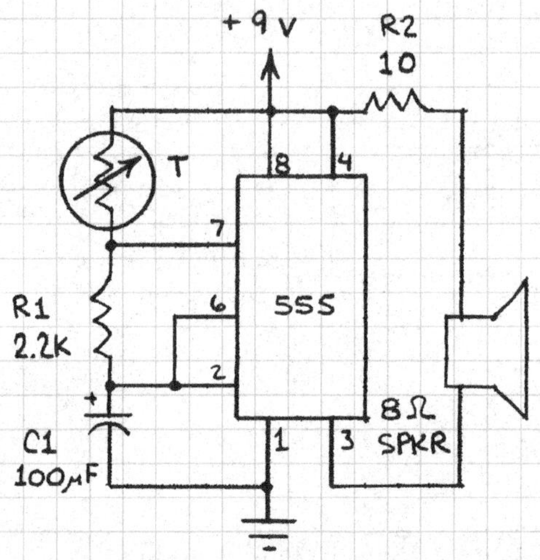
+9V
R2
10
T
8
4
7
R1
2.2K
6
555
2
C1
100μF
1
3
8Ω
SPKR

像蟋蟀一样，这个电路发出的嚓嚓声的频率取决于温度。增加C1的值可以降低发声频率。你也可以用LED替代扬声器将温度转换为LED的闪烁频率。

4.24.1 简单的校准图

校准如前面所述。注意图是线性的，并且它具有很宽的计数范围。

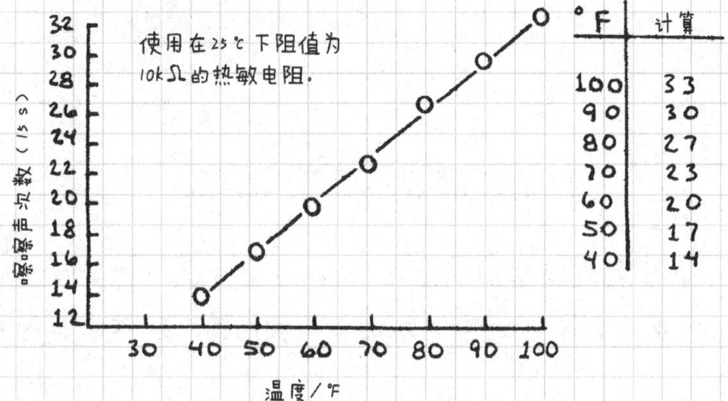
使用在25℃下阻值为10kΩ的热敏电阻。
嚓嚓声次数（15 s）
32
30
28
26
24
22
20
18
16
14
12
30
40
50
60
70
80
90
100
温度/°F
°F
计算
100 33
90 30
80 27
70 23
60 20
50 17
40 14

对于这个校准，温度是15s内嚓嚓声次数的3倍左右。

4.25 模拟数据记录器

你可以在小型磁带录音机的帮助下，在磁带上录制实验数据。首先将信号转换成电压，然后用电压-频率（V/F）转换器将电压转换成音频音调。在磁带上录制音调。通过频率-电压（F/V）转换器播放磁带来检索数据。

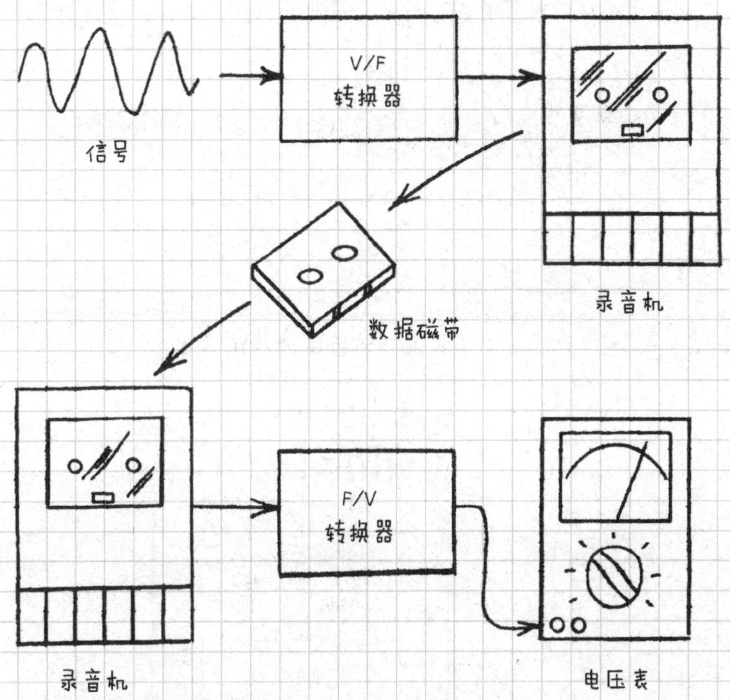
V/F
转换器
信号
录音机
数据磁带
F/V
转换器
录音机
电压表

为获得最佳效果，请使用高质量的录音带。质量更好的录音机工作效果更佳。你可以通过录制5s的“快照”来在录音带上挤出更多的数据。

4.25.1 V/F转换器

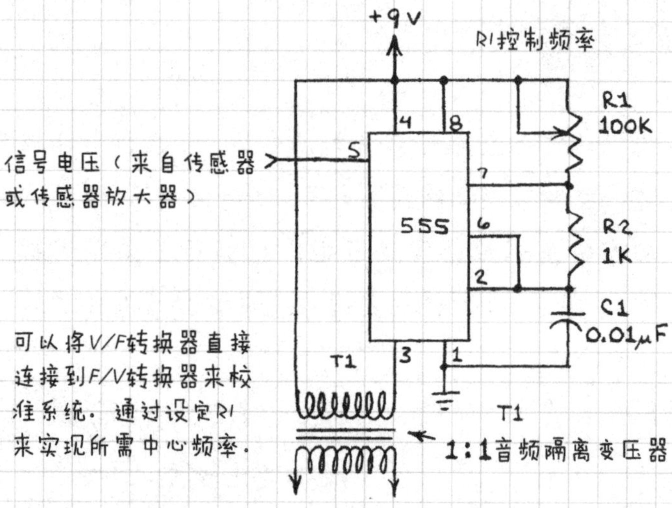
+9V
R1控制频率
R1
100K
4
8
5
信号电压（来自传感器或传感器放大器）
7
555
6
R2
1K
2
C1
0.01μF
可以将V/F转换器直接连接到F/V转换器来校准系统。通过设定R1来实现所需中心频率。
T1
3
1
T1
1:1音频隔离变压器
输出去到录音机的麦克风输入。

4.25.2 F/V转换器

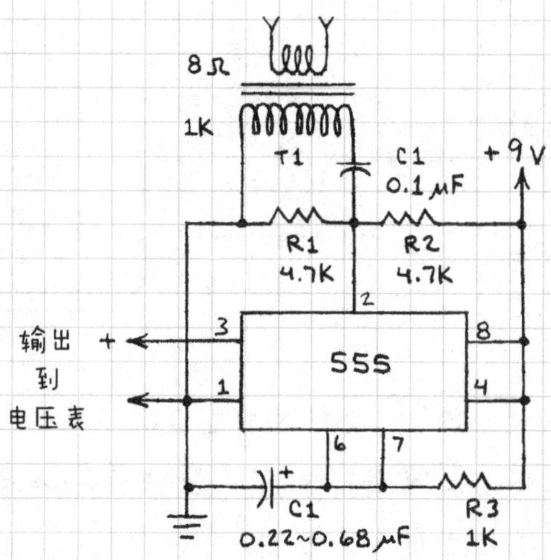
输入来自录音机的耳机输出。
8Ω
1K
T1
C1
0.1μF
+9V
R1
4.7K
R2
4.7K
2
3
8
输出到电压表
+
555
1
4
6
7
C1
0.22~0.68μF
R3
1K

4.25.3 数据记录工作

大多数传感器的输出可以改变为电压。例如，这些电路都将光强度改变为可变电压：

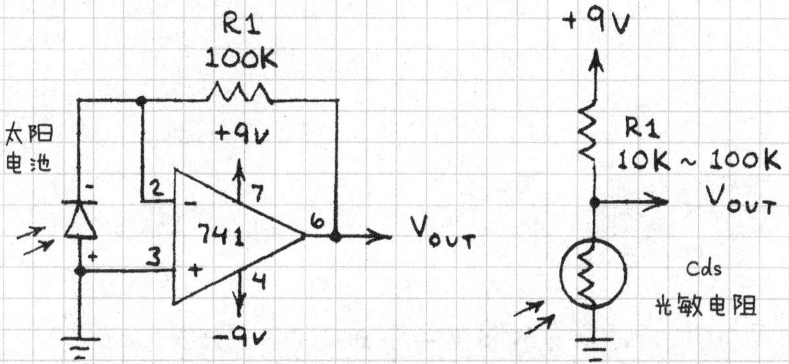
R1
100K
太阳
电池
+9V
2
7
741
6
3
4
-9V
V_{OUT}
+9V
R1
10K ~ 100K
V_{OUT}
Cds
光敏电阻

下图是 F/V 转换器中两个 C1 值的校准图。该图应视为近似值，因为元件的差异会导致图中数值的变化。

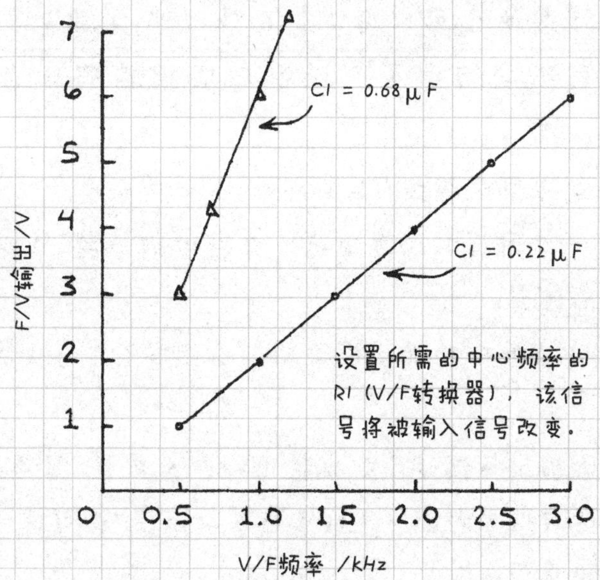
C1 = 0.68 μF
C1 = 0.22 μF
F/V输出 /V
设置所需的中心频率的
R1 (V/F转换器)，该信
号将被输入信号改变。
V/F频率 /kHz
0
0.5
1.0
1.5
2.0
2.5
3.0
1
2
3
4
5
6
7

5

环境科学

5.1 概述

自然环境因多种因素而不断变化。例如：

□ 太阳能量的微妙变化可能会导致地球上的重大气候变化。

□ 大型火山可以将二氧化硫（SO_2）排放到大气中。二氧化硫与水蒸气结合形成阻挡阳光的硫酸（H_2SO_4）雾。

□ 昆虫可以摧毁大片的植物。

□ 一个河狸水坝能创造一个巨大的池塘，可以改变动植物的数量。

□ 燃煤发电厂的排放可以与水汽结合，形成厚厚的雾霾。

下面的项目描述了水质检测和测量声音、雾度、温度等这些或其他参数的一个或多个基本知识，你可以对环境科学做出重要贡献。

5.2 安全

测量环境信息时要特别小心，特别是在风暴时和水附近时。测量响亮的声音时使用护耳器。测量太阳光时，不要直视。

5.3 绘制数据图

展示数据的最好方法之一是将其绘制在一张图上。下面这些图展示了我在得克萨斯州杰罗尼莫克里克的观察结果。

线型图

使你看出趋势的改变。

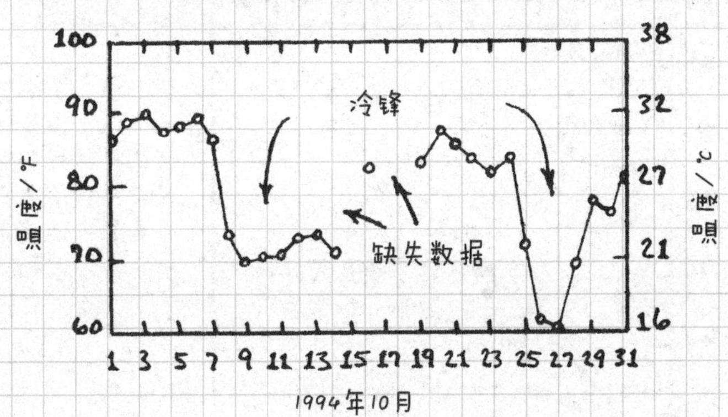

温度/°F
温度/°C
100
90
80
70
60
38
32
27
21
16
冷锋
缺失数据
1 3 5 7 9 11 13 15 17 19 21 23 25 27 29 31
1994年10月

直方图

显示出现频率的条形图是直方图。下图是一个经典的钟形曲线。

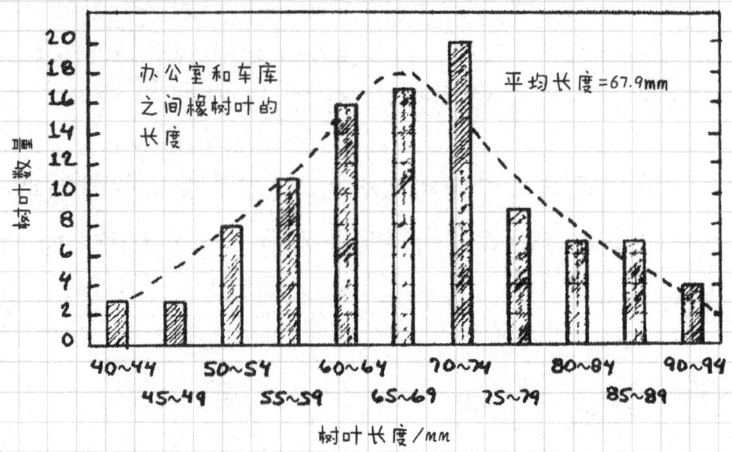
20
18
16
14
12
10
8
6
4
2
0
树叶数量
办公室和车库
之间橡树叶的
长度
平均长度=67.9mm
40~44
45~49
50~54
55~59
60~64
65~69
70~74
75~79
80~84
85~89
90~94
树叶长度/mm

散点图

两组数据之间有关系吗？将一组数据分配给 X 轴（横轴），另一组分配给 Y 轴（纵轴）。线周围聚集的点越紧密，两组数据的相关性或一致性越好。

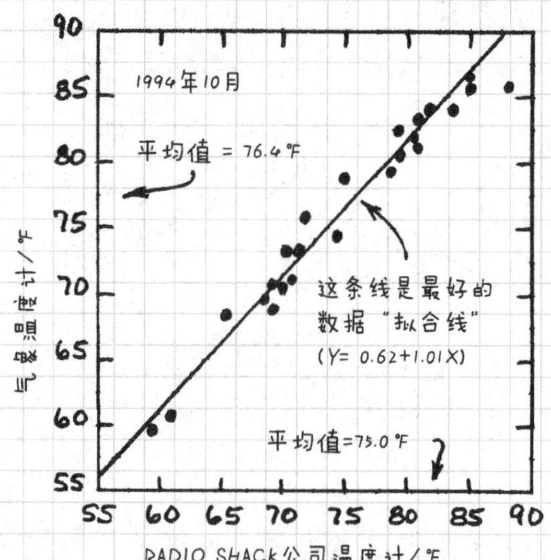
90
85
80
75
70
65
60
55
1994年10月
平均值 = 76.4 °F
这条线是最好的
数据"拟合线"
(Y= 0.62+1.01X)
平均值=75.0 °F
气象温度计/°F
55 60 65 70 75 80 85 90
RADIO SHACK公司温度计/°F

这个散点图显示了两个数字温度计之间高度的相关性。两个平均值之间的差异是"偏移量"的一致性差异。

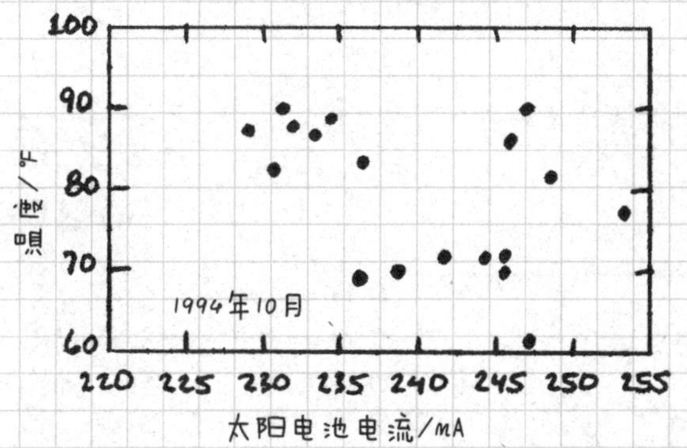
100
90
80
70
60
温度/°F
1994年10月
220 225 230 235 240 245 250 255
太阳电池电流/mA

这个散点图显示了太阳光的温度和电流之间没有明显的相关性。

更进一步

为了认真分析，使用科学计算器或计算机电子表格来绘制数据。

5.4 声音

当你听到一个声音，你的耳朵响应空气压力的迅速的微小变化。这些变化就是声波。它们可能有一个单一的音调（频率）和恒定的响度（强度或振幅），也可能是具有不同频率和幅度的波的复杂混合。均匀的重复的声波或频率和振幅逐渐变化的声波通常比不规则、突然变化的声波更令人愉快。

5.4.1 声强

由于人耳对大范围的声音响应，所以声音的强度以对数刻度表示，其中0dB是几乎不可察觉的声音，强度为

$10^{-12}W/m^2$。

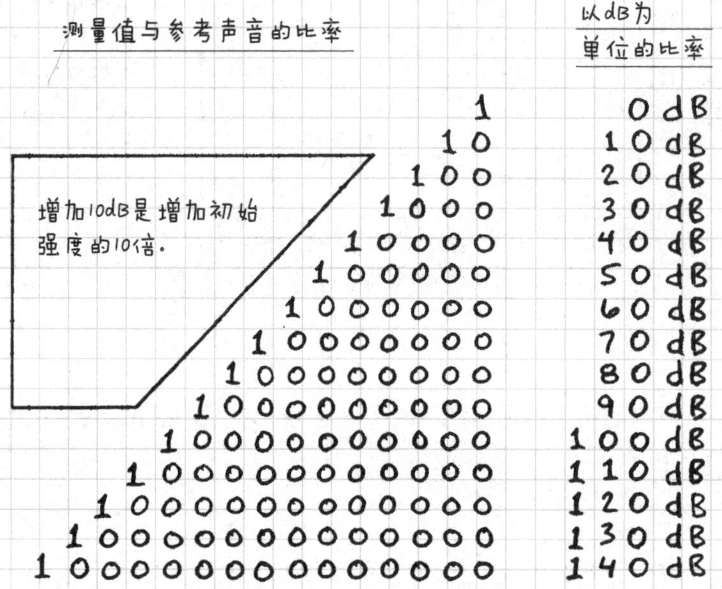
测量值与参考声音的比率
以dB为单位的比率
增加10dB是增加初始强度的10倍。
1 0 dB
10 10 dB
100 20 dB
1000 30 dB
10000 40 dB
100000 50 dB
1000000 60 dB
10000000 70 dB
100000000 80 dB
1000000000 90 dB
10000000000 100 dB
100000000000 110 dB
1000000000000 120 dB
10000000000000 130 dB
100000000000000 140 dB

5.4.2 音频

声波范围包括纯正弦波到复杂混合波。图中正弦波的频率为1Hz。

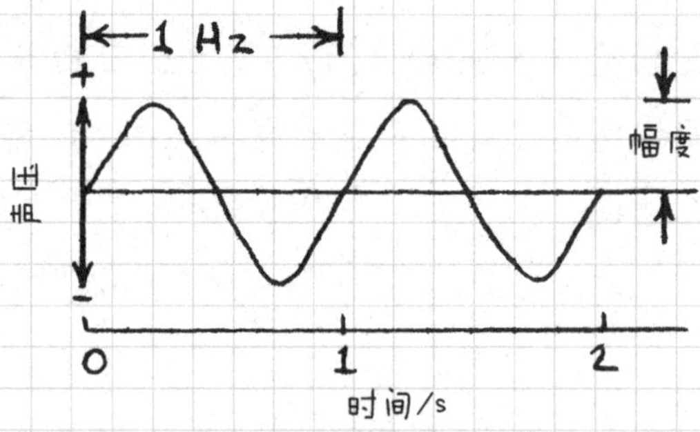
1 Hz
+
幅度
电压
−
0
1
2
时间/s

5.4.3 人类听觉范围

正常人的耳朵可以感受到从20Hz到20000Hz的频率范围内的声音。高频率的感觉随着年龄增长而降低，并且如果反复暴露于非常大的声音中也会引起降低。超声是指人的听力范围以上的频率的声音。

5.4.4 声速

在0℃（32℉）的干燥空气中的声速是331m/s（1086ft/s）。速度随温度升高而升高。在20℃（68℉）时，空气中的声速为343m/s（1125ft/s）。声波通过液体和固体的速度比通过空气的速度快得多。在25℃（77℉）水中的声音速度是1497m/s（4911ft/s）。

5.4.5 测量声强

RADIO SHACK公司的声级计非常适合进行声强测量。当测量来自一个方向的声音时，请勿将仪器放在身体与声源之间。将仪器保持在一侧，并将其指向声源。对零星的声音使用快速响应或测量峰值。使用慢响应来测量平均声级。

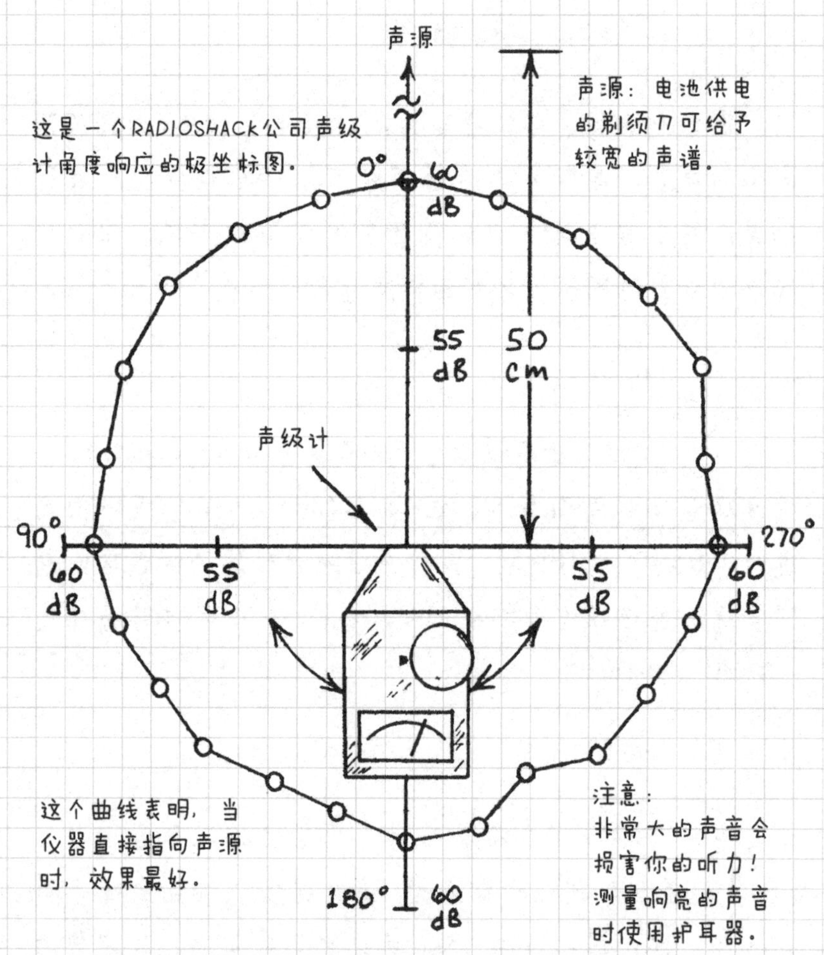
声源
这是一个RADIOSHACK公司声级计角度响应的极坐标图.
声源：电池供电的剃须刀可给予较宽的声谱.
0°
60 dB
55 dB
50 cm
声级计
90°
60 dB
55 dB
55 dB
60 dB
270°
这个曲线表明，当仪器直接指向声源时，效果最好.
注意：
非常大的声音会损害你的听力！测量响亮的声音时使用护耳器.
180°
60 dB

5.4.6 典型的声级

声强可以随着风和声级计的位置的变化而变化. 下面是一些典型的水平：

声源	强度/dB
喷气式飞机（6m）	140
痛阈	130
地铁	102
尼亚加拉瀑布	92
路过的卡车（6m）	80
钢琴（演奏者的耳朵）	80
灌水的浴缸（1m）	76
吸尘器（2m）	72
典型的汽车（5m）	70
喷气式飞机（2km）	68
排气扇（2m）	68
计算机（1m）	58
收音机（3m）	57
典型的办公室	55
典型的民宅	40
耳语（1.5m）	18
听阈	0

5.4.7 人造声源

人造声源可用于评估房间或礼堂的声学特性。它们在与声级计一起使用时特别有用。小型电动机和电动剃须刀可用作宽带低频音源。下面是一些音源的电路。

单频音源

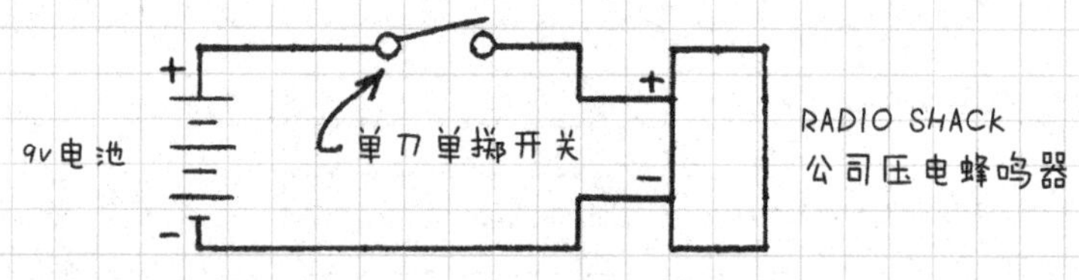
+
−
9V电池
单刀单掷开关
+
−
RADIO SHACK
公司压电蜂鸣器

变频音源

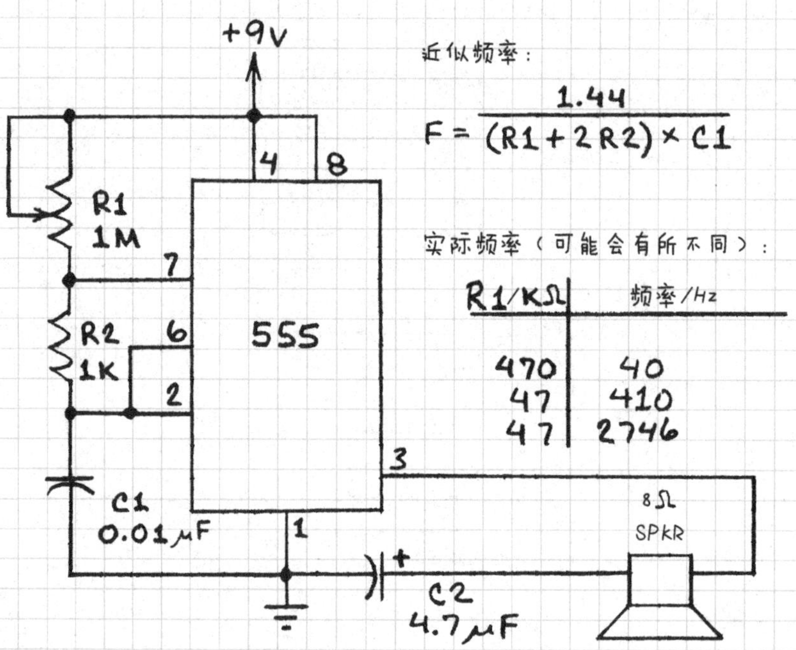
+9V
R1
1M
R2
1K
C1
0.01μF
555
4
8
7
6
2
3
1
8Ω
SPKR
C2
4.7μF
+
近似频率：
F = 1.44 / ((R1+2R2)×C1)
实际频率（可能会有所不同）：

R1/kΩ	频率/Hz
470	40
47	410
47	2746

5.4.8 声强的研究

声强与到声源的距离的平方成反比，因此以dB为单位的声强对声源的距离形成一条直线。

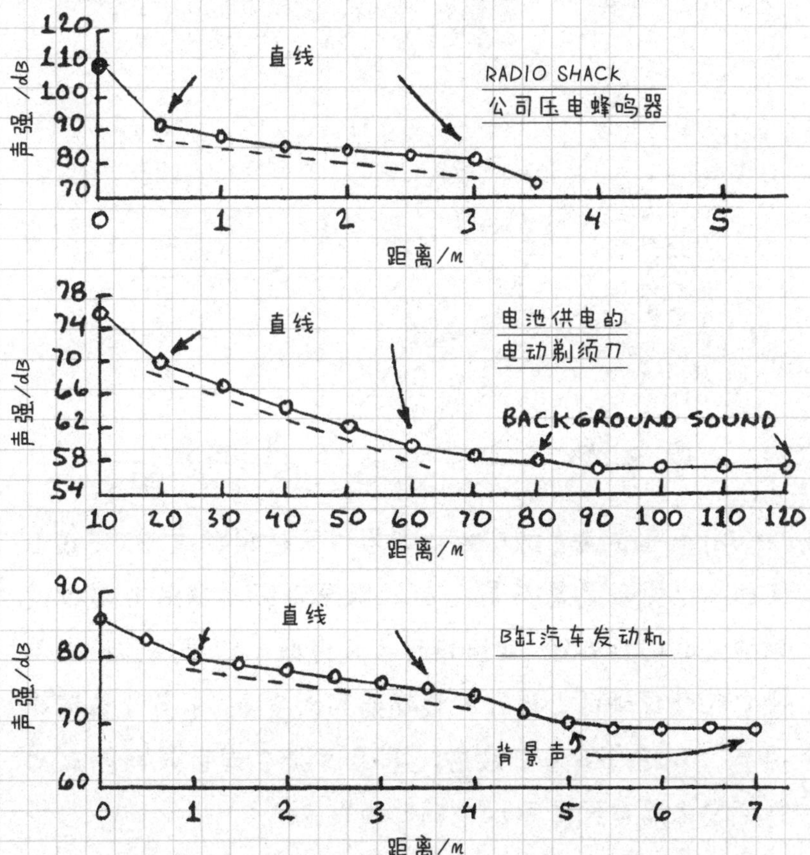
120
110
100
90
80
70
声强 /dB
直线
RADIO SHACK
公司压电蜂鸣器
0
1
2
3
4
5
距离/m
78
74
70
66
62
58
54
声强/dB
直线
电池供电的
电动剃须刀
BACKGROUND SOUND
10
20
30
40
50
60
70
80
90
100
110
120
距离/m
90
80
70
60
声强/dB
直线
B缸汽车发动机
背景声
0
1
2
3
4
5
6
7
距离/m

注意，直线从声源开始。为了预测10m外一个响亮但距离很远的瀑布、喷气、火车、波段等声强，应在不同的距离进行几次测量，绘制出数据，并通过这些点画出一条直线。延长线以估计更接近其声源的声强。

5.5 温室效应

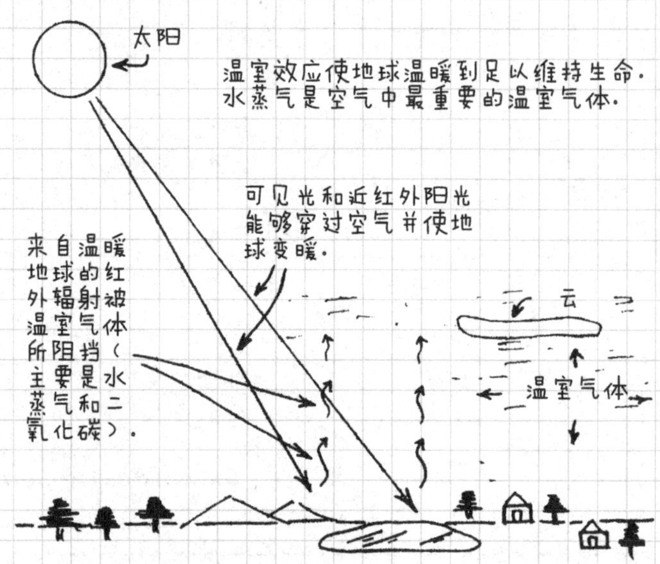
太阳
温室效应使地球温暖到足以维持生命.
水蒸气是空气中最重要的温室气体.
可见光和近红外阳光能够穿过空气并使地球变暖.
来自温暖地球的红外辐射被温室气体所阻挡（主要是水蒸气和二氧化碳）.
云
温室气体

水蒸气在温室效应中的作用对于任何潮湿、沙漠或山区的人来说都是显而易见的。潮湿地区的水汽会吸收使地球温暖的红外线，从而保持夜晚温暖。沙漠和山区的干燥空气使得地球上的红外线辐射到太空中，从而导致夜晚凉爽。云也提供温室效应。下面这张在得克萨斯州我的办公室的温度图显示水汽和云的影响：

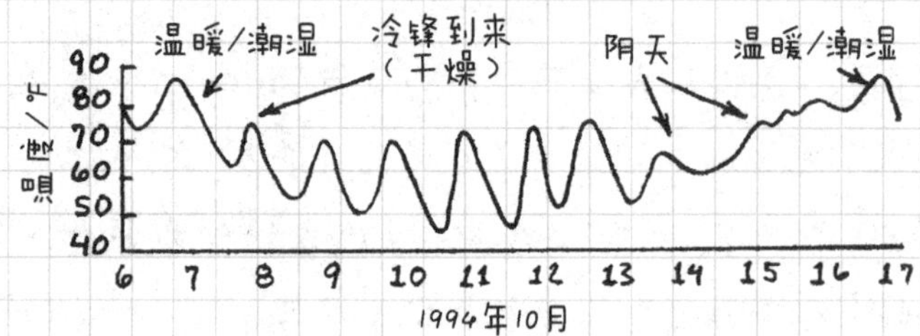
温暖/潮湿
冷锋到来（干燥）
阴天
温暖/潮湿
温度/°F
90
80
70
60
50
40
6
7
8
9
10
11
12
13
14
15
16
17
1994年10月

5.5.1 水蒸气

大气中总是含有一些水蒸气。空气不是水的容器，水分子是空气的一部分，水蒸气可以达到暖空气的4%，冷空气要干燥得多。而在40℃（−40℉）时，空气中水的最大百分含量不能超过0.02%。

5.5.2 相对湿度

相对湿度是在给定温度下空气中实际与最大可能水蒸气的比率。由于暖空气中的最大可能水蒸气远高于冷空气中的水蒸气，所以相对湿度取决于温度。因此即使空气中的水蒸气总量没有变化，一个凉爽的春天早上的相对湿度也可以达到95%，而当天晚些时候只有50%。

测量相对湿度

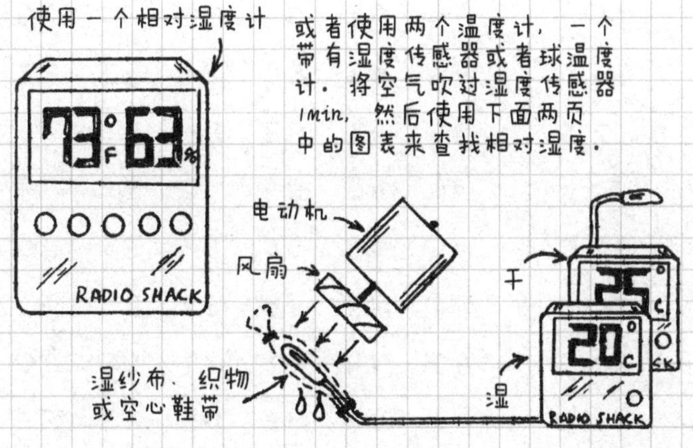
使用一个相对湿度计
73°F 63%
RADIO SHACK
或者使用两个温度计，一个带有湿度传感器或者球温度计。将空气吹过湿度传感器1min，然后使用下面两页中的图表来查找相对湿度。
电动机
风扇
湿纱布、织物或空心鞋带
干
25 C
20° C
湿
RADIO SHACK

相对湿度(%)

干球温度/℃	干球(℃)-湿球(℃) 0.5	1.0	1.5	2.0	2.5	3.0
-5.0	88	77	66	54	43	32
-2.5	90	80	70	60	50	41
0.0	91	82	73	65	56	47
2.5	92	84	76	68	61	53
5.0	93	86	78	71	65	58
7.5	93	87	80	74	68	62
10.0	94	88	82	76	71	65
12.5	94	89	84	78	73	68
15.0	95	90	85	80	75	70
17.5	95	90	86	81	77	72
20.0	95	91	87	82	78	74
22.5	96	92	87	83	80	76
25.0	96	92	88	84	81	77
27.5	96	92	89	85	82	78
30.0	96	93	89	86	82	79
32.5	97	93	90	86	83	80
35.0	97	93	90	87	84	81
37.5	97	94	91	87	85	82
40.0	97	94	91	88	85	82

干球是空气的温度。

湿球是用湿布包裹的通风传感器的温度。

3.5	4.0	4.5	5.0	7.5	10.0	12.5	15.0	17.5
21	11	0						
31	22	12	3					
39	31	23	15					
46	38	31	24					
51	45	38	32	1				
56	50	44	38	11				
60	54	49	44	19				
63	58	53	48	25	4			
66	61	57	52	31	12			
68	64	60	55	36	18	2		
70	66	62	58	40	24	8		
72	68	64	61	44	28	14	1	
73	70	66	63	47	32	19	7	
75	71	68	65	50	36	23	12	1
76	73	70	67	52	39	27	16	6
77	74	71	68	54	42	30	20	11
78	75	72	69	56	44	33	23	14
79	76	73	70	58	46	36	26	18
79	77	74	72	59	48	38	29	21

内容来源：
1989年麦克米兰出版社出版的J.莫兰（J.Moran）和M.摩根（M.Morgan）的《气象学》第560页。

℃转换℉：
℉ = (℃ × 9/5) + 32

例如：
干球=25℃
湿球=20℃
干球-湿球=5℃
相对湿度=63%

5.5.3 热岛效应

城市有时被称为“热岛”，因为它们通常比附近的乡村温暖。当你开车穿越城市时，你可以轻松地测量你的城市的热岛效应。你需要：

☐ 一个笔记本或磁带录音机来记录测量结果。

☐ 温度计（带电缆传感器的数字式最好）。

☐ 在你记录数据时帮你开车的朋友或亲戚。注意：不要一边开车一边记录数据！

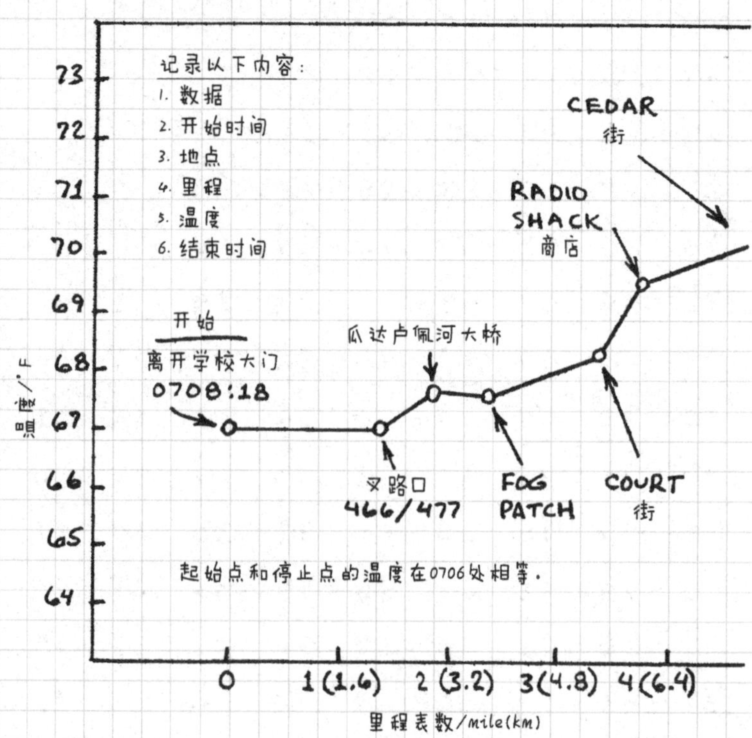
记录以下内容：
1. 数据
2. 开始时间
3. 地点
4. 里程
5. 温度
6. 结束时间
73
72
71
70
69
68
67
66
65
64
温度/°F
开始
离开学校大门
0708:18
叉路口
466/477
瓜达卢佩河大桥
FOG
PATCH
COURT
街
RADIO
SHACK
商店
CEDAR
街
起始点和停止点的温度在0706处相等。
0
1(1.6)
2 (3.2)
3(4.8)
4(6.4)
里程表数/mile(km)

温度传感器必须避开阳光，并远离汽车发动机和排气。用坚硬的白纸、胶带把中空管放到侧面镜子或门把手上，开口端朝前。

进一步：在一年和一天的不同时间测量热岛效应。热岛效应在冬天还是夏天哪个季节更明显，在日出和夜晚哪个时间段效果更大？你能测量太阳加热下的大型停车场、工厂、住宅小区等的热岛效应吗？

像这样绘制你的数据

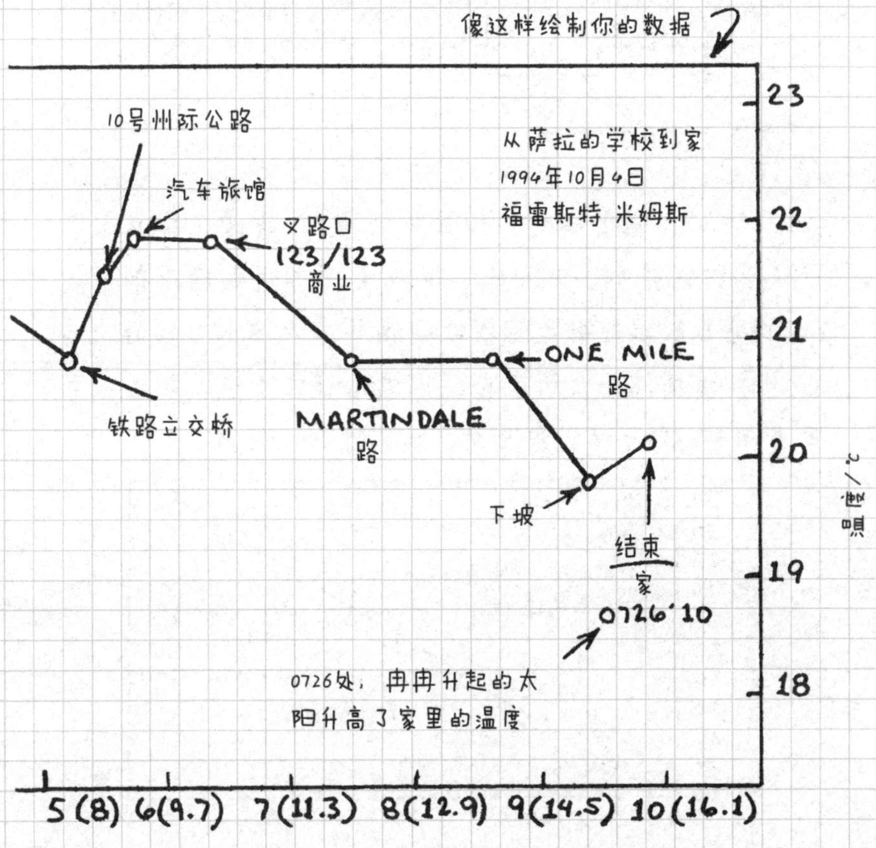
23
22
21
20
19
18
温度/℃
10号州际公路
汽车旅馆
叉路口
123/123
商业
从萨拉的学校到家
1994年10月4日
福雷斯特 米姆斯
ONE MILE
路
铁路立交桥
MARTINDALE
路
下坡
结束
家
0726'10
0726处，冉冉升起的太阳升高了家里的温度
5(8) 6(9.7) 7(11.3) 8(12.9) 9(14.5) 10(16.1)

5.5.4 远程温度传感器

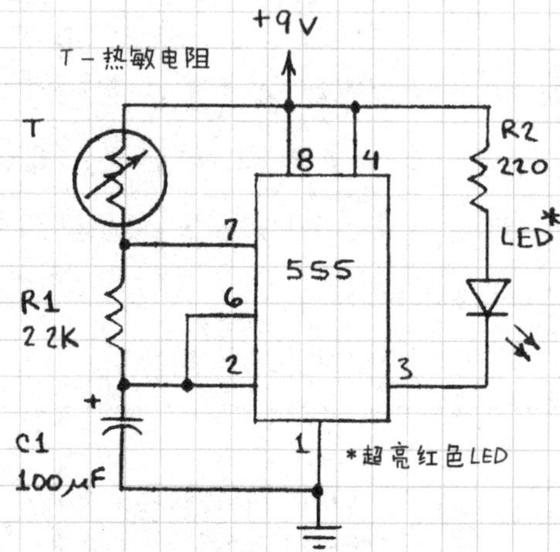
+9V
T－热敏电阻
T
R2
220
LED*
R1
22K
C1
100μF
555
8
4
7
6
2
3
1
*超亮红色LED

将该电路安装在一个小塑料外壳内，放置在远处（建筑物顶部、桥梁、山顶等），LED指向你所处的位置。用胶带或支架固定好电路。电路必须处于阴凉处。

LED以由温度确定的频率发射闪光，即使在日光下也可以看到超亮LED的闪烁。用双筒望远镜来增加射程。用硅酮密封胶将热敏电阻引线绝缘并浸入冰水中校准。通过计数15s内闪烁次数来实现用温度计读水温。加温水并重复测量程序5次或更多次。绘制这样的数据：

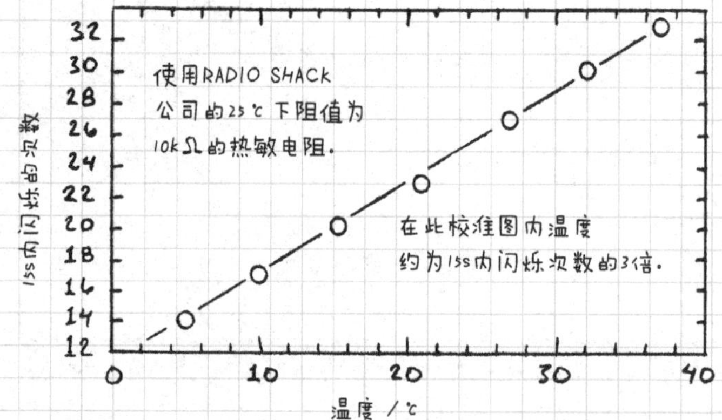
15s内闪烁的次数
32
30
28
26
24
22
20
18
16
14
12
使用RADIO SHACK
公司的25℃下阻值为
10kΩ的热敏电阻。
在此校准图内温度
约为15s内闪烁次数的3倍。
0
10
20
30
40
温度/℃

5.5.5 温度记录仪

在温度低于冰点时有些果树有最少小时数的生存时间。该电路记录温度低于0℃（32℉）或由R2选择的另一温度的时间。

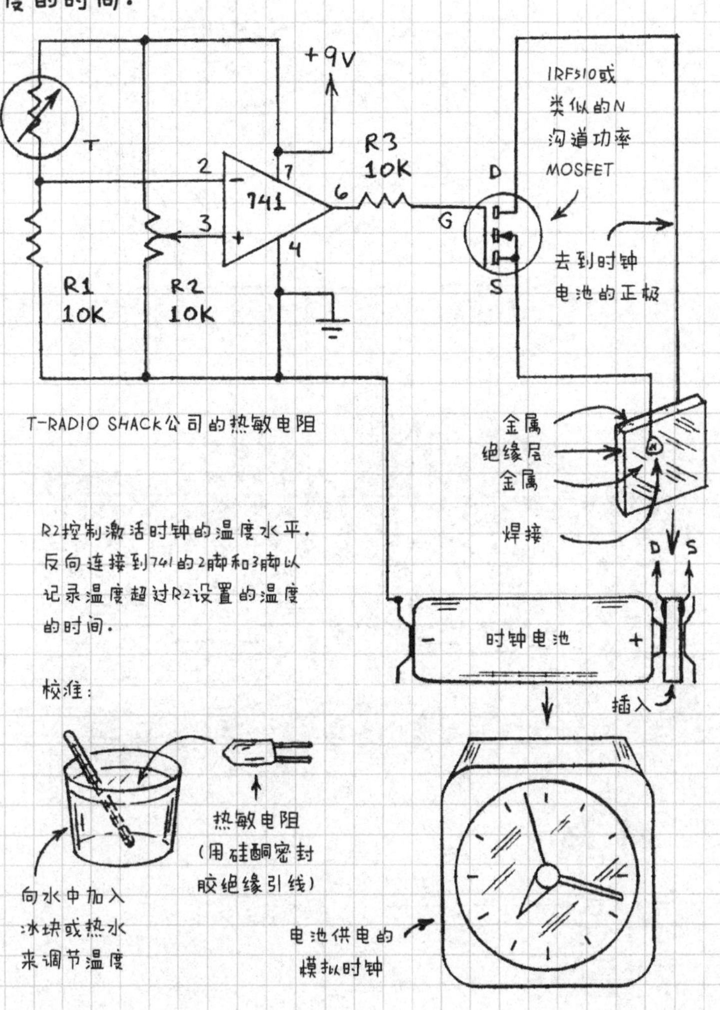

+9V
T
2
3
7
741
6
4
R3
10K
G
D
S
IRF510或
类似的N
沟道功率
MOSFET
去到时钟
电池的正极
R1
10K
R2
10K
T-RADIO SHACK公司的热敏电阻
金属
绝缘层
金属
焊接
D
S
R2控制激活时钟的温度水平。
反向连接到741的2脚和3脚以
记录温度超过R2设置的温度
的时间。
校准：
时钟电池
插入
热敏电阻
(用硅酮密封
胶绝缘引线)
向水中加入
冰块或热水
来调节温度
电池供电的
模拟时钟

5.6 水圈

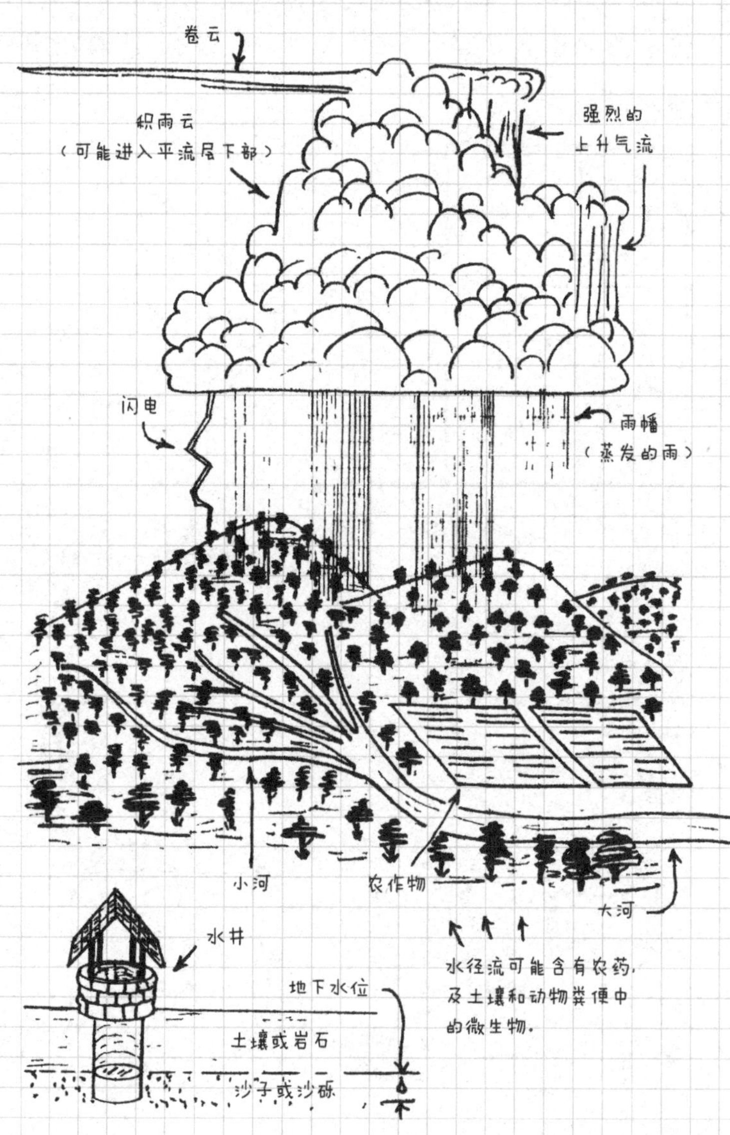
卷云
积雨云
（可能进入平流层下部）
强烈的
上升气流
闪电
雨幡
（蒸发的雨）
小河
农作物
大河
水井
地下水位
土壤或岩石
沙子或沙砾
水径流可能含有农药，
及土壤和动物粪便中
的微生物。

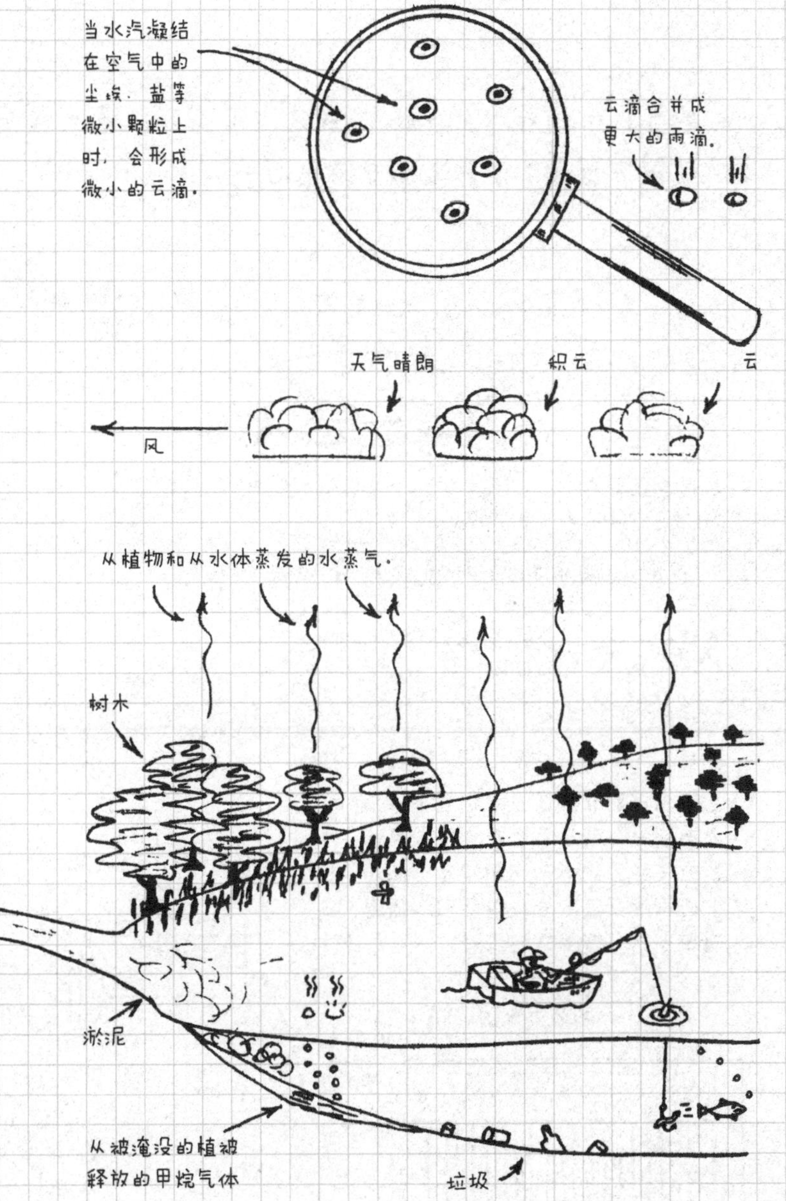
当水汽凝结
在空气中的
尘埃、盐等
微小颗粒上
时，会形成
微小的云滴。
云滴合并成
更大的雨滴。
天气晴朗
积云
云
风
从植物和从水体蒸发的水蒸气。
树木
淤泥
从被淹没的植被
释放的甲烷气体
垃圾

5.6.1 测量雨滴

典型的雨滴具有约 2MM 的直径。雨滴可以更大或更小。使用下面这个仪器来研究雨滴的大小：

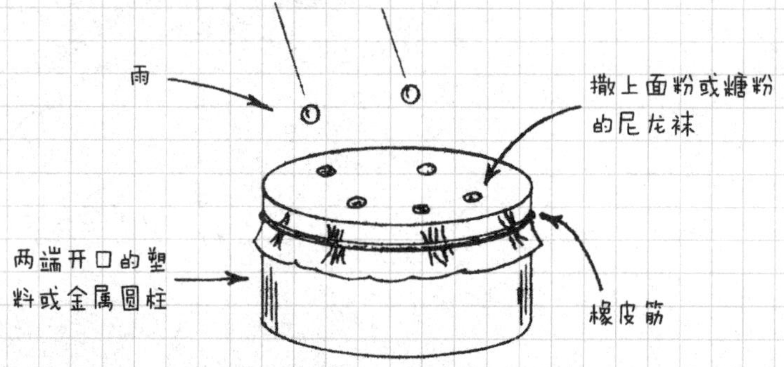
雨
撒上面粉或糖粉
的尼龙袜
两端开口的塑
料或金属圆柱
橡皮筋

测量并记录所有雨滴的直径和平均直径。

5.6.2 雨滴探测器

当雨滴溅到传感器上时，这个简易的电路就会发出声音。传感器可以是安装在金属板（例如印制电路板上的铜箔）正上方的铝丝网，或者制作一个“梳形”传感器：

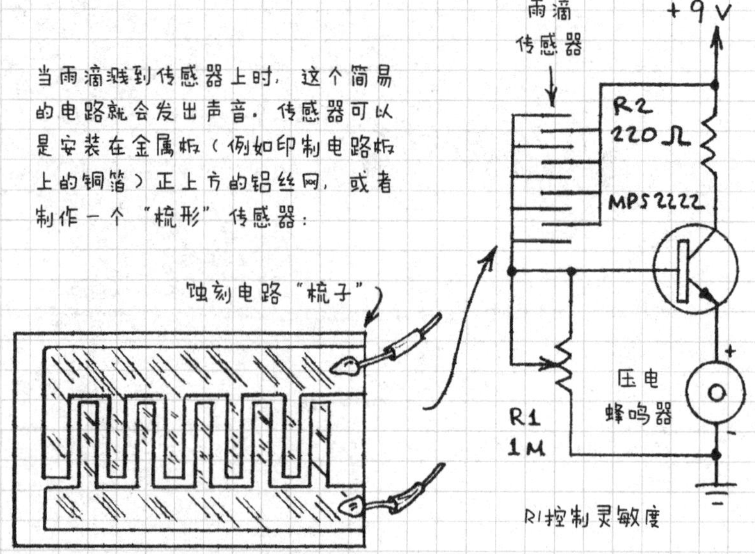
蚀刻电路“梳子”
雨滴
传感器
+9V
R2
220Ω
MPS2222
压电
蜂鸣器
R1
1M
R1控制灵敏度

5.6.3 测量降水

测量雨雪量是环境监测的重要组成部分。

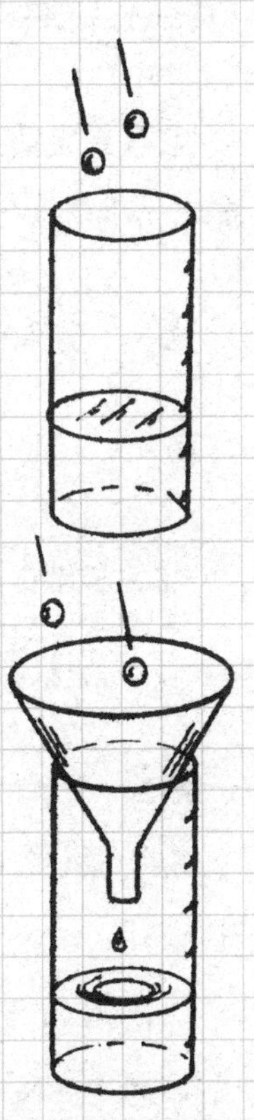

使用商店购买的雨量计，或者使用一个平底的透明塑料圆柱体。测量时远离树木和建筑物。注意：风可能会将仪器收集的雨水减少10%。

在测量少量雨水时增加漏斗以提高准确度。按内部面积划分漏斗大端面积，由开口端规格得到校正系数。按校正系数计算得到实际的降雨量。

5.6.4 降雨量

直径为2.5mm的球形雨滴的体积为8.18mm^3 $\left(V=\frac{4}{3}\pi r^3\right)$。

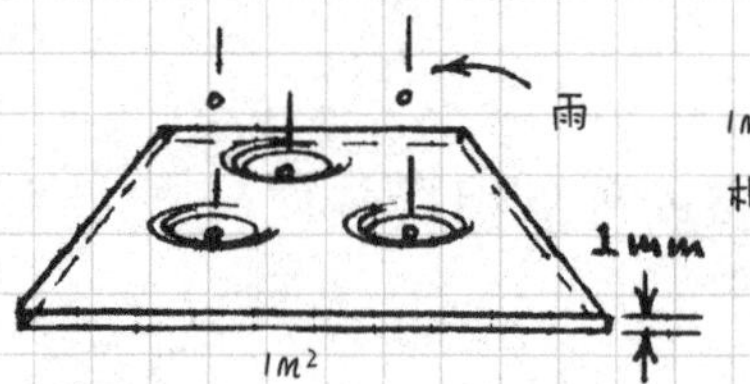
雨
1mm
1m²

1m²上1mm深的雨量为100万mm³，
相当于122249个2.5mm的雨滴。

每平方米降雨122249滴，即每平方千米降雨122249000000滴或每平方英里降雨316623456459滴。

5.6.5 露和露点

露

露是凝结在冰凉物体上的液态水。
夜晚暴露的物体和植物可能会凝结高达0.6mm（0.02in）的露。

露

露点

露开始形成的温度是露点。露点揭示了当地的天气：

1. 夜间温度通常不会低于露点。
2. 20℃（68°F）的露点和接近的冷锋表示可能有雷暴。
3. 预计低温雾与露点匹配。
4. 20℃（68°F）或更高的露点意味着空气不舒适的潮湿。
5. 当露点低于冰点时，表面的露可能会形成冻露。
6. 露受冷会凝结成冰釉。

测量露点

如果你制造湿/干相对湿度仪，露点（℃）大约为

$$D.P. = \frac{5T_{wet} - 2T_{dry}}{3}$$

T代表温度。公式见E. 立纳克尔（E. Linacre）的《气候资料与资源》（ROUTEDGE出版社，1992年）。

5.6.6 可降水量

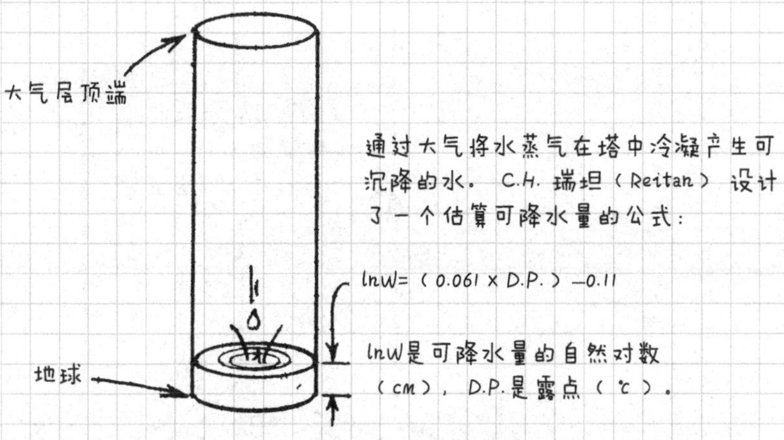
大气层顶端
通过大气将水蒸气在塔中冷凝产生可沉降的水。C.H. 瑞坦（Reitan）设计了一个估算可降水量的公式：
lnW=（0.061×D.P.）−0.11
lnW是可降水量的自然对数（cm），D.P.是露点（℃）。
地球

5.6.7 云高

当温暖湿润的空气上升到空气温度降到露点以下的地方时，积云就形成了。每上升0.3km(1000ft)，空气温度下降约2.77℃(5.5℉)，莱斯利·特罗布里奇（Leslie Trowbridge）推导出这个估算云高度的公式：

高度(ft)=227×(T−D.P.)

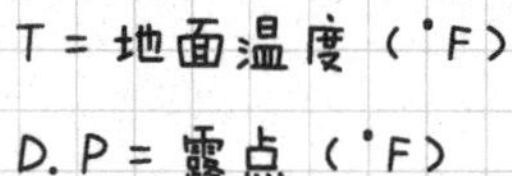
T = 地面温度（°F）
D. P = 露点（°F）

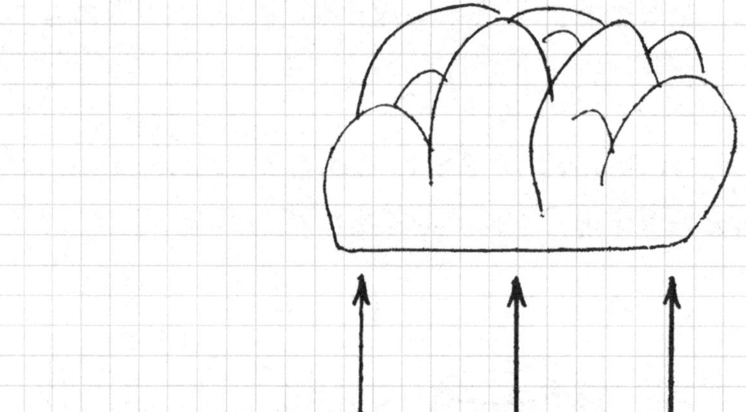

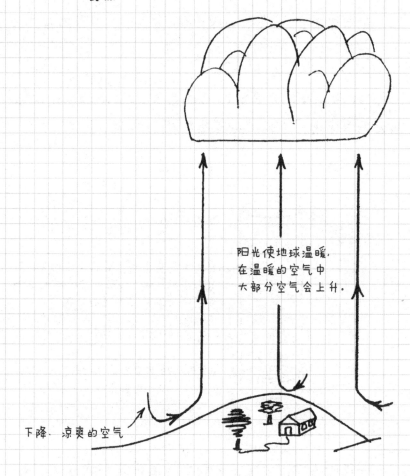

阳光使地球温暖，
在温暖的空气中
大部分空气会上升。

下降、凉爽的空气

5.6.8 测量云量

地球的温度部分是由云层调节的。温暖的空气可以含有更多的水蒸气，因此会有更多的云。云层将太阳光反射回太空，从而冷却地球。记录云层覆盖的天空部分可以提供关于云对气候影响的重要信息。被云层覆盖的天空部分以1/10或1/8衡量。

0 = 无云
5/10或4/8 = 50%的云量
1= 阴天

测量指南针每个象限的云量。通过4个象限的平均数获得总云量。

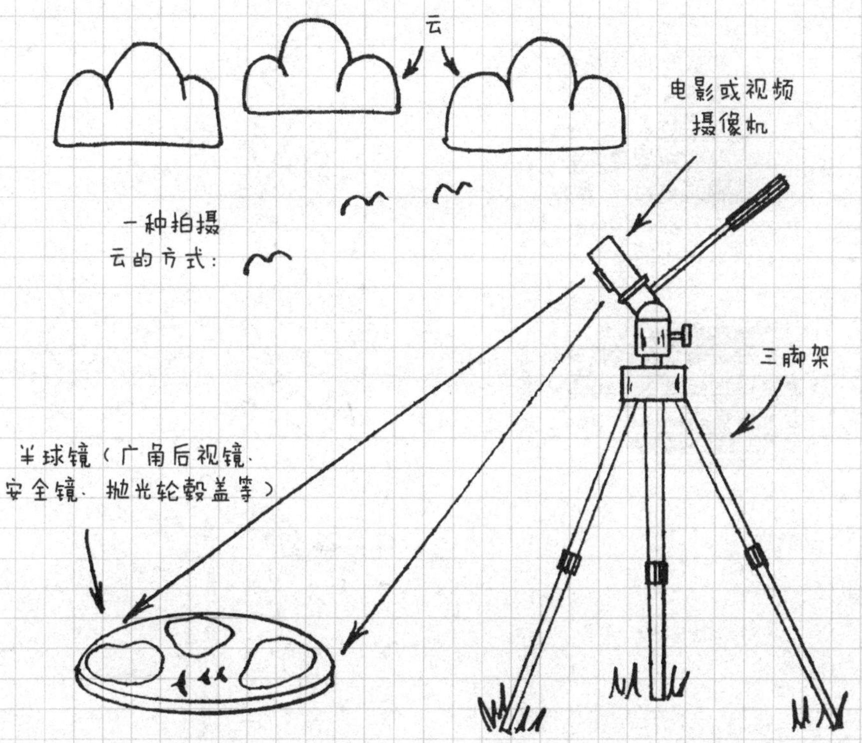
云
电影或视频
摄像机
一种拍摄
云的方式：
三脚架
半球镜（广角后视镜、
安全镜、抛光轮毂盖等）

5.6.9 研究闪电

在雷电通道中的空气几乎瞬间被加热到30000℃

（54000 °F），此时空气的压力可以是海平面压力的 10 ~ 100 倍，由此所产生的冲击波使声音听起来像是雷声。

注意：留在室内进行这些实验！

你可以使用数字式秒表来测量你和闪电之间的距离，并估算闪电的长度。

距闪电的距离：
当你看到闪光时，
打开秒表计时，
当你听到雷声时，
停止计时。距离
为秒数的1125倍（ft）
或343倍（m）。

闪电的长度：
第一次听到雷声时打开秒表计时，
雷声结束时停止。闪电的最小长
度为秒数的1.86倍（mile）或3倍（km）。

雷电击中我的车库附近的榆树，将树干分裂成两半，劈掉了大树枝，从树干吹下树皮和碎片。

5.6.10 水浊度

悬浮颗粒、液体污染物和水分子都会吸收或散射通过水中的光。透明度盘提供了一种简单的、经过时间考验的方法来测量水的清晰度。

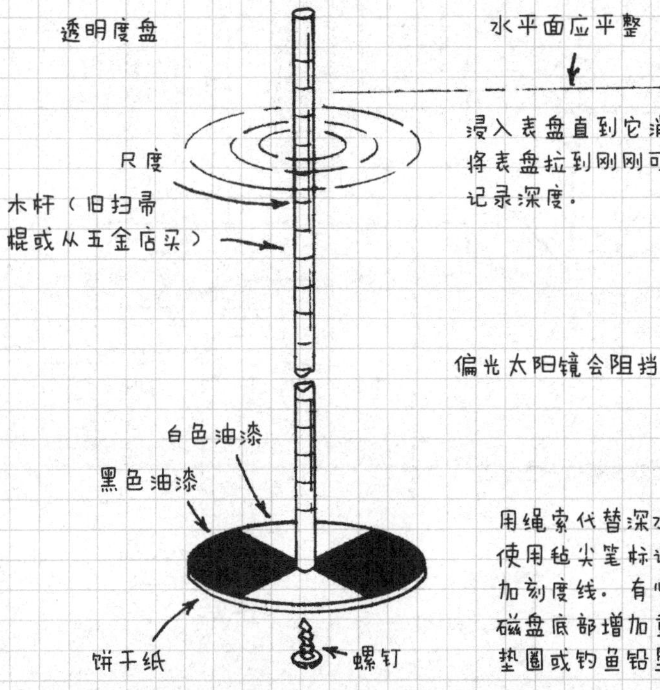
透明度盘
水平面应平整
浸入表盘直到它消失。
将表盘拉到刚刚可见并
记录深度。
尺度
木杆（旧扫帚
棍或从五金店买）
偏光太阳镜会阻挡水面反射。
白色油漆
黑色油漆
用绳索代替深水杆。
使用毡尖笔标记来增
加刻度线。有必要在
磁盘底部增加重量（钢
垫圈或钓鱼铅坠）。
饼干纸
螺钉

在1660年6月27日新地岛（NOVAYA ZEMLYA）以东海面上的水能见度记录，约翰伍德（John Wood）船长观察到船底下的贝壳。《在水深480英尺的水中》（EOS，3月1日，第99页。）

谨慎使用透明度盘！

5.6.11 电子浊度计

该电路测量液体相对于清水的清晰度.

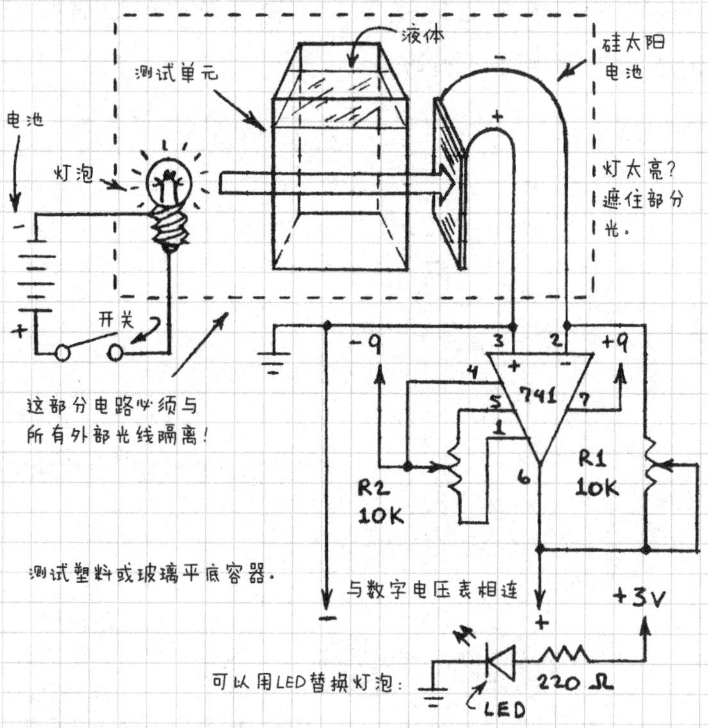
液体
测试单元
硅太阳
电池
电池
灯泡
灯太亮?
遮住部分
光.
开关
这部分电路必须与
所有外部光线隔离!
-9
+9
741
R2
10K
R1
10K
测试塑料或玻璃平底容器.
与数字电压表相连
+3V
可以用LED替换灯泡:
220 Ω
LED

步骤:

1. 用清水或蒸馏水填充测试池. 当灯关闭时, 调整R2 给出 0.00V 的输出.

2. 开灯并调整 R1 输出 1.00V.

3. 将样品水添加至测试单元并记录输出电压.

为了获得更高的灵敏度, 用测试池中的清水中增加 ±9 ~ ±12V 电压, 调整 R1 使输出电压为 8 ~ 10V.

5.6.12 水质检测

水有时被描述为通用溶剂。你可以用在水族用品店和RADIO SHACK公司购买的测试工具包轻松测量水中各种杂质的浓度。

重要测试：

硬度－由溶解的矿物质引起。

氨－细菌的废物。

硝酸盐－农作物肥料成分。

亚硝酸盐－损害血液携带氧气的能力。

氯－常作为消毒剂添加到水中。

pH值－氢离子浓度。

5.6.13 pH值范围

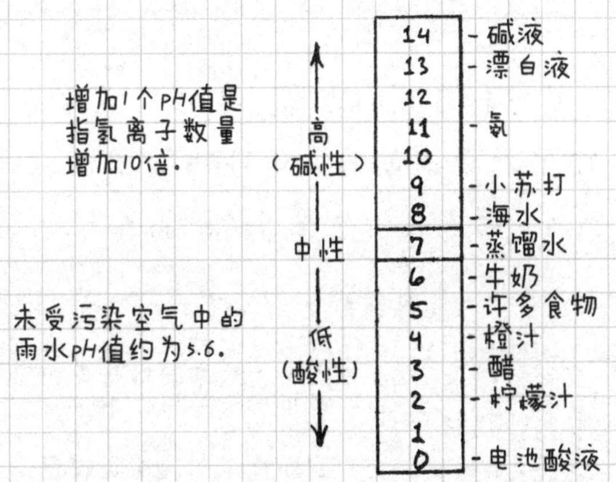
增加1个pH值是指氢离子数量增加10倍。
未受污染空气中的雨水pH值约为5.6。
高（碱性）
中性
低（酸性）
14 - 碱液
13 - 漂白液
12
11 - 氨
10
9 - 小苏打
8 - 海水
7 - 蒸馏水
6 - 牛奶
5 - 许多食物
4 - 橙汁
3 - 醋
2 - 柠檬汁
1
0 - 电池酸液

自己动手做pH指示剂，用搅拌器将紫甘蓝打成液体。紫色的果汁会随着pH值的变化而变色。

5.6.14 水和二氧化碳

水容易吸收二氧化碳（CO_2），这使得制作碳酸饮料成为可能。大部分空气中的二氧化碳被海洋吸收。雨水穿过空气层会吸收二氧化碳形成碳酸，导致下雨时空气为轻微酸性。

在这里吹
（1~2min）
吸管
小杯子或试管

为了证明在水中吸收二氧化碳，通过向一小杯水吹泡泡。使用pH指示剂滴液或纸张来测量吹气前后水的pH值。我吹了2min后，测量了从6.2到6.0的pH值变化。

5.6.15 水和活性炭

活性炭是一种多孔的木炭。它被广泛用于去除水族箱的水和饮用水中的杂质。活性炭在水族馆商店中销售。这个简单的演示显示了其过滤水的能力。

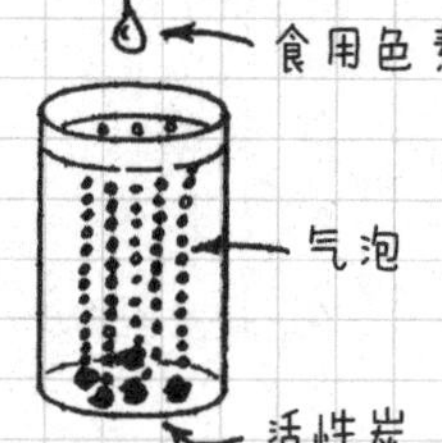
食用色素
气泡
活性炭

将活性炭放入水中，当微小的气泡释放出来时会发出嘶嘶声。加一滴食用色素，盖上容器，剧烈摇晃。碳会吸收有色染料，水会变得清澈。

5.7 大气层

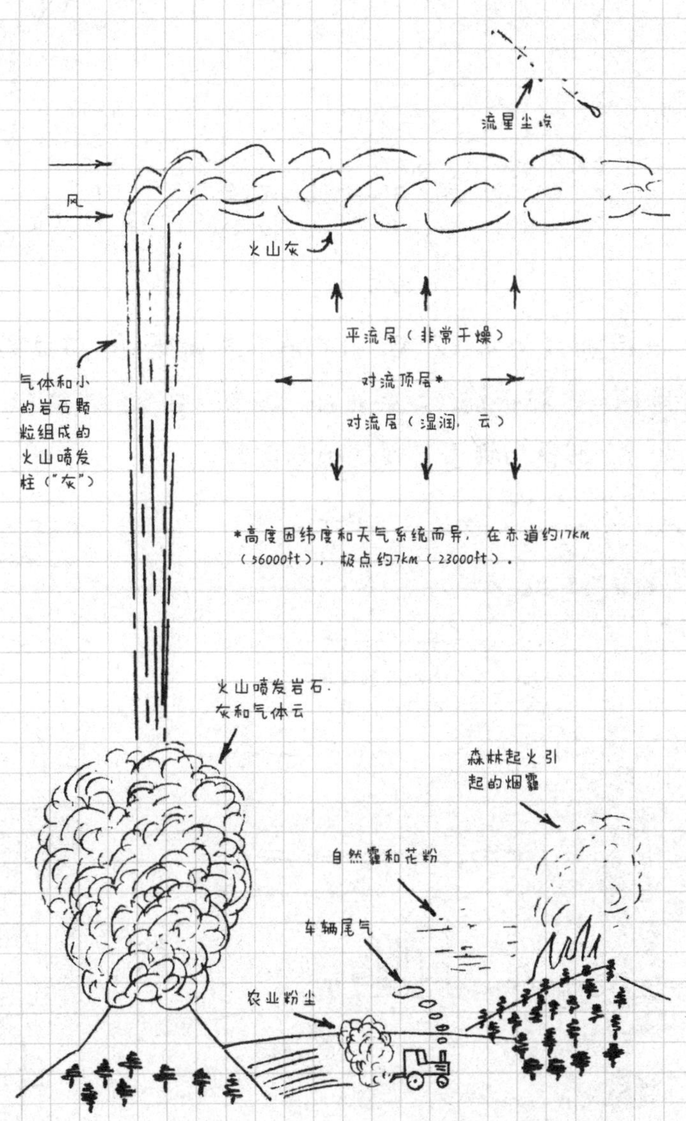
流星尘埃
风
火山灰
平流层（非常干燥）
对流顶层*
对流层（湿润，云）
气体和小的岩石颗粒组成的火山喷发柱（"灰"）
*高度因纬度和天气系统而异，在赤道约17km（56000ft），极点约7km（23000ft）。
火山喷发岩石、灰和气体云
森林起火引起的烟雾
自然霾和花粉
车辆尾气
农业粉尘

臭氧层占臭氧总量的90%左右，其余的臭氧存在于对流层。

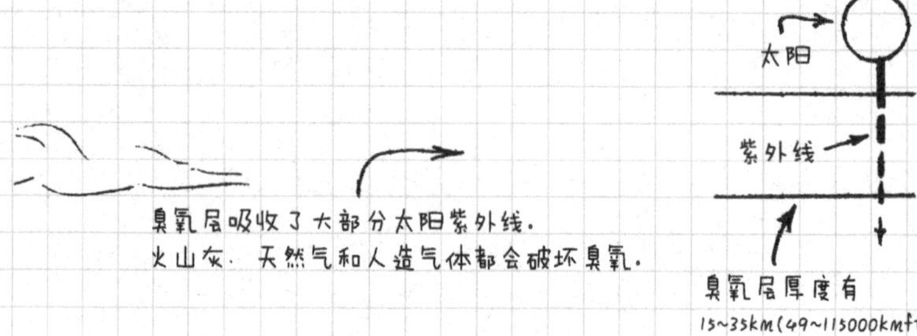
太阳
紫外线
臭氧层吸收了大部分太阳紫外线。
火山灰、天然气和人造气体都会破坏臭氧。
臭氧层厚度有
15~35km(49~115000kmft)

大气的成分：78%氮，21%氧，1%臭氧，以及二氧化碳，甲烷，一氧化碳，二氧化硫，烟雾，灰尘，蜘蛛网，花粉，昆虫，细菌与许多其他气体和颗粒。

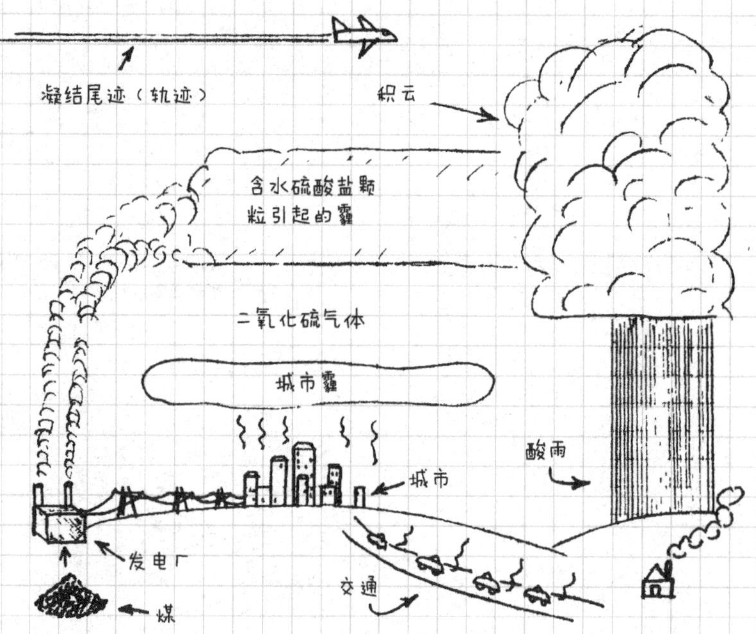
凝结尾迹（轨迹）
积云
含水硫酸盐颗
粒引起的霾
二氧化硫气体
城市霾
酸雨
城市
发电厂
交通
煤

5.8 太阳辐射收支

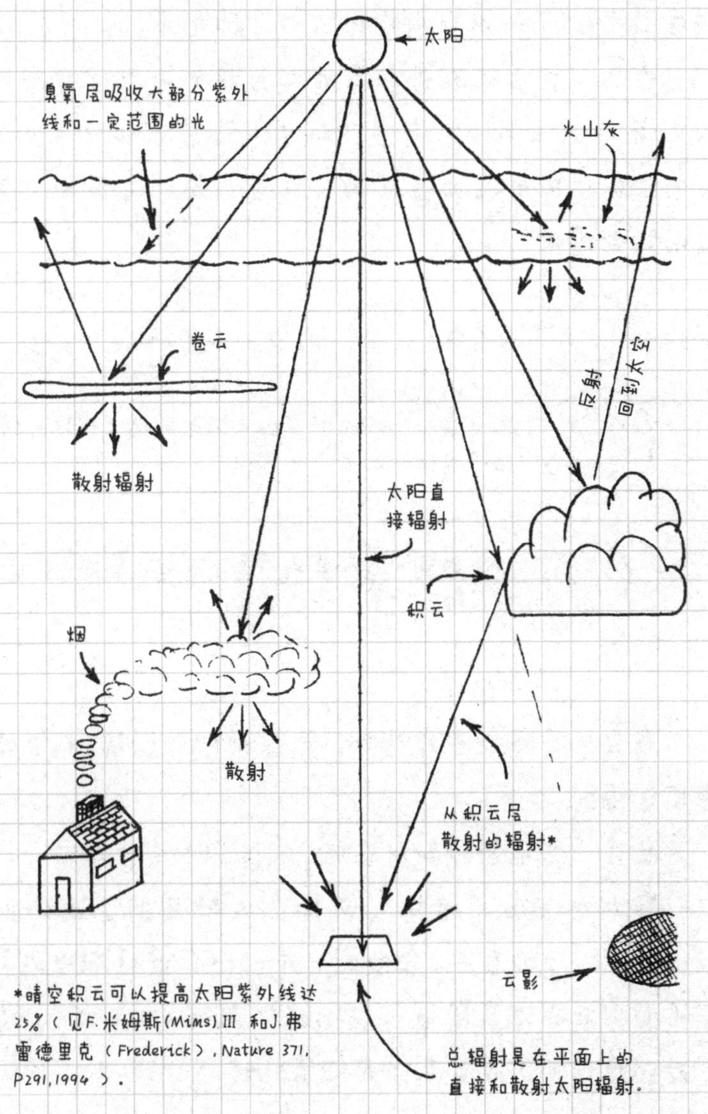
太阳
臭氧层吸收大部分紫外
线和一定范围的光
火山灰
卷云
反射
回到太空
散射辐射
太阳直
接辐射
积云
烟
散射
从积云层
散射的辐射*
云影
总辐射是在平面上的
直接和散射太阳辐射。

*晴空积云可以提高太阳紫外线达25%（见F.米姆斯(Mims)Ⅲ 和J.弗雷德里克（Frederick），Nature 371，P291，1994）。

5.8.1 霾与太阳辐射

自然霾包含森林火灾烟雾、水汽雾、非常薄的阴卷云或层云、灰尘、海水和植物排放的各种气体。

作为人类活动的副产品的人为霾是由燃煤发电厂排放的烟雾、壁炉烟雾、高空飞机（可覆盖大部分天空）以及内燃机排放的气体造成的。欧洲东部和美国的人为霾情况特别糟糕。

没有霾：太阳是深蓝色的天空中明亮的圆盘。云很高。

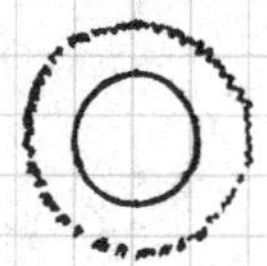

部分霾：太阳被明亮的光辉所环绕（环日辐射）。地平线附近的云难以分辨。

大量的霾：太阳昏暗，天空苍白，乳白色。云层融入阴霾，难以看清。

霾会显著降低直接辐射，显著增加散射辐射，并略微降低总辐射。

霾将一些辐射散射回空间，从而产生冷却效应。

霾大大增加了植物和动物在太阳直射下的散射辐射。在1994年的夏天，我发现一个被小伞遮住阳光的人在海平面附近的雾霾区域比在山峰（海拔4301m或14110ft）上能够得到30%或更多的太阳紫外线。

5.8.2 大气光学厚度

大气光学厚度（AOT）是衡量穿过大气层垂直柱中空气清晰度的量度。AOT 表示大气中雾霾、烟雾、烟尘、火山气溶胶的数量。一个小的 AOT 值表示大气层很干净。

你可以使用下一页上的太阳光度计和带有 ln（自然对数）键的计算器计算 AOT。AOT 的简化公式为

$$AOT = (\ln I_0/\ln I)/M$$

I_0 为太阳光度计测量大气时的常数——ET 常数（EXTRA-TERRESTRIAL 常数）。

I 为实验观察到的数值。

m 为实验期间的气团（见下图）。

5.8.3 气团

气团（m）为 $1/\sin\theta$，θ 是太阳与地平线的夹角。

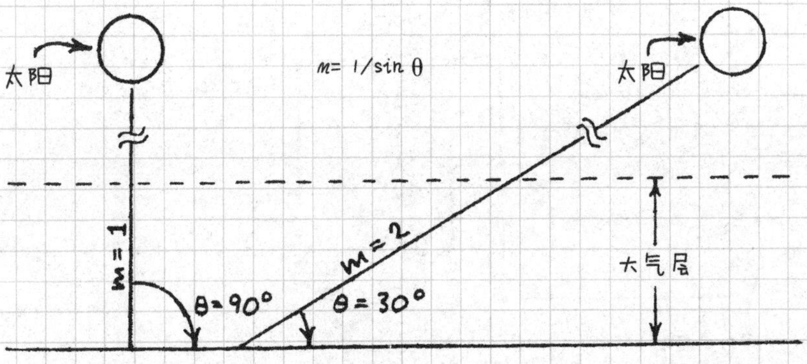
太阳
m= 1/sin θ
太阳
m = 1
θ=90°
m = 2
θ = 30°
大气层

5.8.4 LED太阳光度计

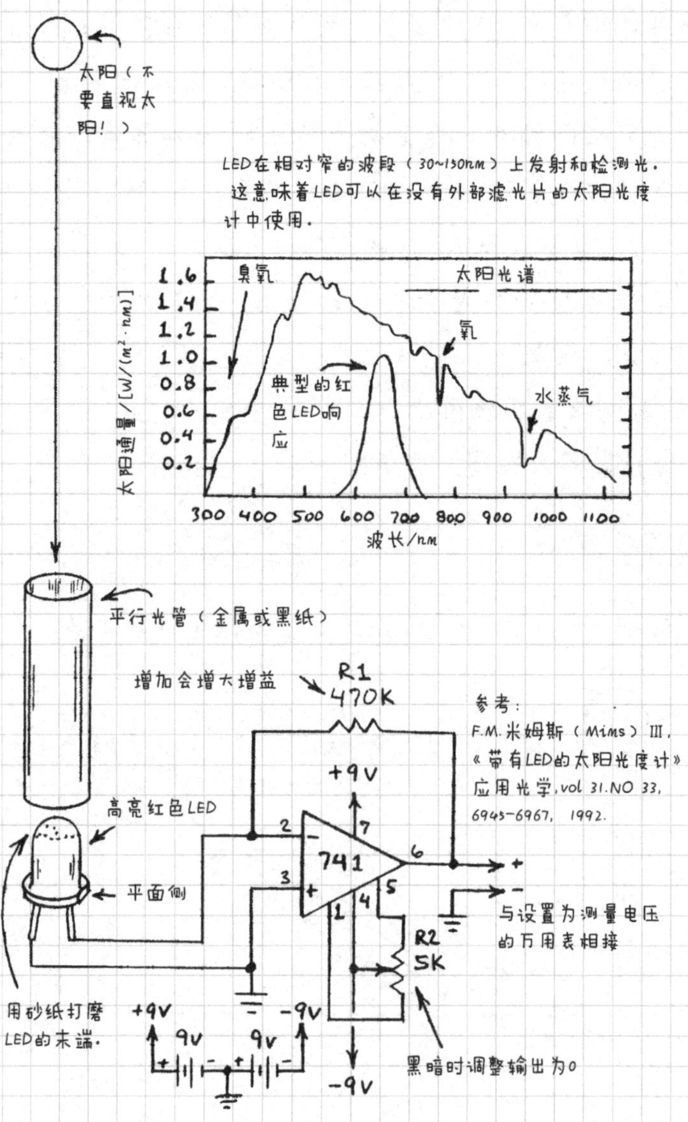
LED太阳光度计
太阳（不要直视太阳！）
LED在相对窄的波段（30~150nm）上发射和检测光。这意味着LED可以在没有外部滤光片的太阳光度计中使用。
臭氧
太阳光谱
氧
典型的红色LED响应
水蒸气
太阳通量/[W/(m²·nm)]
1.6
1.4
1.2
1.0
0.8
0.6
0.4
0.2
300 400 500 600 700 800 900 1000 1100
波长/nm
平行光管（金属或黑纸）
增加会增大增益
R1 470K
参考：F.M.米姆斯（Mims）III，《带有LED的太阳光度计》，应用光学，vol 31.NO 33，6945-6967，1992.
+9V
741
高亮红色LED
平面侧
与设置为测量电压的万用表相接
R2 5K
用砂纸打磨LED的末端。
+9V
-9V
9V
9V
-9V
黑暗时调整输出为0

5.8.5 太阳电池辐射计

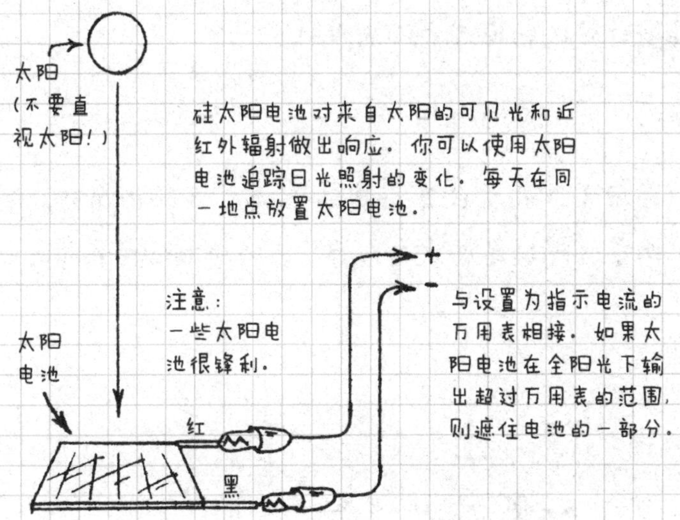
太阳
(不要直
视太阳!)
硅太阳电池对来自太阳的可见光和近
红外辐射做出响应。你可以使用太阳
电池追踪日光照射的变化。每天在同
一地点放置太阳电池。
+
-
注意:
一些太阳电
池很锋利。
与设置为指示电流的
万用表相接。如果太
阳电池在全阳光下输
出超过万用表的范围,
则遮住电池的一部分。
太阳
电池
红
黑

5.8.6 太阳电池光度计

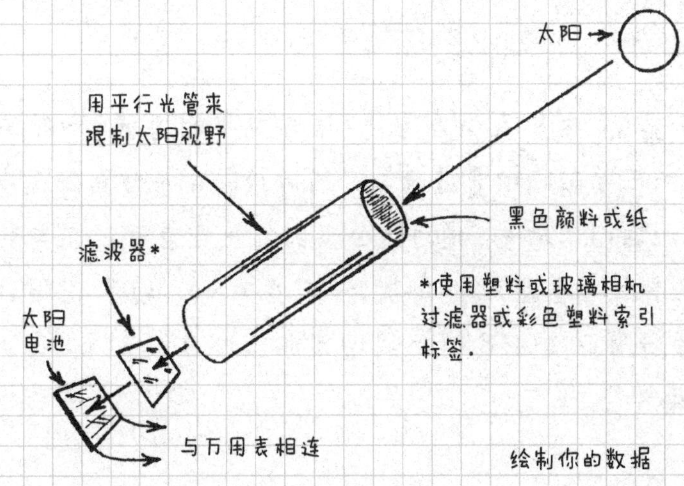
太阳
用平行光管来
限制太阳视野
黑色颜料或纸
滤波器*
*使用塑料或玻璃相机
过滤器或彩色塑料索引
标签。
太阳
电池
与万用表相连
绘制你的数据

大气的光学厚度（见第 196 页）可以用一个辐射计来测量，这个辐射计可以响应一个窄波长的光波段。太阳电池辐射计可以转换成太阳光度计。

5.8.7 如何测量太阳角

使用各种天文计算机程序来确定太阳的角度。也可以用测量太阳的角度误差在 ±1° 之内的太阳角指示器。

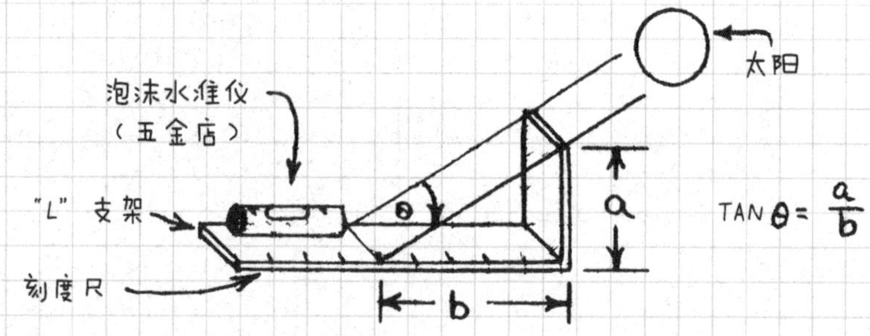
太阳
泡沫水准仪
（五金店）
“L” 支架
刻度尺
θ
a
b
TAN θ = a/b

5.8.8 如何测量 ET 常数

首先，在半天内测量 I，临近中午时每隔 30min 测一次，太阳角越低测量越频繁。然后绘制在每次太阳观察中 I 的对数对应的 m。通过这些点绘出一条直线。ET 常数的对数是线与垂直（Y）轴截距，其中 m = 0。提示：使用计算器或计算机电子表格的线性回归特征来找到 m = 0 处的截距。

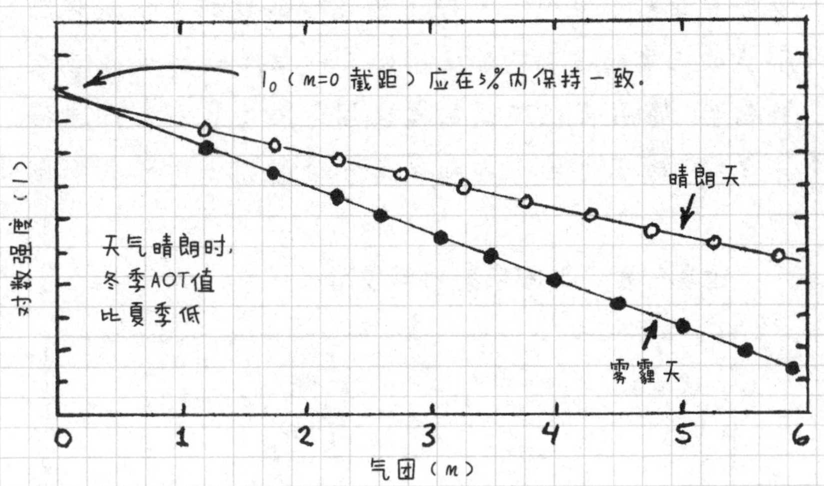
I_0（m=0 截距）应在5%内保持一致.
对数强度（I）
晴朗天
天气晴朗时，
冬季AOT值
比夏季低
雾霾天
0
1
2
3
4
5
6
气团（m）

5.8.9 全天空太阳辐射计

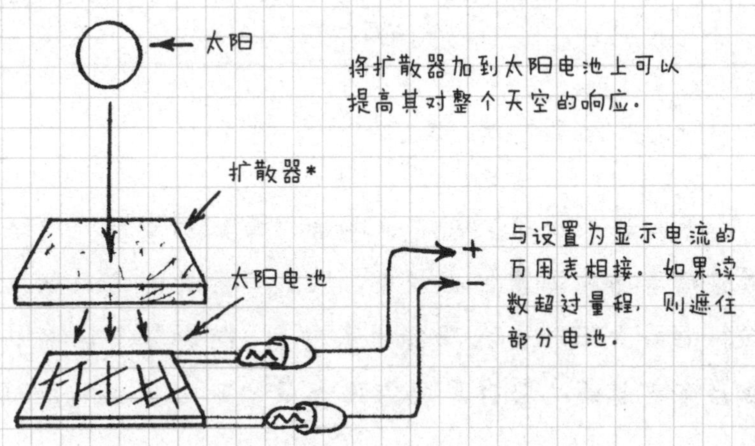
太阳
将扩散器加到太阳电池上可以
提高其对整个天空的响应.
扩散器*
太阳电池
+
-
与设置为显示电流的
万用表相接. 如果读
数超过量程，则遮住
部分电池.

* 灯具、食品存储容器盖等半透明塑料.

将太阳电池放置在不透明的刚性表面上. 将散射

器放置在太阳电池上并使用热熔胶或硅酮密封剂将散射器的边缘粘合到表面上。如果你想比较每天的变化和趋势，每天将探测器放置在相同的位置。当你进行测量时，确保你的头部和身体不会遮挡一部分太阳电池。

这是一整天太阳辐射的典型图：

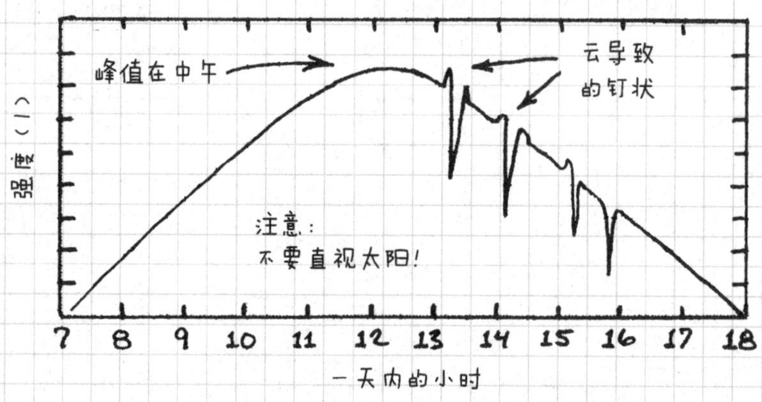
峰值在中午
云导致
的钉状
强度（I）
注意：
不要直视太阳！
7
8
9
10
11
12
13
14
15
16
17
18
一天内的小时

5.8.10 阴影带辐射计

阴影带（或环）是不透明的、柔韧的塑料、金属或硬纸弯曲成半圆形的长条。阴影带面向东方和西方倾斜面对太阳。当太阳移过天空时，阴影带下的光传感器将被遮蔽。它将只接收来自天空和云层的散射辐射。

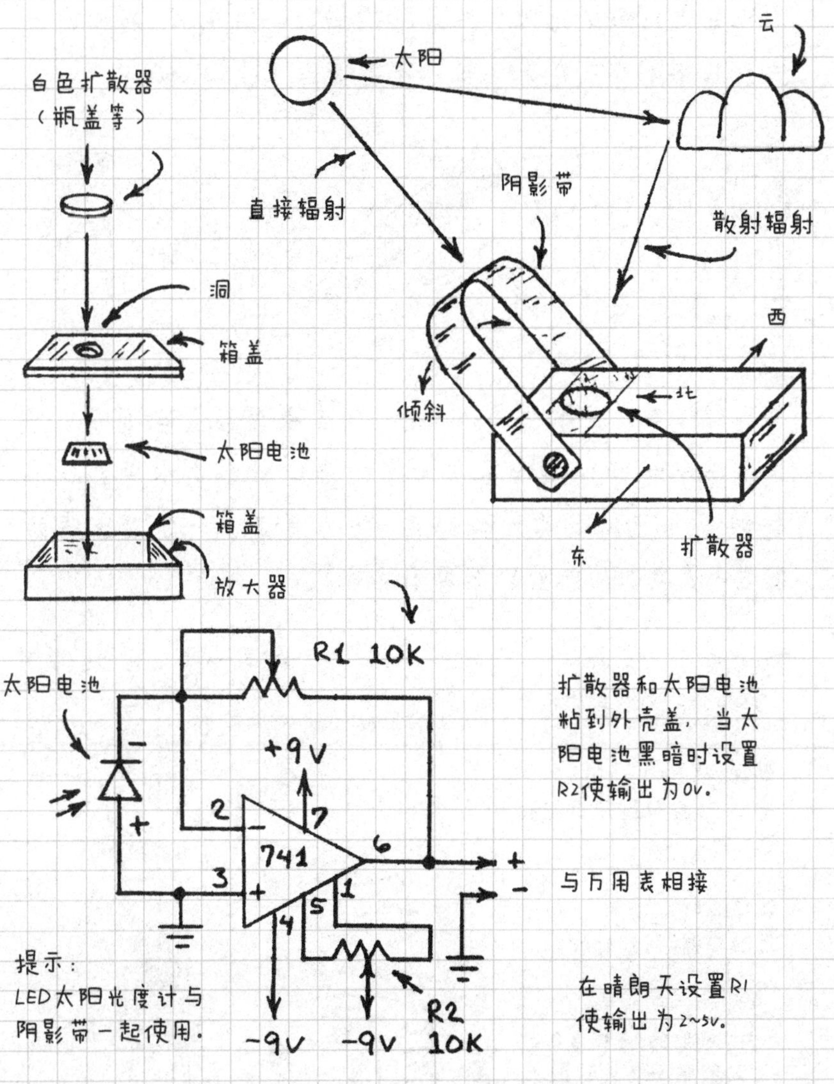
白色扩散器
（瓶盖等）
洞
箱盖
太阳电池
箱盖
放大器
太阳
云
直接辐射
阴影带
散射辐射
西
北
倾斜
东
扩散器
R1 10K
太阳电池
+9V
2
7
741
6
3
1
5
4
+
-
与万用表相接
扩散器和太阳电池粘到外壳盖，当太阳电池黑暗时设置R2使输出为0V.
提示：
LED太阳光度计与阴影带一起使用.
-9V
-9V
R2
10K
在晴朗天设置R1使输出为2~5V.

5.8.11 测量总辐射和散射辐射

当由太阳光度计测得的大气光学厚度（AOT）较高时，太阳直接辐射减少，散射辐射增加。第 198 页上的 LED

太阳光度计可以修改为测量总辐射和散射辐射，散射辐射或直接辐射与总辐射之比。首先像这样修改LED：

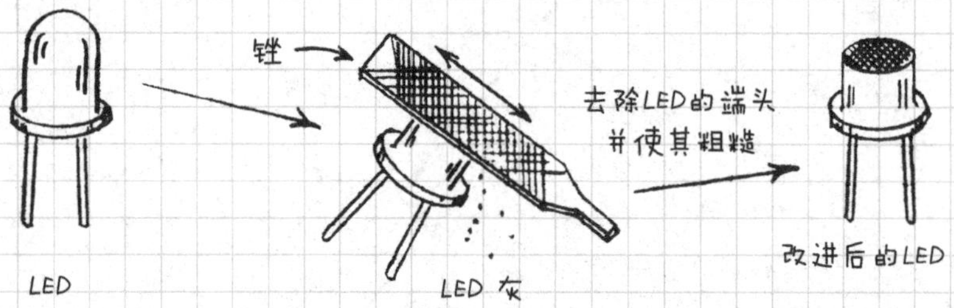
锉
去除LED的端头
并使其粗糙
LED
LED 灰
改进后的LED

接下来，调整光度计，使LED的平顶与天空平行。使用泡沫水准仪来确保每次测量时光度计都是水平的。调整R1的电阻以获得最佳结果——但是要使一些变化保持固定，以便你的测量结果具有可比性。

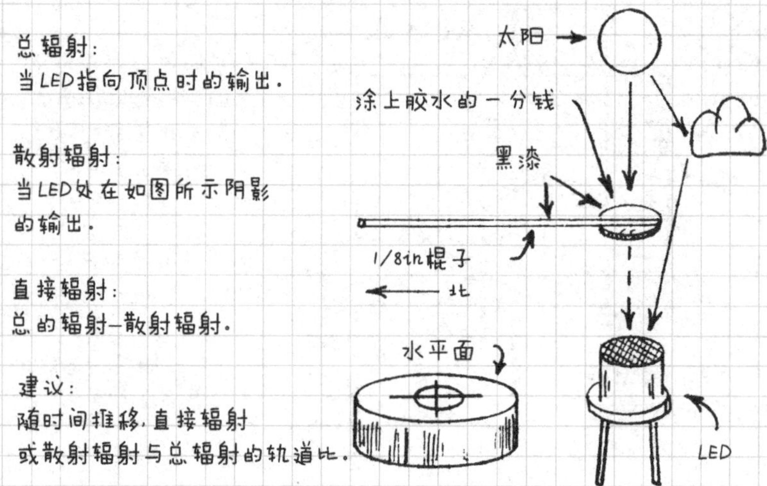
总辐射：
当LED指向顶点时的输出。
散射辐射：
当LED处在如图所示阴影的输出。
直接辐射：
总的辐射-散射辐射。
建议：
随时间推移，直接辐射或散射辐射与总辐射的轨道比。
太阳
涂上胶水的一分钱
黑漆
1/8in棍子
北
水平面
LED

5.8.12 测量太阳光环

除了最晴朗的日子之外，太阳周围的光环就是日晕或者太阳周围的辐射。光环的大小和亮度由雾度决定。你可以使用太阳光度计来测量光环。这里是基础知识：

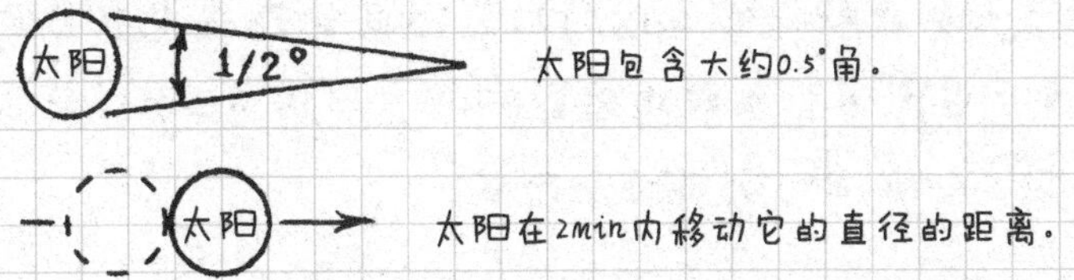
太阳
1/2°
太阳包含大约0.5°角。
太阳
太阳在2min内移动它的直径的距离。

将光度计准直仪（平行光管）对准太阳，确保它在适当的位置，并让太阳漂过准直仪的视野。

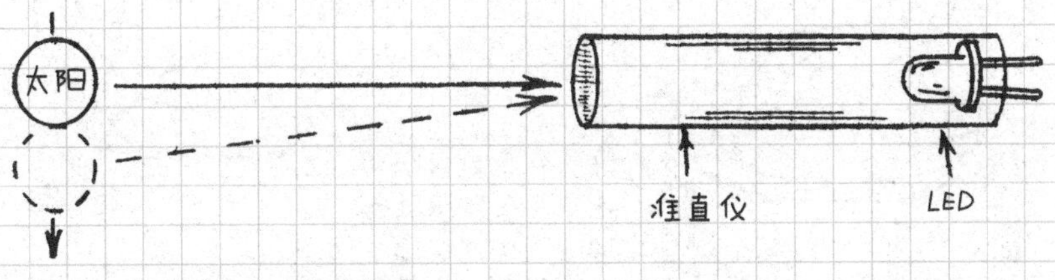
太阳
准直仪
LED
准直仪指向太阳时没有阴影。

下面是一种画出你的测量结果的方法：

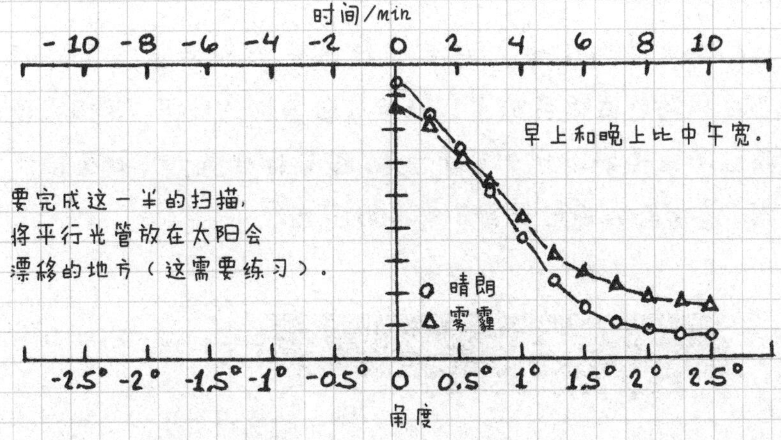
时间/min
-10 -8 -6 -4 -2 0 2 4 6 8 10
早上和晚上比中午宽。
要完成这一半的扫描，
将平行光管放在太阳会
漂移的地方（这需要练习）。
晴朗
雾霾
-2.5° -2° -1.5° -1° -0.5° 0 0.5° 1° 1.5° 2° 2.5°
角度

5.8.13 日照计

一天中太阳未被云遮挡的总时间是农业中重要的环境参数，也是研究云对地温影响的重要因素。1853 年 J. F. 坎贝尔（Campbell）发明了日照计：

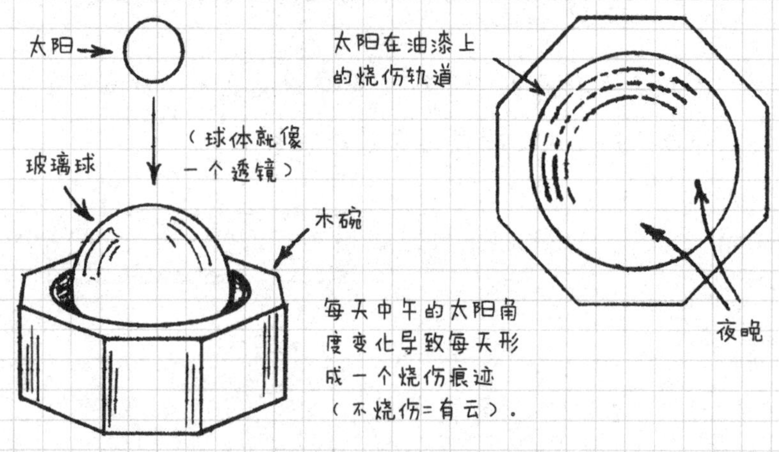
太阳
（球体就像一个透镜）
玻璃球
木碗
太阳在油漆上的烧伤轨道
每天中午的太阳角度变化导致每天形成一个烧伤痕迹（不烧伤=有云）。
夜晚

5.8.14 纸日照计

阳光使新闻纸变暗并导致一些彩色的建筑用纸褪色。将蓝色或红色的建筑纸条放在黑色条纹下，并切出槽来让阳光照射。一个星期之后，纸带将会有七个褪色的矩形，最褪色的矩形得到了最多的阳光。

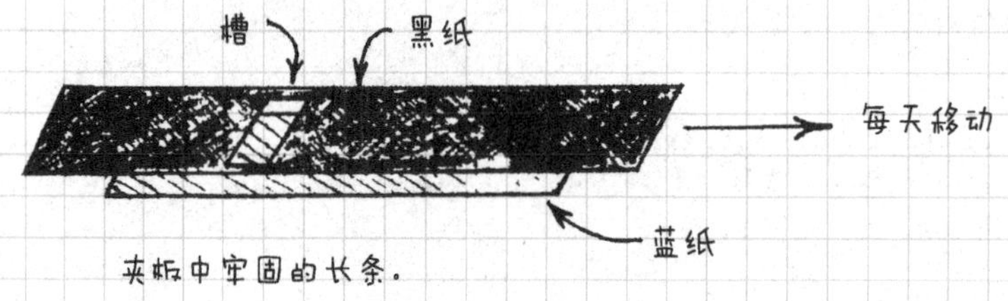
槽
黑纸
每天移动
蓝纸
夹板中牢固的长条。

5.8.15 汽水瓶日照计

这个简单的设备表明，在蓝色的建筑纸张上，无条纹的通道意味着大块云团。掠过太阳的随机云可能会比晴朗的日子引起更少的褪色。

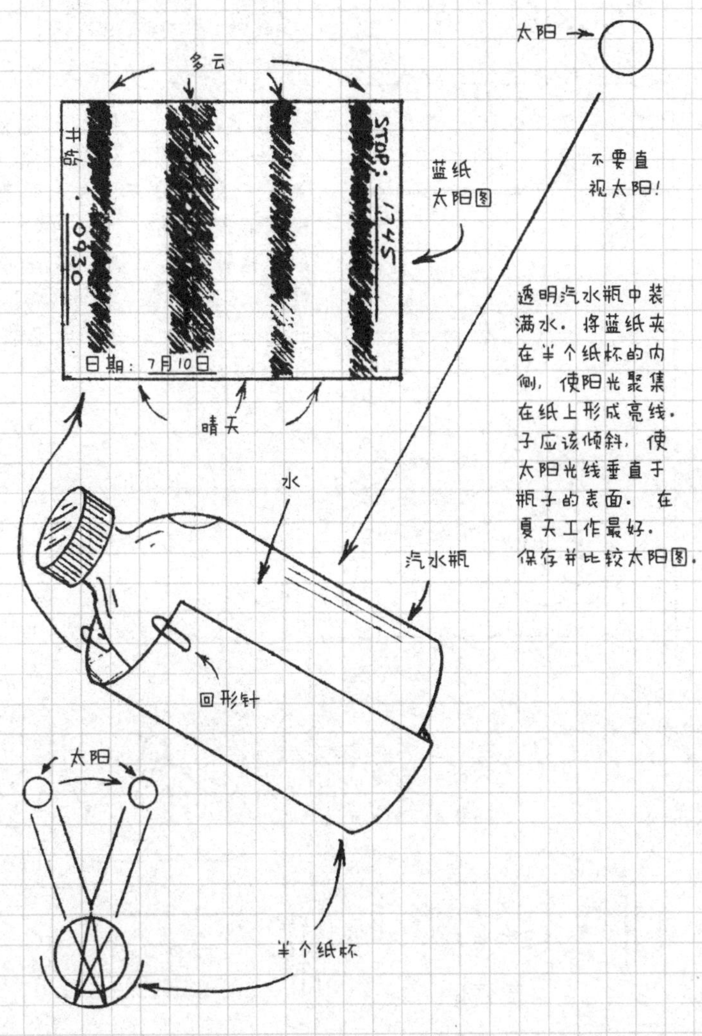
太阳
多云
开始：0930
STOP：1745
日期：7月10日
蓝纸
太阳图
不要直
视太阳！
晴天
透明汽水瓶中装满水。将蓝纸夹在半个纸杯的内侧，使阳光聚集在纸上形成亮线。子应该倾斜，使太阳光线垂直于瓶子的表面。在夏天工作最好。保存并比较太阳图。
水
汽水瓶
回形针
太阳
半个纸杯

5.8.16 电子日照计

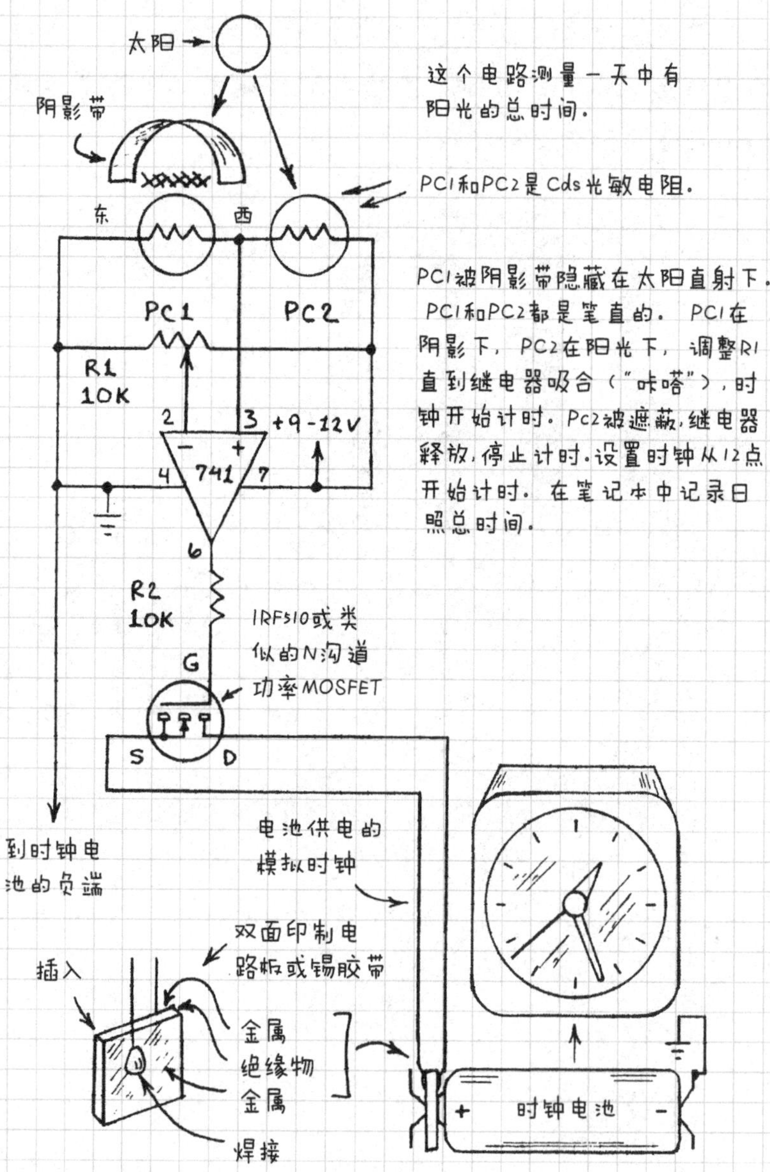
太阳
阴影带
东
西
PC1
PC2
R1
10K
2
3
+9-12V
741
4
7
6
R2
10K
IRF510或类
似的N沟道
功率MOSFET
G
S
D
到时钟电
池的负端
电池供电的
模拟时钟
双面印制电
路板或锡胶带
插入
金属
绝缘物
金属
焊接
时钟电池
+
-

这个电路测量一天中有阳光的总时间。

PC1和PC2是Cds光敏电阻。

PC1被阴影带隐藏在太阳直射下。PC1和PC2都是笔直的。PC1在阴影下，PC2在阳光下，调整R1直到继电器吸合（"咔嗒"），时钟开始计时。Pc2被遮蔽，继电器释放，停止计时。设置时钟从12点开始计时。在笔记本中记录日照总时间。

附录

电路符号对照表

名　　称	电阻	电位器	电容	电解电容
本书符号		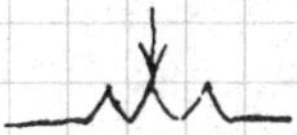	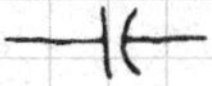	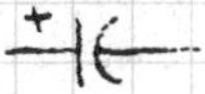 +
标准符号			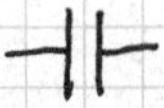	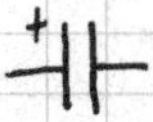 +

名　　称	二极管	齐纳二极管	PNP 型晶体管	NPN 型晶体管
本书符号			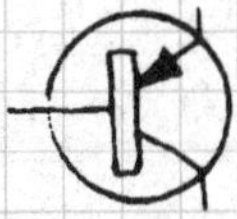	
标准符号			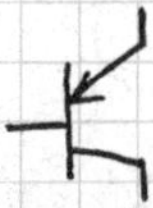	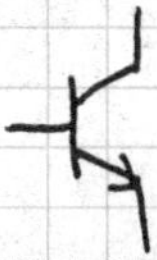

名　　称	LED	光敏二极管	光敏电阻	光敏晶体管
本书符号	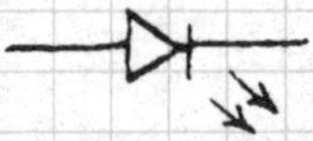			
标准符号			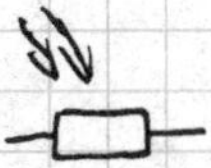	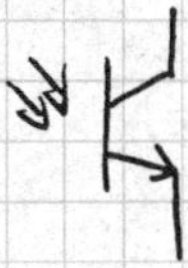

（续）

名　　称	开关	单刀双掷开关	常开按钮	常闭按钮
本书符号		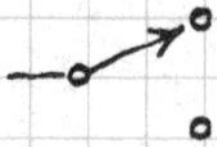		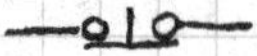
标准符号		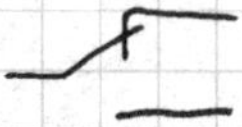		
名　　称	继电器	变压器	扬声器	压电蜂鸣器
本书符号				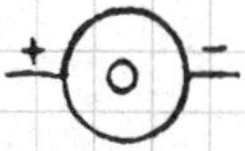
标准符号	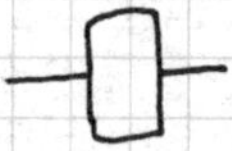	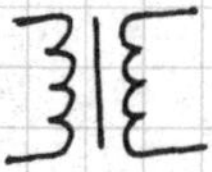		
名　　称	灯	电池		
本书符号	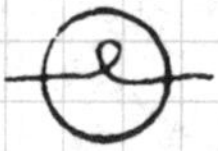	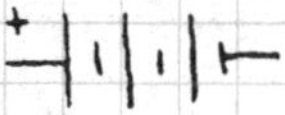		
标准符号		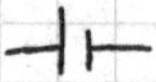		

图书在版编目（CIP）数据

手绘揭秘基本功能电路/(美)弗雷斯特·M. 米姆斯三世（Forrest M. Mims Ⅲ)著；侯立刚译. —北京：机械工业出版社，2019.3（2024.1 重印）
（电子工程师成长笔记）
书名原文：Timer, Op Amp & Optoelectronic Circuits & Projects
ISBN 978-7-111-62028-0

Ⅰ. ①手… Ⅱ. ①弗…②侯… Ⅲ. ①电子电路-普及读物 Ⅳ. ①TN7-49

中国版本图书馆 CIP 数据核字（2019）第 028823 号

机械工业出版社（北京市百万庄大街 22 号 邮政编码 100037）
策划编辑：任 鑫 责任编辑：任 鑫
责任校对：潘 蕊 封面设计：马精明
责任印制：单爱军
北京虎彩文化传播有限公司印刷
2024 年 1 月第 1 版第 3 次印刷
147mm×210mm · 7.5 印张 · 135 千字
标准书号：ISBN 978-7-111-62028-0
定价：39.00 元

凡购本书，如有缺页、倒页、脱页，由本社发行部调换

电话服务	网络服务
服务咨询热线：010-88361066	机 工 官 网：www.cmpbook.com
读者购书热线：010-68326294	机 工 官 博：weibo.com/cmp1952
	金 书 网：www.golden-book.com
封面无防伪标均为盗版	教育服务网：www.cmpedu.com